全国发电企业电力生产
人身伤亡典型事故汇编
（2005—2014 年）

本书编写组　编

浙江人民出版社
ZHEJIANG PEOPLE'S PUBLISHING HOUSE

国家能源局主管
中国电力传媒集团
CHINA ELECTRIC POWER MEDIA GROUP

图书在版编目（CIP）数据

全国发电企业电力生产人身伤亡典型事故汇编：2005～2014 年 /《全国发电企业电力生产人身伤亡典型事故汇编：2005～2014 年》编写组编. —杭州：浙江人民出版社，2015.6

ISBN 978-7-213-06642-9

Ⅰ.①全… Ⅱ.①全… Ⅲ.①电力工业－工伤事故－汇编－中国－2005～2014 Ⅳ.①TM7

中国版本图书馆 CIP 数据核字（2015）第 060410 号

全国发电企业电力生产人身伤亡典型事故汇编（2005—2014 年）

作 者：本书编写组

出版发行：浙江人民出版社 中国电力传媒集团

经 销：中电联合（北京）图书销售有限公司
销售部电话：（010）63416768 60617430

印 刷：三河市百盛印装有限公司

责任编辑：杜启孟 宗 合

责任印制：郭福宾

网 址：http://www.cpnn.com.cn/tsyxzx/

版 次：2015 年 6 月第 1 版 · 2015 年 6 月第 1 次印刷

规 格：710mm×1000mm 16 开本 · 18.75 印张 · 270 千字

书 号：ISBN 978-7-213-06642-9

定 价：**56.00** 元

目 录

2007 年

2012 年

2014 年

附录

2005 年

全国发电企业电力生产人身伤亡典型事故汇编（2005—2014 年）

一、内蒙古包头第二热电厂"3·20"坍塌事故

2005 年 3 月 20 日，北方联合电力有限责任公司内蒙古包头第二热电厂一台 20 万 kW 机组运行中，电除尘器灰斗突然整体坍塌，一名正在做清灰工作的临时工被压身亡。

二、内蒙古丰镇发电厂"4·25"机械伤害事故

2005 年 4 月 25 日，北方联合电力有限责任公司内蒙古丰镇发电厂一名运行人员在翻车机卸煤作业中，在调整两空车车辆之间车钩工作时，被另一辆空车拖挤致死。

三、新疆华电红雁池电厂"5·13"火灾事故

2005 年 5 月 13 日，新疆华电红雁池电厂柴油库油罐设备技术改造施工过程中，外包施工单位新疆电建实业总公司施工人员在油罐顶部电焊作业，引发油罐爆炸火灾，造成了一起较大人身伤亡事故，造成 5 人死亡，1 人受伤。

四、沈海热电有限公司#2 机组锅炉改造工程"6·6"高处坠落事故

（一）事故简述

2005 年 6 月 6 日，黑龙江省齐齐哈尔富拉尔基电力工程有限公司一名检修人员在沈海热电有限公司#2 机组锅炉改造工程中，私自取电梯钥匙并打开电梯，误入电梯竖井，坠落死亡。

（二）事故经过

由黑龙江省齐齐哈尔富拉尔基电力工程有限公司承包的沈海热电有限公司#2 炉改造工程包括上级省煤器更换、乙侧冷段再热器更换等工程项目，工期为 2005 年 5 月 29 日～2005 年 7 月 2 日。6 月 6 日，工程已进展到近三分之一。

6 月 6 日 19:00 左右，起重工谭××由班长冷×安排配合本体班工作，具体工作由本体班指派。当天本体班的工作任务是对高温炉烟管进行检修。21:50，检修工张×工作时眼睛被电焊弧光刺了一下，便从作业面下来准备用水冲洗眼睛，当走到 29m 高的#2 炉#1

给煤机方箱处时，碰到谭××从自己身边走过，听到"咕咚"一声，张×回头看到电梯门开了约 0.5m，电梯井漆黑，没有看到谭××，此时电梯轿厢停在 0m 处。张×立即叫来在附近作业的锅炉专工于××，于××急忙从楼梯往锅炉 0m 处跑，同时招呼其他检修人员一同前往，到达锅炉 0m 处后，从电梯入口处发现谭××倒在电梯轿厢上面。检修工姜××、李××将人从电梯北侧方孔抬了下来，发现谭××已无知觉、头部有血，立即采取人工呼吸方法进行急救，并拨打"120"急救电话，同时通知公司相关部门及领导。10min 后，急救中心救护车赶到现场，将谭××送往医院，后经抢救无效死亡。

（三）事故原因

1. 直接原因

据调查，#2 炉扩大性小修期间，白天电梯由电梯厂人员操作，下班后由富拉尔基电力工程有限公司指定专人负责管理。事故发生当晚 18:18，起重班班长冷×打电话给锅炉专工于××，说电梯钥匙放在四楼更衣箱上了，当时在于××旁边的只有谭××。据证实，谭××在 21:00 左右同铁工赵××一起搭架子，因为谭××是配合工作，搭完架子就没有工作了。又据调查组现场勘察，在 0m 电梯停放处的电梯轿厢顶部（即谭××摔落处）找到了电梯钥匙。根据以上情况分析可知：谭××在冷×给于××打电话时，听到了电梯钥匙放在更衣箱上。21:50 左右，因谭××当时没有工作，便想到楼下去看看（或许有其他事），就到工具箱上拿了钥匙，打开电梯门，没有查看电梯轿厢是否停在里面，便迈步进入，顺电梯竖井坠落底部。

2. 间接原因

富拉尔基电力工程有限公司与北方电梯技术研究所虽有电梯操作钥匙交接制度，但电梯钥匙却由起重班班长冷×电话通知电梯操作员于××（兼职）钥匙放在什么地方，于××在知道电梯钥匙存放地点以后，没有及时将钥匙妥善保管，违反制度，致使谭××私拿钥匙。

（四）防范及整改措施

（1）黑龙江省齐齐哈尔富拉尔基电力工程有限公司要吸取事故教训，主要领导要认真学习《中华人民共和国安全生产法》等相关法律及规定，切实落实各级安全生产责任制，建立健全安全生产管理机构，配备满足生产需要的安全生产管理人员，加强对工程现场的管理，教育职工遵守各项规章制度和操作规程，加强对职工进行安全生产教育和培训工作，减少和避免事故发生。

（2）沈阳沈海热电有限公司要认真总结经验教训，加强对外包工程的监督管理，加强对企业内部的安全资金投入，加大安全生产管理力度，改善安全生产作业环境，全面做好安全生产工作。

五、江苏省镇江发电有限责任公司#5 锅炉扩建工程"6·22"高处坠落事故

（一）事故简述

2005 年 6 月 22 日，江苏省电力建设第三工程公司承建的镇江发电有限责任公司#5 锅炉扩建工程中发生高处坠落事故，致使 1 人重伤，1 人在抢救伤员过程中不幸遇难。

（二）事故经过

根据建设单位镇江发电有限责任公司的安排，要将#5 锅炉楼梯踏步和平台格栅进行更换，此项工作为#5 锅炉钢结构安装的消缺项目，按照合同约定由承担#5 锅炉钢结构安装的分包单位江苏龙海建工集团有限公司承担。

2005 年 6 月 19 日，新采购的踏步运抵现场，高资分公司热机专业公司专职工程师荣××通知江苏龙海建工集团有限公司项目经理万××可安排更换楼梯踏步工作。

6 月 21 日上午，高资分公司热机专业公司技术员马××在热机专业公司会议室对参加施工的江苏龙海建工集团有限公司丁××、蒋××、冯××等人进行技术交底。对踏步更换的安全要求主要有：踏步应拆一块换一块；更换后的踏步用螺栓紧固；拆换区域用红白绳拉好警戒；挂牌警示；派专人监护；拆换踏步作业人员应挂好安全带。交底后参加交底的人员分别在交底记录上签名。

6 月 21 日下午，江苏省龙海建工集团有限公司现场负责人丁××安排蒋××和冯××进行#5 锅炉扩建端楼梯由下向上更换踏步工作。6 月 22 日下午，更换工作进行到 7.4～10m 层间。工作前分别在楼梯的上下两端及 0m 处拉好了红白警戒绳，当拆除了第一、

第二、第六、第七阶踏步后，因所带的新踏步用完，蒋××和冯××同到 0m 层去搬取新踏步。约 16:40 左右，电气专业公司职工王××在 17m 层与镇江电厂调试人员向凝结水补给水箱电动门送电后，在去 0m 层的途中（凝结水补给水箱电动门的位置在#5 炉固定端 0m 层外侧），从更换楼梯踏步工作段走过，由于疏于观察，从已被拆除踏步的第六、七阶空档处坠落至 0m，落差约 8.8m。正在 13.7m 集控室里的高资分公司副经理赵××闻讯后，立即从集控室冲出，他一边用对讲机指挥抢救人员赶赴现场，一边从楼梯迅速冲向 0m 伤员坠落处。在实施抢救的奔跑中，不慎脚步踏空从已被拆除踏步的第六、七阶空档处坠落至 0m。

王××坠落后被及时送往医院抢救，经医院诊断为颅底骨折伴脑血肿、锁骨骨折致重伤。赵××因伤势过重经抢救无效死亡。

事故现场示意图如图 1、图 2 所示。

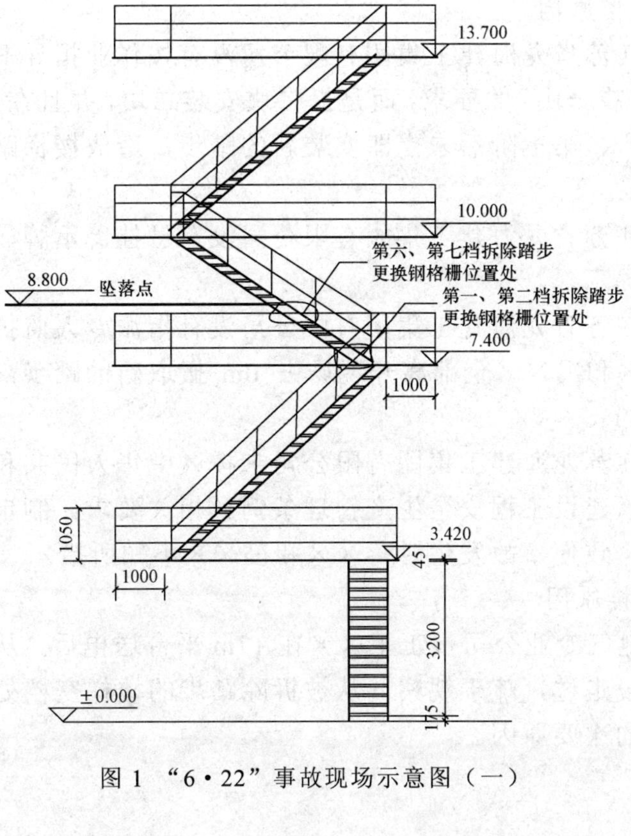

图 1 "6·22"事故现场示意图（一）

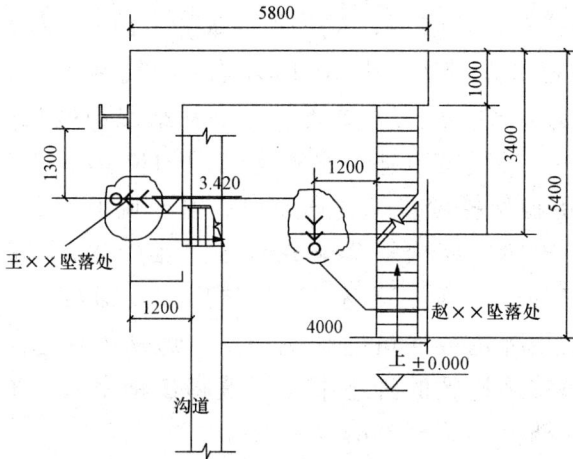

图 2 "6·22"事故现场示意图（二）

（三）事故原因

1．直接原因

（1）江苏省龙海建工集团有限公司没有按作业指导书和交底中"拆一块安装一块"的要求，而是拆二块安装二块，并且在拆除第一、第二、第六、第七阶后未立即安装新的踏步，造成楼梯踏步有较大的空档。

（2）江苏省龙海建工集团有限公司没有悬挂警示牌，给过往人员足够的提示。

（3）江苏省龙海建工集团有限公司没有指派专人监护，拆换踏步的蒋××和冯××全部离开现场去 0m 搬取新的踏步，形成无人看护的空档。

（4）江苏龙海建工集团有限公司未按《中华人民共和国安全生产法》和《建设工程安全生产管理条例》相关要求，制定现场应急救援预案，致使事故发生时蒋××和冯××不知所措。

2．间接原因

（1）电气专业公司员工王××在 17m 平台送电后，从更换楼梯踏步工作段走过，疏于观察，从被拆除踏步的楼梯空档处坠落，是事故发生的次要原因。

（2）高资分公司副经理赵××因救人心切，对现场疏于观察，从被拆除踏步的楼梯空档处坠落，经江苏省镇江市安全生产监督管理局调查认定，不属于安全生产责任事故。

（四）防范及整改措施

（1）将事故在公司范围内进行通报，认真吸取事故教训，举一反三，防止类似事故的重复发生。

（2）在施工人员中进行遵章守法教育，杜绝违章行为。教育施工人员严格按作业指导书和交底要求进行作业。

（3）在更换楼梯踏步或平台格栅等形成危险部位的作业前，事先在通道、进出口做好全封闭隔离措施，防止其他人员误入，并做到随拆随装，不留空档。

（4）对危险作业场所指派专人监护，危险作业的下方设置警戒区，设置醒目的安全警示标志。并根据《华东电网有限公司现场工作负责人（监护人）配穿"红马甲"制度》，在全公司范围内推行现场工作负责人（监护人）等配穿"红马甲"制度。加强工作负责人、专责监护人的安全责任意识和树立其权威性。

（5）加强作业前、作业时的人员配置、现场防护、作业程序的检查与监督，及时发现并消除事故隐患。

（6）对施工现场易发生事故的部位、环节进行监控，制定施工现场生产安全事故应急救援预案，并组织培训、演练。

（7）加强对分包单位的现场日常安全监督、检查与管理，及时清退不符合安全要求的队伍和人员。

六、浙江省台州发电厂"8·22"触电事故

2005 年 8 月 22 日，浙江省能源投资集团公司台州发电厂维修分场一名电焊工在三期浓缩站电焊作业中，触电死亡。

七、华能山东德州电厂"10·15"高处坠落事故

2005 年 10 月 15 日，华能德州电厂#2 炉电除尘器改造工作中，施工单位的一名电焊工未走安全通道，从标高 27.35m 两侧均无任何护栏的侧墙顶部钢梁上通过时，从高处坠落死亡。

八、华能榆社发电有限责任公司"10·16"电弧灼伤事故

2005年10月16日，华能榆社发电有限责任公司2名电气运行人员走错间隔，强行解除防误闭锁装置，造成短路放电，被电弧烧伤致死。

九、大唐河北保定热电厂"11·16"物体打击事故

2005年11月16日，大唐集团河北保定热电厂检修班在叉车作业时，未按有关操作规程摆放物品，造成物品坠落，致使1人被压伤死亡。

十、华能白杨河发电厂"12·8"高处坠落事故

2005年12月8日，华能白杨河发电厂燃料部检修班在处理铁路卸煤机变速箱故障过程中，1名检修人员从9.45m高处坠落死亡。

十一、国电龚嘴电站"12·27"机械伤害事故

2005年12月27日，国电大渡河流域水电开发有限公司检修分公司在龚嘴电站大坝冲沙底孔进行水下检查测量准备工作中，在起吊作业时由于钢丝绳断裂，造成1人死亡。

2006 年

全国发电企业电力生产人身伤亡典型事故汇编（2005—2014年）

一、国投广西钦州燃煤电厂"4·1"脚手架坍塌事故

（一）事故简述

2006年4月1日，负责国投钦州燃煤电厂一期工程建设的山东电建三公司外协施工单位南通竑成建筑有限公司在进行#1主厂房除氧煤仓间脚手架拆除工作时，发生一起因脚手架局部超重而坍塌的事故，造成2人死亡、1人重伤、2人轻伤。

（二）事故经过

2006年3月20日以来，负责#1机主厂房除氧煤仓间施工的外协单位南通竑成建筑有限公司持续对除氧煤仓间脚手架进行拆除。3月31日，因为8t塔吊钢丝绳出现断股进行检修停止使用，南通竑成建筑有限公司拆除的部分脚手架材料堆放在脚手架上不能及时吊运，项目部在现场巡查时发现了这一问题，随即电话通知了施工单位南通竑成建筑有限公司负责人姜××，要求停止除氧煤仓间脚手架的拆除作业（施工单位接到通知后立即停止施工）。

4月1日早上班后，项目部工程部副主任王××又以口头方式通知了施工单位负责人要求其停止施工。单项技术负责人郝××8:30在现场巡查时发现下方仍有人在清理脚手管，于是立即制止并将施工人员驱走。但4月1日10:00左右，南通竑成建筑有限公司所属木工班组8名施工人员在单项施工技术员没有明确通知要求复工的前提下，又偷偷进入施工场地，擅自继续施工。他们将其他部位拆下的脚手管顺手放在2～3轴间13.67m D排的脚手架上，以便在塔吊维修好后吊至A排外0m处运走。

11:00左右，由于脚手架局部超重，脚手架坍塌，致使在上方操作平台施工的2名施工人员随脚手架坠落，脚手架坍塌过程同时造成在地面拆外侧脚手架的3名施工人员受伤。

事故发生后，项目部立即组织人员对现场进行紧急抢救，安排车辆及时将5名受伤人员送往医院救治，经医院全力抢救，黄××、叶××因伤势过重死亡，唐××虽脱离生命危险但仍受重伤，马××、韦××情况稳定。

（三）事故原因

1. 直接原因

南通竑成建筑有限公司虽在施工前进行了安全交底，但监督不到位，施工人员未能充分落实脚手架承重实际情况，违章堆积大量脚手架管。

2. 间接原因

山东电建三公司钦州燃煤电厂项目部负责南通竑成建筑有限公司施工过程的技术安全管理工作。虽然在施工前进行了安全交底，在施工过程中进行了监督，发现问题也进行了口头停工处理，但在塔吊维修时的应急措施不完善，没能充分指导协助做好预控措施，在此事故中负有管理责任。

（四）防范及整改措施

（1）项目部立即召开事故专题分析会，按照"四不放过"原则，对事故性质和事故责任进行分析，责令所有施工项目全面停工整顿，并责令各部门组织对本专业的各类安全防护措施，脚手架进行全面检查、整顿，举一反三，消除各类安全隐患，切实杜绝类似事故的重复发生。

（2）对南通竑成建筑有限公司全体施工人员重新进行安全交底签字，施工现场制定落实安全防范措施完善后，经项目部安全人员验收合格，方可进行施工。

（3）针对此次事故，在项目部内对所有施工作业的脚手架及所有安全设施停工一天进行全面检查整改，经项目部分管领导及有关部门验收合格后，方可复工。

（4）对今后大型脚手架的拆除，必须办理脚手架拆除安全作业票，现场进行安全交底签字，安全监护人员必须全过程进行监督控制，严格按照《安规》规定进行施工，杜绝类似事故的发生。

（5）在今后施工中，加强对施工人员的安全教育和培训，做到"三不伤害"，同时加大对施工现场的监管力度，对违章作业现象坚决制止，杜绝伤亡事故的发生。

二、广东省深圳前湾电厂"5·4"交通事故

2006年5月4日，广东省粤电集团公司深圳前湾电厂施工工地发生一起交通事故。东北电业管理局第一工程公司在进行主厂房#1行车起重吊运作业时，行车碰撞到在B排8轴26m高程作业的广州市红海湾人力资源有限公司施工人员，造成1人死亡。

三、云南戈兰滩电站"7·2"左岸公路边坡滑塌事故

2006年7月2日，中国水利水电建设集团公司所属水电第十一工程局施工的戈兰滩电站项目部安全员王××在工地进行安全巡视检查完后，乘坐601大奔车去拌和站弃渣场进行巡查，行走到左岸公路k29+700m处时，水电十一局项目部拌和站站长李××急匆匆从宿舍内跑出来拦住车说：营地后边坡突然发生滑塌，致使房屋倒塌，人员被压在屋内。项目部立即启动事故应急救援预案，组织抢险人员和机械设备，从2:15开始对屋内人员进行紧急施救。2:50抢救出2名人员并立即送往医院，3:35将最后一人救出，立即送医院抢救，后因抢救无效，3人死亡。

四、黑龙江省哈尔滨新华电厂"7·11"车辆伤害事故

（一）事故简述

2006年7月11日5:25左右，黑龙江省哈尔滨发电设备安装检修工程有限公司第一分公司员工胡××，在新华屯火车站新华电厂专用线准备清理火车车厢内残存原煤的过程中，违章冒险跨越防护栏，穿越第六节、第七节车皮之间的空隙，此时第八节车皮正处于运行状态，推动第七节车皮，将正在穿越第六节与第七节车皮空隙的胡××挤在两节车皮连接钩之间，致使胡××受重伤，后经全力抢救无效死亡。

（二）事故原因

1. 直接原因

哈尔滨发电设备安装检修工程有限公司第一分公司员工胡××安全意识淡薄，思想麻痹，自我保护意识差，违章冒险穿越未挂好的车皮间空隙，导致事故发生。

2. 间接原因

哈尔滨发电设备安装检修工程有限公司第一分公司对员工的安全教育、培训不够，导致员工安全意识淡薄，风险识别能力差；现场组织不严密，对员工在现场作业管理不到位。

（三）防范及整改措施

哈尔滨发电设备安装检修工程有限公司第一分公司要通过这起事故，认真贯彻落实"安全第一、预防为主"的安全工作方针，加大安全管理力度，加强员工的安全教育、安全培训，提高操作人员、现场管理人员的安全意识，加强生产现场员工的监护和监管，严格查处违章行为，避免事故的发生，保证安全生产。

五、广西北海电厂"7·27"触电事故

2006 年 7 月 27 日，国投北部湾发电有限公司北海电厂检修工作承包单位赤峰东元电力有限责任公司在进行#1炉磨煤机小齿轮检修时，由于电葫芦设计不合理，发生一起触电事故，造成 1 名检修人员死亡。

六、广东珠海发电厂"8·8"高处坠落事故

2006 年 8 月 8 日，广东火电工程总公司总承包广东省粤电集团公司珠海发电厂#1、#2 机组烟气脱硫安装工程，其工程分包单位阳江市江城建筑工程公司在#1 吸收塔 31m 平台下方搭设油漆用的挑式脚手架时，发生一起高空坠落人身死亡事故，造成江城建筑工程公司 1 人死亡。

七、湖北省北方联合电力有限责任公司达拉特发电厂"8·15"触电事故

（一）事故简述

2006 年 8 月 15 日，北方联合电力有限责任公司达拉特发电厂在检查#4 煤场灯塔照明工作时，发生一起触电事故，造成 1 人死亡。

（二）事故经过

2006年8月15日下午，达拉特发电厂输煤电检班班长严××带领电检班检修工陈××到#4煤场检查#4灯塔照明。严××告诉陈××合上#4灯塔照明电源开关，发现灯塔11盏灯全部不亮。严××告诉陈××断开灯塔照明电源，断开后严××将临时试验灯具接入第一个整流器回路，检查整流器是否完好，双方确认线接好后，严××告陈××送电，陈××合上开关，试验灯泡亮，确认第一个整流器工作正常。同样进行第二个整流器试验，确认第二个整流器故障。严××告陈××停电，停电后，严××将试验灯具接入第三个整流器回路，双方确认线接好后，严××告陈××送电。陈××合上开关送电后，回到严××身边查看试验灯具是否点亮，刚到严××身边就听见严××"啊"的一声并倒在煤堆上（经事后回忆，时间大约是15:45）。陈××发现有一根导线粘在严××手上，随即陈××揪开严××手上的导线，查看严××已脱离电源后，呼叫附近其他人员帮助进行人工呼吸。现场人员随即打120急救电话。陈××又给徐××（电检班检修工）打电话，告诉严××出事了。徐××、闫××、杨××立即赶到现场，协同陈××继续对严××进行人工呼吸，此时120急救车到达现场进行急救，随即将严××送往医院进行抢救。16:47，严××经抢救无效死亡。

（三）事故原因

1. 直接原因

事故当事人严××，在作业过程中，没有严格遵守安全生产规章制度和操作规程，未正确佩戴和使用劳动防护用品。

2. 间接原因

（1）北方联合电力有限责任公司达拉特发电厂虽然建立了安全生产规章制度和操作规程，但在具体落实过程中存在漏洞，监管不到位。

（2）没有细致地对作业现场进行检查，及时发现、消除事故隐患。

（四）暴露问题

（1）工作人员安全意识不强，没有充分认识到低压照明回路触电的危险性。

（2）工作人员自我安全防护意识淡薄，没有穿绝缘鞋。

（3）按《电业安全工作规程　发电厂和变电所电气部分》（DL 408—91）第九章第 208 条规定："在低压电动机和照明回路上工作，可口头联系。上述工作至少由两人进行……"可不开具工作票。作为输煤电检班班长的严××应承担本次工作的监护责任，但在实际工作中，却未按此进行分工，为事故发生埋下隐患。

（五）防范及整改措施

（1）企业要加强安全生产管理，进一步建立健全安全生产规章制度和操作规程，完善安全生产条件，确保安全生产。

（2）企业负责人要经常督促检查安全生产工作，及时消除生产安全事故隐患。

（3）要经常对从业人员进行安全生产教育培训，保证从业人员具备必要的安全生产知识，遵守有关安全生产规章制度和熟悉安全生产操作规程，掌握本岗位的安全操作技能，做到安全生产。

八、广东韶关电厂"8·16"高处坠落事故

2006 年 8 月 16 日，广东省粤电集团公司韶关电厂在对#10 机组真空系统进行查漏时，发生一起高空坠落事故，造成韶关电厂 1 人死亡。

九、辽宁省抚顺热电厂"8·17"煤粉爆燃事故

（一）事故简述

2006 年 8 月 17 日，辽宁省抚顺热电厂#3 炉厂房煤粉发生爆燃事故，导致正在厂房外#2 炉烟道内、#2 炉磨煤机处以及厂房外空压机室作业的 5 名工人受伤，致使其中 1 人死亡。

（二）事故经过

8 月 17 日，锅炉运行戊班值白班。14:22，B 磨煤机与给煤机跳闸。主值高××在关闭 B 一次风机入口挡板及热风门，调整好燃烧后，联系热工及电气运行、电气检修检查处理。同时，磨煤机值班员张明×到该地检查。

14:40 左右，电气运行及电气厂用人员检查后说他们没事，磨煤机值班员汇报主值班员高××，说磨煤机氮压、油压正常，但发现距 B 磨煤机罐体南 3m 左右，12.5m 顶棚处有火星。因怀疑火源来自 12.5m 平台，故要求巡检员苏××到该地检查。14:50 巡检员回到控制室，汇报高××说：12.5m 平台未发现有积粉自燃和其他异常现象。此时，热工张永×说磨煤机跳闸有可能与润滑油有关，高××再次要求张明×到该地确定油压。14:55 左右，张明×回到主控制室汇报高××磨煤机滤网前油压 0.3MPa，出口 0.1MPa，判断热工信号误动作，要求热工处理。

15:00，张明×汇报全能机动陈××0m 有火星一事。陈××知道后，立即同张明×来到 0m 检查，发现火星确实存在，但火星在 12.5m 顶棚 B 磨煤机罐体南 3m 左右，运行人员无法处理。15:10 左右，陈××回到#3 炉主控制室，来到电气盘前用外线电话给检修班长包××打手机请求处理该处火星，包××说过来看看。15:35 左右，检修包××仍未到#3 炉主控制室，主值高××将火源情况汇报给值长，并要求值长催促检修尽快来处理。15:43，主值跟全能机动请假上厕所，15:45 陈××来到电气盘前，再次给包××打手机催促尽快处理，而同时热工处理好润滑油压假报警，热工张永×对副值班员王××说，要求试转 B 磨煤机，磨煤机司机张明×检查各项表计正常、油水充足。所以张明×同意了王××试转磨煤机的请求，这严重违反了《电业安全工作规程》第 228 条的明确规定："为了防止煤粉爆炸，在启动制粉设备前，必须仔细检查设备内外是否有积粉自燃现象；若发现有积粉自燃时，应予清除，然后方可启动。"

副值班员王××于 15:46 启动 B 磨煤机。启动后 50s，锅炉发生积粉爆燃，导致正在厂房外#2 炉烟道作业的抚顺市顺合建筑安装公司斯达分公司工人常××被因爆燃掉下的墙壁板砸伤，正在厂房内#2 炉#2 磨煤机处作业的石××、王敬×、黄××被爆燃产生的热浪烫伤，处理完厂房外空压机室缺陷返回途中的抚顺热电厂职工李×也被因爆燃掉下的墙壁板砸伤。事故发生后，5 名伤者被迅速送往医院，常××经全力抢救无效死亡，其余 4 名伤者脱离生命危险。

（三）事故原因

（1）当时 C 磨煤机氮缸漏粉比较严重，现场粉尘弥漫，加之当日风力较大，厂房内东、西大门敞开，产生过堂风，使 C 磨煤机氮缸漏粉飘向 B 磨煤机。同时，B 磨煤机振动，使钢梁、构架、设备上的积粉在风吹及振动作用下不停地飘落，12.5m 顶棚钢梁上的积粉自燃同时落下，使现场的煤粉达到爆燃浓度，又遇明火，从而符合了爆燃条件，引起爆燃。

（2）#3 炉由于合营公司资金不到位，从 2005 年 5 月至事发前没有进行过小修，但厂部采取了有效措施，决定临时停炉进行治漏及消缺工作，#3 炉反复停了几次。但锅炉分厂没有完全按厂部要求去做，治漏工作虽然进行了，但没有彻底根治。厂房内漏粉现象依然存在且比较严重。上述情况引起了厂部的高度重视，在资金非常紧张的情况下，同时请来了专业公司对制粉系统漏粉问题进行彻底处理，治漏工作刚刚进行到 D 磨煤机就发生了爆燃事故。

（3）锅炉运行人员发现#3 炉 B 磨罐体南 3m 左右 12.5m 顶棚钢梁处有火星，虽然通知了检修人员，但在没有得到检修人员处理结果的情况下启动磨煤机是错误的。《电业安全工作规程》第 228 条的明确规定："为了防止煤粉爆炸，在启动制粉设备前，必须仔细检查设备内外是否有积粉自燃现象；若发现有积粉自燃时，应予清除，然后方可启动。"运行人员没有按规程严格执行，运行的管理仍存在漏洞。

（4）#3 炉 B 磨罐体南 3m 左右顶棚钢梁构架由于长期积粉，已经形成了自燃。运行人员已经发现并立即通知检修人员，但检修人员没有及时将自燃煤粉清除。

（四）暴露问题

（1）安全思想意识不牢，"安全第一，预防为主"的方针没有得到真正的贯彻落实，尤其在具体细节问题上落实不到位。

（2）安全管理存在漏洞，安全监察不到位，尤其对漏粉现象习以为常、重视不够，措施不到位。

（3）安全责任不到位，虽然从分场主任到班长层层制定了安全责任制，人人明确自己在安全生产上应负哪些责任，但没有检查、没有落实。

（4）在治理隐患、隐患整改工作上做得不到位，由于客观原因，企业资金困难，设备投入不够，设备欠账较多，隐患虽然经常排查，但没有得到彻底根治。

（5）对锅炉制粉系统所产生的危害认识不够，清理不彻底、治理不到位，尤其是治理过程中的临时措施不到位、落实不好，致使多年沉积煤粉这一隐患没有得到彻底根治。

（6）在生产工作中，当班运行人员整体安全意识不强，思想麻痹，对锅炉现场的漏粉、积粉自燃的现象，没有引起高度重视。

（7）锅炉现场的制粉系统漏粉严重，由于设备备件不能及时到位，只是进行临时性处理，漏粉得不到彻底根治。

（8）事发前，检修处理不及时，从接到缺陷通知到现场处理，时间过长，没有及时消除存在的隐患。

（9）技术人员流失严重，新来人员充实到运行使整体素质偏低，业务能力差。

（10）检修队伍人员短缺，工作能力降低，特殊工种严重缺员。

（11）分场班子对现场存在的严重问题没有引起高度重视，对后果估计不足。

（五）防范及整改措施

（1）通过事故分析查清原因，本着"四不放过"的原则，吸取教训，真正提高全员的安全意识，扎扎实实地做好安全生产每一细节工作，使"安全第一，预防为主"这一方针深入人心，并落实到每一名职工的实际行动中。

（2）狠抓设备治理，彻底解决多年设备欠账问题，厂部在资金非常困难情况下不惜一切财力、物力，对制粉系统漏粉问题进行彻底根治，使设备处于真正的良好状态。

（3）强化管理，实施安全一票否决权，细化安全责任，落实安全措施，加强安全培训及教育，提高管理水平及全员安全素质，做好事故的预防、预测、预案，防患于未然，彻底消除事故的根源。

（4）以此次事故为实例开展安全教育，在全厂上下开展以"举一反三查隐患，全力以赴抓安全"为主题的安全大检查，彻底整顿安全管理、设备管理、生产管理中存在的问题。

（5）要把安全生产工作当作头等大事，提到重要议事日程上来，切实加强对安全生产工作的领导，将解决安全生产突出问题作为各级领导的重要职责认真加以解决。

（6）坚决做到安全生产责任制不落实不生产、隐患不清除不生产、措施不落实不生产，要坚决克服麻痹大意思想和侥幸心理，做到居安思危、警钟长鸣，树立常抓不懈的思想，努力做到思想到位、责任到位、工作到位、措施到位，为搞好安全生产提供坚实的保障。

（7）一旦发现火源要立即消除，不得延误。

（8）电缆桥架、锅炉钢梁的积粉要定期清理，高空桥架改成平台。

（9）加强职工安全意识，在工作中做好防护措施。

（10）安全规程、运行规程、检修规程、事故调查规程、设备缺陷管理等各种规章制度，要求每个工人严格执行。

（11）下决心彻底根治设备缺陷。

（12）对于违章指挥、违章作业要立即制止，严肃处理。

（13）对可能危及人身和设备安全的隐患，要高度重视、层层汇报，并及时采取措施消除隐患。

（14）加强各级管理人员、各班组人员的安全意识，提高各级人员的工作责任心。

（15）加强对锅炉分场各级人员的技术培训，提高业务水平，提高反事故的能力。

十、国电阳宗海发电有限公司"8·19"物体打击事故

（一）事故简述

2006 年 8 月 19 日，国电阳宗海发电有限公司脱硫除尘部空压站出现故障，在检修过程中#1 保护用空压机后冷却器突然发生爆炸，造成 1 名检修工人被飞出的零部件击中死亡。

（二）事故经过

2006 年 8 月 19 日，国电阳宗海发电有限公司脱硫除尘部空压站

#1 保护用空机、#2 检修用空压机运行中，运行一班（上班时间 2:00～8:00）值班人员何×8:00 左右向运行二班（上班时间 8:00～14:00）值班人员卜××、赵××交接班，在交班时将打压时间长及除尘母管压力低的情况告诉了下一班人员卜××、赵××，卜××向二班班长纳×做了汇报。

8:30 左右，脱硫除尘部主任陈××到空压站巡查，值班人员卜××把打压时间长及除尘母管压力低的情况向陈××做了汇报，陈××查看了电脑记录等，接着二班班长纳×来到空压站，卜××又向纳×汇报了情况，之后陈××、纳×戴上安全帽，从集控室出来巡查，陈××走到#1 空压机终端冷却器旁，纳×走到#1 保护用空压机的电机旁。

8:55 左右，纳×听到"咝咝"的漏气声，急忙查看设备时，听到了爆炸声，正在运行中的#1 保护用空压机后冷却器突然发生爆炸，冷却器上的冷却芯子等部件从筒体上完全脱离，正在压缩机旁巡查的陈××被飞出的零部件击中头部，经 120 抢救无效死亡。

（三）事故原因

1. 直接原因

（1）#1 保护用空压机在结构上存在大开孔，但未按照 GB 150—1989 的规定进行开孔补强。

（2）#1 保护用空压机的长方形接缘制造质量较差，四块拼板的焊接部位均存在严重的焊接缺陷。

（3）#1 保护用空压机长方形接缘的右下角螺孔开在存在严重焊接缺陷的部位。

2. 间接原因

（1）云南省电力锅炉压力容器检测中心定期检验时，未能按照《压力容器安全技术监察规程》《在用压力容器检验规程》的规定在停机状态下进行检验。

（2）国电阳宗海发电有限公司从事压力容器的作业人员及相关管理人员未按照《特种设备安全监察条例》第三十九条的规定，取得特种设备作业人员证书。

十一、贵州省马马崖一级水电站"8·21"爆破事故

（一）事故简述

2006 年 8 月 21 日，中国电力建设集团有限公司贵阳勘测设计研究院合格分承包方——温州第二井巷工程公司在马马崖一级水电站左岸 PD19 号平硐掘进施工现场发生一起爆破伤亡事故，造成 2 人死亡。

（二）事故经过

马马崖一级水电站，位于贵州省关岭县和兴仁县交界的北盘江上。PD19 号平硐是左岸地下厂房轴线勘探硐，于 2005 年 5 月 12 日分包给温州第二井巷工程公司施工，温州第二井巷工程公司法人委托人赵××与贵阳院勘探分院签订了施工协议，工程属单价承包，合同工期至 2005 年 11 月 1 日止。

协议签订后，甲方向乙方提供了该平硐的施工任务书，进行了技术交底，乙方也按规定组织作业人员进行上岗前的质量、安全培训。

2006 年 4 月，贵阳院以 PD19-1 下达任务要求打一支硐，在原硐右壁 0+65m 处挂口，要求工期自 2006 年 4 月 12 日至 2006 年 6 月 28 日结束，勘探分院与温州第二井巷工程公司赵××签订了补充协议。后由于施工过程中出现设计变更等原因造成工期推迟。

2006 年 8 月 21 日发生事故当天，掘进深度距地质最后要求的加深 60m（地质现场决定）还剩最后 9m。当日凌晨，温州第二井巷工程公司吴××班组 2 人（另一人为卢××）在左岸 PD19 号平硐硐深 150m 处掘进施工时，由于硐外正在下暴雨，两人在放炮后迟迟未回到简易工棚，为其做饭的妇女在硐口呼喊未得到回应，便进硐去看，发现吴××、卢××已死在硐内。

（三）事故原因

1. 直接原因

（1）作业人员吴××和卢××在点燃导火线过程中未注意所消耗时间，在安全时间内未撤离到安全地点，两人被自己点燃的爆破飞石击打死亡。

（2）吴××作为带班班长，曾多次接受过安全培训学习，但安

全意识不高，自我防范意识不强，对自己所从事的危险作业未能提高防范，在不具备安全施工条件的情况下盲目施工。

（3）卢××作为施工人员，已参加过多个循环的施工作业，在紧急情况下既没有提醒吴××应马上撤离危险点，自己也没有撤离危险点。

2. 间接原因

当天天气条件恶劣（闪电、大雨），大气压强增大，在施工中产生的废气未能排除而集聚在硐底，在局部缺氧环境下作业导致事故发生。

（四）防范及整改措施

（1）对分包队伍一定要督促其和所有民工签订合同，进行上岗前的培训，购买意外伤害保险；对所有工作人员进行施工前安全和质量培训并留下培训记录，未培训不得开工。

（2）施工项目部应自行组织一次安全生产检查，分析施工环境存在的不安全因素，针对不同环境因素，进一步完善安全生产保障措施；并针对此次事故原因进行分析，开展讨论，作出总结，杜绝类似事故再次发生。

（3）对预测存在不良地质情况的工作，分包队伍要编写施工对策措施，经我方审批后才能执行。

（4）必须督促其健全完善管理制度，规范管理行为，严禁存在管理死角，杜绝"三违"作业发生。

（5）施工过程中必须加大隐患检查处理力度，发现隐患督促其立即整改，对不称职的管理人员坚决要求撤换，对不合格的分包队伍坚决清除出场。

（6）必须按规定评价分包队伍的资质和人员资格，将分包队伍的有效资质归口到分院生产经营部管理，建立合格的分承包方名录。

（7）所有项目分包队伍必须在合格分承包方名录里选择，杜绝一切人情关系网,所签订的分承包协议必须经生产经营部审核确定。

（8）对照此次事故，"举一反三"地对类似项目进行一次彻底检查，按以上措施整改到位。

十二、四川省屏山县中都镇双龙水电站"8·21"压力池挡墙垮塌事故

（一）事故简述

2006 年 8 月 21 日，四川省屏山县中都镇安全乡双龙水电站在蓄水试车过程中，压力前池挡墙突然垮塌，约 1000m³ 积水瞬间溃出，冲毁下方的施工用房，造成 8 人死亡、6 人受伤。

（二）事故经过

8 月 21 日 20:40，夹江县国林加油站在屏山县中都镇中都河投资建设的装机 2×400kW 的双龙电站（原双河口电站恢复续建项目），在主体工程基本完成、自行蓄水试车中，压力前池突然发生垮塌，约 1000m³ 的积水瞬间溃出，冲毁下方的施工用房，致使当时在现场的人员发生伤亡。经调查核实，已确认死亡 6 人（其中 1 人在医院抢救无效死亡）、失踪 2 人、受伤 6 人（其中重伤 1 人）。经持续调查，证实失踪的 2 人也已死亡。

（三）防范及整改措施

（1）小水电项目建设单位必须认真落实企业安全生产主体责任，在项目建设中严格遵守国家规定的基本建设程序，委托具有相应资质的单位从事设计、施工和监理等工作，确保工程建设质量及施工安全。

（2）认真贯彻执行法律法规关于建设项目"三同时"工作的规定。凡是新建、改建、扩建及续建的小水电建设项目，建设单位必须严格执行建设项目安全设施"三同时"工作的规定和要求，认真做好安全预评价和安全验收评价，按照规定的程序和要求申请验收，切实保证安全设施与主体工程同时设计、同时施工、同时投入生产和使用。

（3）认真做好事故应急救援预案的编制和演练工作。小水电项目建设、施工和运行等单位要根据国家和地方有关应急预案的总体要求，认真制定、完善企业安全生产事故应急救援预案，建立应急救援组织，配备必要的器材，并经常组织演练，提高应对突发事故的处置能力。

（4）认真做好事故调查处理工作，严肃事故责任追究。对于已

发生的小水电站项目事故，地方各级安全生产监督管理部门和相关部门要按照"四不放过"原则，查明事故原因，分清事故责任，提出有针对性的改进措施。特别是对项目审批、设计、施工、监理、试运行和验收等环节存在的违法违规问题，要严肃追究相关责任单位和责任人的责任。

（5）强化对小水电站项目的安全监管。各级安全生产监督管理、水利部门和电力安全监管机构要把对小水电项目的安全监管作为建设项目安全监管的一项重要内容，在摸清本地区小水电项目的基本情况的基础上，进一步明确职责，理顺关系，针对存在的主要问题，在各自的职责范围内有重点地开展经常性的安全执法检查，重点检查基本建设程序是否合法，初步设计审查、验收是否规范，设计、施工、监理单位及人员的资质是否符合要求，建设项目安全设施"三同时"工作是否落实以及施工现场事故隐患的排查整改情况。对检查中发现的违法违规问题，要立即予以纠正或者要求限期改正；对依法应当给予行政处罚的行为，要严格按照有关法律法规的规定予以行政处罚。

（6）省级安全生产监管、水利部门和电力监管机构要将四川省屏山县中都镇双龙水电站"8·21"重大事故以及其他同类的事故情况及教训及时向有关企业进行通报，督促企业举一反三，进一步加大安全管理工作力度，严格落实企业主体安全责任，不断提高安全管理水平。

十三、贵州华电大龙发电公司"8·28"触电事故

（一）事故简述

2006年8月28日，贵州华电大龙发电公司发生一起输煤检修人员触电人身伤亡事故，导致1人死亡。

（二）事故经过

贵州华电大龙发电有限公司#1机组（300MW燃煤火电机组）于2006年3月19日正式投入商业运行，#2机组正在建设过程中，由中国华电集团公司独资建设，监理单位为甘肃光明电力监理公司，设计单位为贵州电力设计研究院，输煤系统总承包商为中国华电工

程（集团）有限公司。燃料系统设计为火车进煤，经翻车机卸煤，经皮带转运至煤仓间，为#1、#2 机公用，共设 7 条皮带、3 个转运站。皮带廊道设计为水冲洗，并配有集水井。事发前，翻车机室集水井排水泵故障，准备加装临时潜水泵，排水至#1 转运站集水井（#3 皮带下部）。

2006 年 8 月 28 日，贵州华电大龙发电有限公司输煤系统的翻车机、#1 输煤皮带、#3 输煤皮带均未投入运行。由于翻车机室集水井排水泵故障停运，集水井满水溢出，贵州华电大龙发电有限公司发电部输煤专业综合班班长黄×指派职工代×、洪××、杨××、蔡××（临时工）4 人用临时潜水泵将翻车机室集水井内积水排尽，然后再进行翻车机室集水井排水泵的检修工作。

8:35，代×、洪××、杨××、蔡××4 人从含煤废水处理间将临时潜水泵搬运到翻车机室集水井内。8:45，发电部电工刘×接好临时潜水泵电源，开始向#3 输煤皮带下面的#1 转运站集水井排水后（污水走向为从翻车机室集水井经#1 输煤廊道流至#1 转运站集水井），代×、洪××、杨××、蔡××4 人开始检查排水情况。杨××到#3 输煤皮带下面的#1 转运站集水井检查排水泵是否正常工作，代×、洪××、蔡××3 人涉水沿输煤廊道进行检查（当时廊道内由于翻车机室集水井排水泵故障停运，廊道内积水最深处约 8cm；4 人身穿短袖工作衬衣及长裤，脚穿普通皮鞋）。

9:03 左右，当走到#1 转运站 377.75m 层平台后，走在最前面的洪××手扶栏杆走至距#1 输煤皮带约 1.6m 处，突然喊叫一声后向侧后方倒地，后面的蔡××（相距约 1.5m）发现洪××倒地抽搐，判断其触电，随即向代×（相距约 7m）高喊切断电源。两人随即切断临时潜水泵电源并通知运行人员断开输煤系统总电源。

9:06 左右，救援人员赶到现场并立即对洪××进行了人工呼吸、心肺复苏抢救，随即用车将其送到距厂 3km 的镇卫生院进行抢救。后经抢救无效，洪××于 9:35 死亡。

（三）事故原因

1. 直接原因

（1）#1 转运站 377.75m 层平台立柱照明灯埋地的交流 220V 电

源火线与钢套管之间绝缘能力降低，经水浸泡后造成该线路对平台地面漏电。

（2）该照明线路钢套管未按设计要求进行施工，造成该钢套管未可靠接地。

（3）当事人进行排水作业时，未正确穿着劳动防护用品。

2. 间接原因

（1）贵州华电大龙发电有限公司工程技术人员对输煤照明系统检查验收把关不严，未发现#1 转运站照明系统、#1 转运站 377.75m 层平台挡水沿高度、#1 转运站 377.75m 层平台地漏等未按设计图纸进行施工，为事故的发生埋下隐患。

（2）监理人员未严格履行职责，对工程质量把关不严。

（3）贵州华电大龙发电有限公司未按有关规定为员工配备劳动防护用品，对员工安全教育培训工作不到位，工作人员安全意识淡薄，安全防范措施不到位。

（四）防范及整改措施

（1）切断事故区域照明线路电源，并在照明电源箱及 MCC 电源柜上悬挂"禁止操作"警示牌，隔离事故发生区域，目前正在对存在隐患的输煤照明系统进行整改。

（2）立即在全厂范围内开展接地系统、照明系统、检修电源系统的大检查，对发现的安全隐患制订措施、落实责任限期进行整改，公司进行复查实现闭环管理，对不能立即整改的项目制订切实可行的安全控制措施。

（3）加强安全管理，深刻剖析和反思本次事故暴露出的一系列问题，对于遗留问题进行深入排查、整改工作，进一步强化各级人员安全生产意识和"三不伤害"意识，全面落实安全生产责任制；加强技术管理，严格执行《防止电力生产事故的二十五项重点要求》，修订、完善相关规程；加强技术分析，重点做好专业分析和岗位危险点分析，提高安全生产水平。

（4）对全厂职工加强安全教育培训，根据实际情况修订年度、月度安全培训计划并认真执行，组织员工剖析各类典型违章范例，重温安全生产规章制度。突出抓好检修、运行和管理人员的安全培训，严格考试、考核工作，强化遵规意识和安全生产意识，切实提高员工的反违章技能。

（5）加强反违章管理工作，采用多种生动灵活的方式，开展以班组、部门为主体，以"关爱生命，远离违章"为主题的安全生产专题讨论、讲座和交流活动，提高各级人员对违章严重危害性的认识，增强反违章的自觉性和坚定性。

（6）加强安全监督管理工作，针对目前生产与基建并存的局面，加大对各种违章行为的监督检查和处罚力度，落实好防止人身伤害措施，确保安全生产、基建工作各项组织措施和技术措施得到有效实施。

十四、广东珠海电厂"10·2"高处坠落事故

2006 年 10 月 2 日，在广东火电工程总公司总承包的珠海电厂#3、#4 机组建设工地上，发生了一起分包单位十六冶建设有限公司一名临时工高空坠落人身死亡事故，导致 1 人死亡。这起事故是由于基建施工人员在高空作业过程中，违反《电业安全工作规程》及作业指导书的规定，不系安全带引起的。

十五、华能德州电厂二期 660MW 烟气脱硫技改工程"10·18"坍塌事故

（一）事故简述

2006 年 10 月 18 日，华能国际电力股份有限公司德州电厂二期工程 660MW 烟气脱硫技改工程工地发生一起坍塌事故，造成 4 人死亡、3 人受伤，直接经济损失约 150 万元。

（二）事故经过

2006 年 10 月 17 日 1:15，华能德州电厂#3 机锅炉吹扫完毕，锅炉点火启动。10 月 18 日 7:30，华能德州电厂负责白班脱硫安装调试工作的负责人在指挥部召集清华同方环境有限责任公司、山东诚信工程建设监理有限公司、山东电力建设第一工程公司（以下简称电建一公司）和华能德州电厂等工程各方现场代表参加会议，布置在通烟气状态下做旁路挡板开与关对锅炉炉膛负压的影响调试试

验工作任务，并强调了工程各方要注意安全。

9:00 左右，各方开始该项目的调试试验工作。9:15 左右试验结束后，各方人员撤离试验现场，开始进入各自的正常工作状态。

10:50 左右，#3 机组控制室运行人员发现炉膛负压变正，迅速猛增，立即手动启动 MFT（主燃料跳闸）按钮，停止#3 机组的运行。此时，#3 炉烟道旁路挡板门前水平烟道东侧墙体局部已向外侧发生垮塌，将其侧下部的两间脱硫工程现场临时办公用房砸塌，将正在办公用房中的陈景×、马××、王××、陈×等 7 人压在废墟中。

事故发生后，华能德州电厂迅速派出吊车和铲车等机械设备，配合公安、消防、急救等部门开展现场救援。经全力抢救，7 名被压在办公用房废墟中的人员被全部找到，其中陈景×、马××、王××、陈×4 人当场死亡，其余 3 人受伤，伤员随即被送往医院救治。

（三）事故原因

（1）调试人员操作失误。9:15 左右，旁路挡板门开与关对炉膛负压影响试验结束。哈尔滨新华控制工程有限公司调试人员王××开始进行组态和画面的完善及修改。在此过程中，系统出现复位和归零时，输出零信号，使旁路挡板门关闭，造成烟道失去正常排烟功能，使得水平烟道内压力快速增高，东侧墙体局部发生垮塌。

（2）挡板门控制系统存在设计缺陷。无锡昊华油空压有限公司工程设计人员为了配合 DCS（分散控制系统）控制系统，将原旁路挡板门的气动执行器电器原理图进行了修改。该修改违背了《火力发电厂设计技术规程》（DL 5000—2000）第 12.7.6 条第二款"顺序控制在自动运行期间发生任何故障和运行人员中断时，应使正在运行的程序中断，并使工艺系统处于安全状态"的规定，导致当调试人员下装复位输出零信号时，没能使挡板门控制系统处于安全（开）状态，发出开指令，造成旁路挡板门关闭。

（3）作业区、办公区混合。根据国务院《建设工程安全生产管理条例》第二十九条第一款规定"施工单位应当将施工现场的办公、生活区与作业区分开设置，并保持安全距离；办公、生活区的选址应当符合安全性要求……"，而该脱硫技改工程从 2005 年 11 月开始进入现场施工，在长达 11 个月的时间内，办公区与作业区始终处于混合状态，而山东诚信工程建设监理有限公司现场监理人员未能识别出施工现场办公区与作业区混合形成的事故隐患，直到事故发生也未监督消除安全隐患，导致墙体坍塌时，直接造成人员伤亡。

（4）拐臂定位销未及时恢复原位。旁路挡板门开与关对炉膛负压影响试验前，按照试验程序将拐臂定位销拔出。18 日 9:15 该试验完成后，脱硫工程现场安装调试负责人告知电建一公司技术员，将旁路挡板门挡板的拐臂定位销插回原位。但因该工作需要室外高空作业，难度比较大，而没有及时将拐臂定位销插回原位。在 1.5h 后发生事故时，拐臂定位销仍未能插回原位。

（5）施工现场协调管理不到位。华能德州电厂作为项目的发包单位，对施工现场的综合协调和对承包单位的全面管理不到位；清华同方环境有限责任公司作为项目的供应单位，对其配合单位和设备供应单位的综合协调和全面管理不到位，也是造成事故发生的一个原因。

（四）防范及整改措施

（1）哈尔滨新华控制工程有限公司、山东电力建设第一工程公司要加强内部从业人员的安全教育和培训，增强安全意识，杜绝违章指挥、违章操作和违反劳动纪律现象的出现，提高安全生产管理水平。

（2）无锡昊华油空压有限公司要按照工程建设设计标准、规范、规定进行设计。强化设计管理，严格设计审核、审批程序，防止因设计失误导致生产安全事故隐患的出现。

（3）山东诚信工程建设监理有限公司要强化施工现场监理人员的管理，按照《建设工程安全生产管理条例》的规定认真履行安全监理职责，并通过培训学习，提高现场监理人员的监理技能，做到认真履行职责，及时识别和消除事故隐患。

（4）华能德州电厂要加强建设项目的安全管理。严格落实建设项目（工程）"三同时"规定，从源头上减少安全生产隐患。要切实履行建设项目（工程）安全管理职责，督促协调建设单位做好项目建设中的安全生产工作。

（5）清华同方环境有限责任公司要加强配合单位和设备供应单位的安全管理。明确各自在安全生产方面的责任和义务，真正履行对分包单位和设备供应单位的综合协调和安全管理职责，督促各方做好安全生产工作。

十六、云南开远一行电力有限责任公司"11·21"物体打击事故

2006 年 11 月 21 日，云南开远一行电力有限责任公司燃煤运输分公司一名临时工在清扫 P202 甲皮带首部环境卫生时，违反规定清理皮带首部漏煤，所使用的铁耙子（约 2m）不慎卷入运行中的滚筒内并将人带倒，使其头部碰在滚筒支架上造成头部重伤，送医院经抢救无效，于 2006 年 11 月 21 日上午 9:38 死亡。这起事故是由于清洁人员清扫环境卫生时违章作业引起的。

十七、山西神头第二发电厂"12·12"主蒸汽管道爆裂事故

（一）事故简述

2006 年 12 月 12 日，山西神头第二发电厂发生一起主蒸汽管道爆裂事故，造成 2 人死亡、2 人重伤、3 人轻伤，部分设备损坏。

（二）事故经过

2006 年 12 月 12 日 9:01，山西神头第二发电厂（以下简称"神头二电厂"）#1 机组正常运行，负荷 500MW，炉侧主汽压力 16.48MPa，主汽温度 543℃，机组投"AGC"运行，各项参数正常。

9:02，#1 机组汽机房右侧主蒸汽管道突然爆裂，爆口处管道钢板飞出，在主蒸汽管道上形成面积约为 420mm（管道纵向）×560mm（管道环向）的爆口，高温高压蒸汽喷出，弥漫整个汽轮机房，造成 7 名人员伤亡[均为负责汽机车间清扫卫生的朔州涞源电力安装检修公司（外委）工作人员]，部分设备损坏。

事故发生后，神头二电厂迅速组织人员，将 7 名伤员送往医院抢救，其中 2 人因伤势过重经抢救无效于当天死亡，另外 5 名伤员中 2 人重伤、3 人轻伤，后经救治，2 名重伤人员的各项生理指标正常，均已脱离生命危险。

发生事故的主蒸汽管道设计为 $\phi420mm\times40mm$，材质为捷克标准 17134，相当于我国钢号 1Cr12WmoV，设计额定运行压力为 17.2MPa，温度为 540±5℃。#1 机组成套设备从原捷克斯洛伐克进口，于 1992 年 7 月 16 日移交生产。

（三）事故原因

主蒸汽管道材料组织性能不良，并在长期高温运行中进一步劣化，在较高应力的作用下因强度不足发生膨胀变形至爆裂，与运行操作、人为原因和外力因素等均无关。

（四）防范及整改措施

（1）立即安排#2 机组暂时降参数运行，最大负荷控制在 460MW，机侧主汽压力不超过 15MPa，主汽温度不超过 530℃。

（2）鉴于神头二电厂#1、#2 机组主蒸汽管道系统所用的（17134 捷克钢号）钢材在国内外已不再使用，为保证机组长期安全运行，计划对#1、#2 机组的主蒸汽管道进行寿命评估，根据评估结果适时更换。

十八、贵州安顺电厂"12·17"物体打击事故

2006 年 12 月 17 日，贵州中电电力有限公司安顺电厂承包单位江苏华能建设工程集团有限公司在 FGD 增容过程中，进行烟道解体时，由于违章作业，导致立面钢板倒下，将两位清理人员压在钢板下，造成 2 人死亡。

十九、广东阳江核电站"12·24"交通事故

2006 年 12 月 24 日，广东核电集团公司阳江核电站承包商葛洲坝七公司司机在施工现场没有注意到指挥信号，发生一起交通事故，造成 1 人死亡。

2007 年

全国发电企业电力生产人身伤亡典型事故汇编（2005—2014年）

一、广东省广州恒运热电D厂"5·31"物体打击事故

2007年5月31日，广州恒运热电D厂有限责任公司#8机组消防灭火系统在移交讲解过程中，#8机组集控室（12.6m层）气体灭火气瓶间突然发生气体冲击，造成输送气体的金属管道脱落，击伤1名在现场的员工，因伤势较重，经抢救无效死亡。

二、中国水电三局云南景洪施工局"8·25"物体打击事故

2007年8月25日，中国水电三局景洪施工局安排布置于坝后EL.575m平台的1台MQ900型门机和1台MQ600型门机同时浇筑左岸大坝#19坝段EL.601.5m-EL.604.5m仓号，#1缆机浇筑#15坝段拦污栅墩EL.565m-EL.581m仓号。8月26日1:50左右，#1缆机吊罐与MQ900型门机起重扒杆发生碰撞，MQ900型门机扒杆顺时针旋转110°左右到与坝轴线平行位置时折断坍塌，连同操作室（有一名操作人员）掉落并撞击到位于其左侧的MQ600型门机起重扒杆，造成MQ600型门机扒杆折断坍塌，掉落到EL.575m平台后撞伤一人。经现场急救并送医院后，MQ900型门机操作员经抢救无效死亡，混凝土搅拌车驾驶员无生命危险。

三、云南马鹿塘水电站"10·17"坍塌事故

2007年10月17日，云南省马鹿塘水电站二期建设工程发生一起较大人身伤亡事故。10月17日中水十五局在调压井进行一次爆破作业后，安排16人开始清理松渣。12:05，当剩余渣量约10m³时，清渣区外侧岩体突然滑塌（滑塌量约50m³），造成余下正在清理的4名工作人员伤亡。其中3人被砸伤后随滑塌的岩体下落，被安全绳悬挂在井口上端5m处。12:45，3人被营救后，迅速送往麻栗坡县医院，途中2名重伤员抢救无效先后死亡，1名轻伤人员送入医院急救，后经救治已脱离生命危险，另外一人安全绳被砸断落入调压井导流洞中，经过约7h的全力搜救，于20:20在调压井底部被找到，确认已经死亡。事故共计造成3人死亡、1人受伤。

四、广东珠海发电厂"10·19"触电事故

2007 年 10 月 19 日，广东省粤电集团公司珠海发电厂发生一起人身触电事故。珠海发电厂#1 机组小修结束，于 6:09 启动，其后发现 1A2－1 电场火化率偏高，检修人员开取工作票后进行检修。13:59，电气点检员工许××发生触电。经现场心肺复苏法急救，后送医院经抢救无效死亡。

五、辽宁阜新金山煤矸石热电有限公司物业分公司"10·30"窒息事故

（一）事故简述

2007 年 7 月 19 日，辽宁省阜新金山煤矸石热电有限公司物业分公司在进行外网系统高位截门井井内回水管排气阀关闭操作时，发生一起缺氧窒息人身伤亡事故，导致 3 人死亡。

（二）事故经过

2007 年 10 月 19 日 21:50，阜新金山煤矸石热电有限公司启动 2#热网循环泵进行供热前热网主管路系统冷运循环（运行方式为：由厂内供热首站至厂外热网二级换热站出口门前，通过来回水管路 $\phi 273$ 联络管进行系统小循环）。10 月 25 日，因厂内供热首站#1 热网加热器漏泄，热网系统停运消缺。

10 月 30 日，#1 热网加热器漏泄消缺结束。因厂外热网系统具备试运条件，14:58，启动#2 热网循环泵进行厂外供热大系统循环冷运。阜新金山煤矸石热电有限公司物业分公司副经理明×，安排工作人员将外网系统高位截门井内回水管排气阀开启排气。15:25，因厂外热网二级换热站加压泵入口门前法兰漏泄，停止#2 热网循环泵运行消缺。18:15，明×通知阜新金山煤矸石热电有限公司当班值长王××，厂外热网具备运行条件。18:20，值长王××下令启动#2 热网循环泵，进行厂外供热大系统循环冷运。

19:30 左右，明×带领工作人员李×、司机张××，到外网系统高位截门井进行高位截门井内回水管排气阀关闭操作。李×在未采取任何监测和防护措施的情况下，首先进入高位截门井，因井内严重缺氧而发生窒息。明×、张××见此情况发生，先后进入井内施

救，造成 3 人连续因缺氧窒息而休克。由于天黑且无其他人员在现场，3 人未能被及时发现解救，均因缺氧窒息死亡。

（三）事故原因

1. 直接原因

（1）在热网进行大系统循环冷运时，残存在系统管路内的大量浊气，通过高位截门井排风阀释出，并积存在相对密闭的高位截门井内，使井内处于严重缺氧的状态。

（2）物业分公司工作人员李×、副经理明×、司机张××，违反电力工业部颁发的《电业安全工作规程 热力和机械部分》有关规定，未采取必要的监测和防护措施，进入严重缺氧的截门井违章操作，并盲目下井施救，导致缺氧窒息死亡。

2. 间接原因

（1）物业分公司作业人员存在严重的违章冒险作业行为，使得《电业安全工作规程 热力和机械部分》、本企业热网运行安全管理制度和热网二级换热站投运方案中安全措施未能有效贯彻和执行。

（2）热网作业人员自我保安和群体安全防护意识不强。

（3）安全生产检查、督查不到位，管理出现漏洞，也未层层签订生产安全责任状，管理人员对存在习惯性违章作业行为未能及时发现，并予以及时整改。

（4）企业安全生产教育培训不到位，二、三级安全生产培训工作流于形式、疏于管理。

（5）部分管理人员不具备本岗位应具有的安全生产知识和安全生产管理能力，安全生产管理工作跟不上。

（6）未能有效地为从业人员提供符合有关安全标准的、必要的安全检测设备和防护用品，且未能有效地监督教育从业人员按照标准进行佩戴和使用。

（四）防范及整改措施

（1）全公司要进行一次全面的安全生产法律、法规宣传教育和安全技术培训，使广大干部、员工增强安全生产责任意识，提高安全技术能力和安全管理水平。

（2）物业分公司要建立健全各项安全生产规章制度及安全技术

操作规程，要全面落实安全生产责任制；分公司要设立安全生产管理机构或配备专职安全生产管理人员，要对安全生产投入必要的资金,为从业人员提供符合有关安全标准的安全检测设备和防护用品,且有效地监督教育从业人员按照标准进行佩戴和使用，要对所有的阀门井、截门井进行标准化改造，真正改善安全生产条件。

（3）在全公司各项生产经营活动中，须把《电业安全工作规程》、热网运行安全管理制度和投运方案中安全措施真正有效地贯彻和执行，并要对各分公司签订专项的安全生产责任书。

（4）热网作业要制定并严格执行安全技术规程，对不符合安全规程要求的，要彻底整改，切实遏止同类伤亡事故的发生。

（5）全公司要定期开展安全生产大检查活动，对发现的事故隐患要立即整改，不留死角，要杜绝"习惯性违章"现象，切实把安全生产工作落到实处。

2008 年

全国发电企业电力生产人身伤亡典型事故汇编（2005—2014年）

一、内蒙古通辽盛发热电有限责任公司"1·24"锅炉给煤机爆燃事故

（一）事故简述

2008年1月24日，内蒙古通辽盛发热电有限责任公司#1锅炉给煤机发生一起爆燃事故，造成2人死亡、3人受伤。

（二）事故经过

2008年1月24日14:40，通辽检修公司盛发项目部锅炉专业部制粉班开始对#1锅炉左侧二级给煤机输煤皮带进行检修，检修组负责人为刘××，成员为张×、刘××、梁×、丁××、苏××。

17:30，左侧二级给煤机皮带检修工作结束，制粉班张×联系运行人员准备给煤机试转，由苏××将左侧二级给煤机皮带检修工作票送到控制室押回。运行人员王跃×恢复检修措施：开启左1、左2旋转给料阀下煤插扳手动门；开启左侧二级给煤机密封风风门；开启左1、左2侧旋转给料阀密封风风门；左1、左2侧落煤管密封风风门开度分别为44%和82%。此时左侧三级给煤机在运行状态中，未加转速。

17:52，运行人员启动左侧二级给煤机运行，值班员王跃×与单元控制室工作人员王×联系，启动二级给煤机空转，观察左侧二级给煤机皮带运行情况。此时，锅炉制粉班班长刘××、锅炉专工朱××在左侧二级给煤机头部观察孔处观察皮带运行情况，附近有检修工作组成员刘××、梁×、丁××。

17:58，准备结束试运行调试工作时，三级给煤机头部煤尘发生爆燃，导致二级给煤机头部检查门（900mm×700mm×8mm）飞出，三级给煤机头部箱体上盖（约 3.25m×0.92m×0.08m）飞出。造成在二级给煤机头部检查门观察的刘××和朱××当场死亡，刘××、梁×、丁××3人局部轻度烧伤。

（三）事故原因

1. 直接原因

因三级给煤机在正常输煤时，头部存在积煤尘死角，且无法检查清除，造成煤尘长期积存，导致煤尘阴燃。在给煤机空转时产生

40

扰动使空气与煤尘充分混合，所送密封风给了足够氧气，造成爆燃事故。

2. 间接原因

（1）通辽盛发热电有限责任公司#1 锅炉的二级给煤机由于设备制造单位在制造与设计过程中，二、三级给煤机没有设置防爆和温度监控装置。

（2）三级给煤机没有设置检查清理积存煤尘的检查门。

（四）防范及整改措施

（1）通辽盛发热电有限责任公司与设计制造单位协调解决以下问题：在三级给煤机头部积存煤粉处加装检查门，以便随时清理头部所积存的煤尘，避免产生阴燃现象；在二、三级给煤机增设防爆和温度监控等装置。

（2）进一步完善检修工作和设备运行工作的安全措施和详细的操作规程。

（3）对企业内给煤机进行一次全面检查，排除隐患，防止同类事故再次发生。

二、江西分宜第二发电有限责任公司“2·13”冷渣机爆裂事故

（一）事故简述

2008 年 2 月 13 日，江西分宜第二发电有限责任公司#8 机组#4冷渣机发生爆裂事故，造成 2 人当场死亡、1 人经医院医治无效死亡，共计 3 人死亡、6 人受伤，直接经济损失约 230 万元。

（二）事故经过

2008 年 2 月 13 日 5:20 左右，分电二公司#8 机组出渣系统#1冷渣机因链条断裂无法使用，集控室值班人员（值长林×、主值杨广×、副值段××、实习副值袁×、辅机林金×）决定启用#4冷渣机。

主值杨广×到现场检查完#4 冷渣机后，大约在 5:35 电话通知实习副值袁×启动#4 冷渣机。袁×随即启动了#4 冷渣机。

5:54 左右，塘边公司出渣人员夏桂×发现在#4 冷渣枧上方的回水软管上端靠近法兰连接处有较大的蒸汽喷出，就赶紧到集控室向

值班操作人员反映情况。杨广×听了情况后马上和同事打好招呼前往泄漏处察看。

5:58 左右，当杨广×快走到#4 冷渣机旁时，#4 冷渣机突然发生爆裂，其外筒部件冲向并撞击锅炉#2 下降管分配管，共使十根分配管变形，其中#40 分配管两端管接头附近断裂，#38、#39 分配管与水冷壁下联箱连接管座开裂，内筒冲向并撞断二次风机吸风口钢筋混凝土支架立柱，造成与冷渣机相连的进出口水管和进渣管管道断裂。冲出的内筒压在一辆正在装渣的小四轮车上，致使该车的驾驶员任××当场死亡。#40 分配管被#4 冷渣机外筒撞断后，管内高温高压水喷出瞬间汽化，造成在#3 冷渣机捅渣的严水×被蒸汽冲击窒息当场死亡，并将离断管处约 30m 远在休息室内的李冬×、袁小×、夏牛×、夏小×、严开×和在#3、#4 冷渣机耙渣的杨德×、李犬×共 7 人不同程度地烫伤。

事故发生后，江西分宜第二发电有限责任公司迅速组织抢救工作。7 名伤者很快被送到就近医院进行救治，其中袁小×因伤势过重，经医院医治无效于 2 月 22 日死亡。事故共造成 3 人死亡、6 人受伤。

（三）事故原因

1. 直接原因

（1）该循环流化床锅炉机组是我国首台自主研发的示范项目。其配套辅机滚筒冷渣机属于近几年推出的技术创新设备，各有关方对其可能造成的危害认识不足，设计、制造不完善，维护管理不规范。首先是滚筒冷渣机设计制造单位对该产品可能造成的危害认识不足，科学研究不透，设计制造不当，存在诸多隐患，主要为冷渣机的内外筒体连接的环焊缝形式不符合#8 机组冷渣机合同附件《技术协议书》中的有关技术要求，致使环焊缝承载能力低于技术协议要求，且缺少必要的保护装置。

（2）滚动冷渣机使用单位也对该产品可能造成的危害认识不足，维护管理不规范。在冷却水进出口电动门未打开的情况下，致使冷渣机夹套内介质温度、压力升高。虽冷渣机回水软管接头处已喷气泄压，但由于冷渣机环焊缝承载能力不足，导致环焊缝整圈拉裂而造成事故的发生。

2. 间接原因

（1）冷渣机生产厂家违反了技术协议中的有关要求。冷渣机的内外筒体连接的圆钢垫焊环焊缝的形式的设计和制造（现场见证的内外筒体连接的环焊缝破坏部位的结构）均没有按照合同附件《技术协议书》要求执行 GB 985—88《气焊、手工电弧焊及气体保护焊缝坡口的基本形式和尺寸标准》和 GB 150—98《钢制压力容器》标准的规定。生产厂家关于滚筒冷渣机的企业标准引用的是 JB/T 3726—1999《锅炉除渣设备制造标准　通用技术条件》，与本设备的设计使用条件不相符。

（2）就地断水保护设计不合理。根据生产厂提供的资料，只能以冷却水压力低来检测断水现象，不能监视冷却水流量，在出现"有压无流"情况时保护不能动作，无法起到保护作用。

（3）冷渣机冷却水出口温度测点设置不合理，该测点安装在本体出口管上，在介质流动性差的情况下，靠热传导无法及时准确反映夹套内介质温度，造成运行人员误判断。

（4）冷渣机安全阀的整定压力过高，整定压力高于设计压力（设计压力为 2.5MPa，整定压力为 3.0MPa，不能起到超压保护作用。

（5）压力保护没有自检报警功能，不能实时监视保护完好情况。

（6）冷渣机管理维护不到位，流量计存在误差，造成运行人员误判断。事故发生前，冷却水进出水电动门未能打开，但进水流量显示约 15t/h，为流量的测量误差，安全阀处于堵塞状态。

（7）分电二公司对安全管理制度落实不到位，安全管理存在漏洞，员工安全培训教育实效性存在不足，员工的安全操作意识淡薄。

（8）分电实业公司对塘边公司安全生产监督管理不严，对塘边公司作业人员的休息场所安排不合理，以至于高温蒸汽直接冲入休息室内。

（9）塘边公司对员工安全教育培训不力，员工应急处理能力差。

（四）防范及整改措施

（1）滚筒冷渣机是 CFB 锅炉的重要换热设备，鉴于国内同类型冷渣机多次发生过类似事故，建议从事该类型冷渣机的设计、制造、使用等单位参照《压力容器安全技术监察规程》执行。

（2）重新进行冷渣机安全阀的设计和整定，确保真正起到泄压保护作用，并将安全阀泄放管接到安全的位置。

（3）冷渣机就地保护增加冷却水流量低冷渣机启动闭锁及流量低跳冷渣机保护，防止因冷却水流量低造成事故。增加冷渣机冷却水进出水电动门与冷渣机启动联锁回路，在冷却水进出水电动门没有打开时闭锁冷渣机启动。

（4）提高压力取样元件的防护等级，并将冷却水压力保护取样装量由电接点压力表改为压控开关。改进温度测点位置，保证及对、准确反映筒体腔室内介质温度。

（5）对#8机组锅炉及辅助设施进行全面检查修复，达到使用要求。

（6）目前该行业缺乏该型冷渣机设计制造的有关标准，造成其设计制造工作无章可循。建议国家有关部门尽快组织制定循环流化床锅炉冷渣机相关标准。

（7）分电二公司要进一步完善安全生产各项规章制度，从严落实安全生产责任制，加强员工的安全培训教育，提高员工的安全生产意识。

（8）分电二公司要认真吸取此次事故教训，举一反三，采取有力措施，对全公司各岗位的危险源点进行细致的辨识，对全公司类似的设备进行全面检查，消除事故隐患，强化安全管理。

（9）增强现场作业的反违章力度，杜绝员工违章操作行为，强化员工遵章守纪的自觉性。

2009 年

一、四川省凉山州雷波县溪洛渡水电站"9·10"高处坠落事故

（一）事故简述

2009年9月10日，四川省凉山州雷波县溪洛渡水电站左岸地下厂房#6压力管道竖井施工中发生一起因高处坠落引发的较大人身伤亡事故，导致5人死亡，直接经济损失130余万元。

（二）事故经过

溪洛渡水电站左岸地下厂房采用单机单管供水，设有9条压力管道，每条压力管道由上平段、上弯段、竖井段、下弯段、下平段组成，管道开挖洞经11.8m，管径10m，其中竖井段约104m。

2009年9月10日8:00，班长杨××带领袁××、茶春×、茶鲜×、张功×、茶国×、李××、张×共8人到左岸地下厂房压力管道6#竖井进行钻孔作业，13:10实施爆破，经过观察确认爆破后的渣堆基本稳定，无盲炮，并进行扒渣前的准备工作后，于14:30杨××带着袁××、茶春×、茶鲜×、张功×等5人一起下井到达扒渣作业部位。此时，井盖突然发生坠落，导致5人与井盖一起坠落到井底死亡。

（三）事故原因

1. 直接原因

（1）地质原因分析：根据地质资料，溪洛渡左岸压力管道穿过P2B4～P2B9岩流层。主要发育C4、C5、C7和C8等层间错动带，C4、C5、C7层闻错动带里断续分布，以裂隙岩块型为主，部分段为含屑角砾型；C8层间错动带分布较连续，以含屑角砾型为主，部分为岩块型，延伸稳定，层内错动带较发育，岩体的完整性差。

（2）爆破振动影响分析：根据相关技术方案分析，#6压力管道竖井全断面开挖采用扩井爆破法施工，分三序开挖，先采用反井钻机开挖直径1.4m导井，其次采用手风钻爆破开挖直径3.4m溜渣井，最后进行全断面爆破扩挖，因此在该处溜渣井井壁先后进行了多次爆破施工。首先为溜渣井开挖爆破施工，进行全断面爆破扩挖。#6压力管道溜渣井井壁岩石经过多次爆破振动，对导井井壁岩石有一定的影响，岩石内部容易出现振动裂隙，如遇不良地质情况，可能

发生岩体松动坍塌。

（3）溜渣井井盖失稳分析：根据施工方案设计意图可知，溜渣井井盖一般不承重，主要是对施工人员在钻孔、装药及支护施工时起到双保险防护作用，扒渣时也起到一定的遮挡防护作用。通过现场勘察溜渣井上口，发现井口变大，井壁有缺口，周边渣堆坡度很陡，井壁有垮塌痕迹。如井盖基座垮塌，致使井盖倾斜，大量石渣冲击到井盖上，超过井盖设计承载能力，将会造成井盖变形失稳，同时导致井盖钢丝绳断裂，直接造成井盖坠落。

2. 间接原因

（1）葛洲坝集团溪洛渡施工局，在压力管道竖井的施工中，其采取的安全措施未充分考虑地质状况、爆破振动影响给施工安全带来的危害，未从根本上消除安全隐患。

（2）葛洲坝集团溪洛渡施工局地厂三部对施工人员的安全教育不到位，施工人员安全意识淡薄。

（四）防范及整改措施

（1）葛洲坝集团溪洛渡施工局，要认真总结事故教训，立即开展事故发生段的隐患排查工作，排除隐患后要制定针对性的措施方可恢复施工，避免类似事故的发生。

（2）葛洲坝集团溪洛渡施工局，要严格对工程施工人员进行安全教育培训，增强作业人员的安全防范意识；要针对此次事故发生原因，制定有效的安全措施，不断完善管理技术和手段，及时排查工程施工中的隐患，预防和减少事故的发生。

（3）葛洲坝集团溪洛渡施工局，要进一步完善安全生产管理制度，发生生产安全事故后要严格按照《生产安全事故报告和调查处理条例》（国务院令第 493 号）的规定上报。

2010 年

全国发电企业电力生产人身伤亡典型事故汇编（2005—2014年）

一、广西田林县那新水利发电有限公司"3·2"物体打击事故

2010年3月2日，广西田林县那新水利发电有限公司水电站建设工地，外施工单位1名工作人员在电站大坝河床底部进行喷射混凝土厚度质检抽查工作时，被山坡上大风吹落的岩石击中背部及头部，在送往医院途中抢救无效死亡。

二、陕西华电蒲城发电有限责任公司"3·16"仓内起火事故

（一）事故简述

2010年3月9日，河南汤阴县金华塑料厂承包的山西省华电蒲城发电有限责任公司#4炉D原煤仓在更换防磨衬板施工过程中，发生因违章操作致使仓内起火，造成4名施工人员死亡的较大生产安全事故，事故造成直接经济损失约100万元。

（二）事故经过

2010年3月9日，汤阴县金华塑料厂经议标与陕西华电蒲城发电有限责任公司签订了《陕西华电蒲城发电有限责任公司#4炉A/E原煤仓衬板更换工程合同书》。协议工期为开工之日起9天完工，工程合同总造价约20万元。汤阴金华塑料厂法人代表李金×授权李立×为厂方全权代理人，负责陕西华电蒲城发电有限公司#4炉原煤仓防磨衬板更换工程项目的投标工作，中标后厂方指定由李全×负责组织施工，尚合×为该项目劳务承包人。机组停运后，通过对各个原煤仓内存煤和磨损情况检查，发现D原煤仓衬板磨损比A/E原煤仓严重，所以生产技术部决定先更换D仓衬板。建设方陕西华电蒲城发电有限责任公司将此项目的施工监管明确由锅炉分场具体负责。

3月8日下午，施工队队长李全×带领本厂劳务工尚合×、尚拥×、尚×林、尚海×、尚新×、马×、尚×军、吕××8名人员在合同未签订的情况下就提前进入作业现场开始作业，前期施工比较顺利。

3月16日上午，尚合×给所有人员安排完工作。指定人员将煤仓底部聚乙烯板切割碎屑清理后，继续进行更换衬板工作。11:00

左右，李全×连接电焊机电源，准备下一步焊接原煤仓沉头螺钉，焊工马×调试电焊机后，由施工队队长李全×看管现场的工具及器材，尚合×带其他人员于 11:30 出厂吃饭，12:30 返回现场，由尚合×组织继续作业，李全×去吃饭。原煤仓直筒部分高 8m，直径 8m；双曲线部分高 8m，底部直径 92cm。衬板为 20mm 厚的超高分子量聚乙烯板。当时，尚合×、尚拥×、尚×林，马×4 人负责在仓内作业，尚海×、吕××2 人在仓体外架板上紧固螺栓，尚×军和尚新×2 人负责备料和运料工作。

13:30 左右，煤仓外施工人员听到仓内有人喊"着火了"，仓外施工人员尚海×看到煤仓底部人孔处有大量烟火，随即煤仓外的尚海×、尚×军等 4 人开始自救。由于使用消防器材不熟练，加之仓内架杆、架板是竹木结构，火势越来越大。约 13:55，自救失败，吕××随即向值班经警报告着火了，值班经警李经×立即报了本厂火警。13:58，陕西华电蒲城发电有限责任公司立即组织本单位消防人员进行救援，现场火势较大，救援条件受限，经多方努力，16:00 左右将煤仓内火扑灭，为了便于救人，救援人员对原煤仓底部入口边缘进行切割，使入口扩大。19:00，将煤仓内施工的尚拥×、尚×林、马×、尚合×4 人救出，均已死亡。

（三）事故原因

1. 直接原因

（1）煤仓内施工人员焊接作业时，焊渣掉落引燃聚乙烯碎屑，继而引起了超高分子量聚乙烯板、杉木脚手架和竹架板的燃烧。

（2）架板上聚乙烯碎屑清理不及时，焊接作业时未采取相应安全防范措施。

（3）汤阴金华塑料厂现场安全监护不到位，火情初发时未能及时发现并扑救。

2. 间接原因

（1）汤阴县金华塑料厂安全生产责任制落实不到位，安全管理制度不健全，未对从业人员进行岗前安全教育培训。

（2）汤阴县金华塑料厂施工作业现场安全管理有漏洞，有关管理人员和施工人员安全管理资格证和上岗操作证不全，安全管理及特种作业人员存在无证上岗现象。

（3）陕西华电蒲城发电有限责任公司对外包工程监督检查不到位，在技术交底时未按动火票管理制度的规定进行要求，造成管理上的疏漏。

（四）防范及整改措施

（1）河南汤阴金华塑料厂，要认真吸取"3·16"事故教训，认真查找本单位在安全管理上存在的薄弱环节和突出问题，制定切实可行的措施，并逐项加以整改；要认真落实安全生产责任制，建立健全安全管理制度，下大力搞好施工现场安全管理；要扎实做好从业人员的安全生产教育和培训工作，严格操作规程，杜绝违章、违规作业的现象发生。

（2）河南汤阴金华塑料厂，要本着对死者家庭和社会高度负责的态度，积极主动地处理好善后工作，确保不引发新的社会矛盾和造成不必要的损失。

（3）陕西华电蒲城发电有限责任公司，要深刻吸取本次事故教训，全面查找本单位安全管理存在的问题和不足，进一步落实外包工程安全生产责任制，细化强化施工过程管理，认真组织本单位开展安全生产大检查，并及时搞好隐患排查和治理工作。

（4）陕西华电蒲城发电有限公司，要加强对外包工程的安全管理，对承包单位及安全管理人员的资质、从业人员的安全教育培训、技术交底、技术方案变更、施工过程控制做到全方位的管理。

三、广东华能海门电厂"3·17"坍塌事故

（一）事故简述

2010年3月17日，广东省华能海门电厂在施工过程中，发生一起因施工单位浙江豪邦建设有限公司施工人员在未告知监理及业主等单位，现场安全员不知情、不在场的情况下擅自施工导致的较大人身伤亡事故，造成6人死亡、2人受伤。

（二）事故经过

2010年3月17日，华能海门电厂施工单位浙江豪邦建设有限公司施工人员在未告知监理及业主等单位，现场安全员不知情、不

在场的情况下，于 12:30 左右提前进入现场擅自施工，并违反经审批过的施工方案进行作业。13:10 左右，施工作业人员在临时卸料平台上搬运钢板时，形成较大冲击力，造成承载工字钢梁弯曲变形，临时卸料平台整体垮塌，在平台上作业的 8 名施工人员随钢梁、钢板及堆放材料一起坠落至 17m 层平台。事故造成 4 名施工人员被压在钢板下面，当场死亡，另外 4 名施工人员受伤，其中 2 人在送往医院抢救途中死亡。事故共造成 6 人死亡、2 人受伤。

四、四川国电成都热电厂"4·9"窒息死亡事故

2010 年 4 月 9 日，四川国电成都热电厂（国电成都金堂发电公司）锅炉检修人员在处理#62 炉 D 原煤斗内防磨层脱落缺陷中，未对犁煤器停电，没有对煤斗入口采取安全覆盖措施，燃料运行交接班时未交代设备状态，现场无设备检修作业标识，巡检人员擅自将犁煤器打"就地"向正在检修的煤斗上煤，造成在煤斗内的 2 名检修人员窒息死亡。

五、黑龙江华能新华电厂"4·10"物体打击事故

2010 年 4 月 10 日，新华电厂#6 机组磨煤机检修过程中，检修人员使用电动葫芦将拆除的排渣刮板等吊至磨煤机附近的空地时，因电动葫芦的限位装置失灵，致使电动葫芦脱离轨道坠落，砸在地面叉车拖斗边沿后翻滚撞击 1 名检修人员，经抢救无效死亡。

六、黑龙江国电北安热电有限公司"4·21"爆炸事故

2010 年 4 月 21 日，北安热电有限公司#1 炉#2 制粉系统（钢球磨、中间储仓）发生爆燃，#2 磨煤机出入口防爆门破裂。检修人员在未办理工作票、未经运行人员许可、未采取任何安全措施情况下对#2 磨煤机出、入口防爆门进行更换。工作工程中，制粉系统再次发生爆炸，造成 1 人死亡。

七、辽宁国电电力大连庄河发电有限责任公司"7·8"物体打击事故

2010 年 7 月 8 日，国电电力大连庄河发电有限责任公司利用过

轨吊进行#2 炉 F 磨煤机磨辊起吊工作。此过轨吊有 A、B 两个电动葫芦。起重操作人员将 B 电动葫芦对轨后进行过轨操作时，A 电动葫芦从轨道接轨端滑出坠落，砸中该操作人员头部造成重伤，经抢救无效死亡。

2011 年

全国发电企业电力生产人身伤亡典型事故汇编（2005—2014年）

一、河北省得尚义县察哈尔风电有限公司"1·5"触电事故

2011年1月5日，华锐风电科技集团股份有限公司在河北省尚义县察哈尔风电有限公司施工工地进行风机安装调试过程中，在更换风机测风仪架子时，发生一起因触碰35kV高压线路导致的触电事故，造成3人死亡。

二、四川巴蜀电力公司江油电厂"2·23"高处坠落事故

2011年2月23日，四川省绵阳市铁成电气设备有限公司在四川巴蜀电力公司江油电厂煤场升降灯塔重建工程作业时，发生一起高处坠落事故，造成1人死亡。

三、广东粤电集团公司沙角A电厂"3·15"高处坠落事故

2011年3月15日，湖南华中电力建设开发集团有限公司佛山分公司在广东粤电集团公司沙角A电厂500kV沙鹏甲线阻波器拆除及出线导线更换项目中，发生一起高处坠落事故，造成2人死亡。

四、辽宁阜新发电有限责任公司"3·29"触电事故

（一）事故简述

2011年3月29日，辽宁阜新发电有限责任公司电气分厂在进行20万机组#01高启备变回装作业时，发生一起触电事故，造成1人死亡。

（二）事故经过

辽宁阜新发电有限责任公司20万机组#01高启备变（SFFZ7-CY-31500/220）为沈阳变压器厂制造，1996年5月出厂。由于#01高启备变在日常检测过程中存在内部指标过高现象，初步判定变压器低压绕组可能存在匝间或股间绝缘破损，如果继续运行，可能造成变压器整体烧损的严重后果，故于2010年11月24日返回原制造厂进行检查维修。经过生产厂家维修后，于2011年3月9日运回辽宁阜新发电有限责任公司。

电气分场2月22日制定了《#01高启备变回装及投运方案》，3

月 18 日制定了《#01 高启备变作业回装期间电气安全技术措拖》，2011 年 3 月 14 日开始回装作业，并按规程要求办理了工作票，工作票工期为 2011 年 3 月 9 日至 3 月 31 日，工作负责人为电气分场变配电班工人马力×。

#01 高启备变是两台 200MW 机组的备用变压器，由 220kV 系统取电，经降压后通过 6kV 母线为#01、#02 机组提供 6kV 启动备用电源，在#01 高启备变检修期间，可以通过 6kV 母线实现两台 200MW 机组互为备用，备用期间 6kV 母线带电。

按照回装及投运方案，变压器回装作业期间，每天开工作业前，与值长联系好，运行人员将#01 机组 6kV 厂用备用电源 610、620 开关断开，然后运行人员再与维修班负责人一起确认断开后方能履行工作票复工手续，每天检修作业结束后将工作票交回运行，运行人员就地实行检查无问题后，方可将#01 机组 6kV 厂用备用电源 610、620 开关合闸，作为#02 机组厂用备用电源。

3 月 29 日，按照电气分场的统一安排，维修班有 5 人去体检，其中就有#01 高启备变回装工作负责人马力×，班长刘××明知马力×去体检，却没有和马力×进行工作交接。8:00 左右，刘××便带领黄××、杜××、马列×3 名工人开始回装作业。按照工期进度要求，当天是回装工作的最后一天，主要任务是将高启备变低压侧软连接到 6kV 厂备用共箱母线上（在检修要求上高启备变低压侧软连接时，检修应重新办理新的工作票，运行人员根据工作票内容及实际工作情况做好安全措施）。当天，电气分厂变配电班没有正常召开班前会，只是由班长刘××对当日工作进行了简单布置和分工，并未履行工作票复工手续，也未按《#01 高启备变作业回装期间电气安全技术措施》要求重新办理工作票，致使 6kV 母线电源没有断开。在回装作业现场，变配电班工人马列×、杜××在未见到工作票的情况下，擅自攀爬到#01 高启备变上方进行作业，并由杜××打开了 6kV 共箱母线箱盖。

9:11，在场人员听到一声闷响，在高启备变上方南侧工作的马列×听到"啊"的一声，回头看到杜××背对变压器坐在低压侧 B 分支套共箱母线外防护罩上，双手后撑，全身起火，随即火势蔓延到整个变压器，现场人员虽奋力扑救，无奈火势太大无法靠近。

9:12，现场人员拨打了 119 和 120 急救电话。9:30，消防车到达现场开始灭火。9:35，120 急救车到达现场。9:50，大火被完全扑灭，灭火过程中发现杜××已当场触电死亡。

（三）事故原因

1. 直接原因

辽宁阜新发电有限责任公司 20 万机组#01 高启备变回装过程中，变配电班组未履行工作票复工手续，也未按《#01 高启备变作业回装期间电气安全技术措施》要求重新办理工作票，致使 6kV 母线电源没有断开。变配电班工人杜××擅自攀爬到#01 高启备变，在 6kV 母线带电的情况下，打开母线箱盖进行违章作业，导致触电死亡。

2. 间接原因

（1）未严格履行工作票制度，事故发生当天变配电班班长刘××接到电气分厂体检通知，安排工作负责人马力×去参加体检，但未履行工作负责人变更手续，致使回装现场无人负责。

（2）变配电班班长刘××，没有尽到管理职责，对违章冒险作业未能及时发现并制止。

（3）辽宁阜新发电有限责任公司监督检查不到位，对安全操作规程、各种安全生产规章制度未认真落实，职工安全意识不强。

（四）防范及整改措施

（1）按照《中华人民共和国安全生产法》等有关法律法规的规定，落实企业安全生产主体责任，严格执行各项规章制度及安全操作规程、措施，提高执行力。

（2）加强企业内部安全管理体制和机制的改革，使各种安全管理制度、措施等更具有操作性。

（3）要结合这次事故的教训，在公司内做一次安全生产隐患大排查，本着"先安全后生产，不安全不生产"的原则，加大管理力度，杜绝"三违"现象和凭经验施工作业行为。

五、吉林省白城电厂"4·23"高处坠落事故

（一）事故简述

2011 年 4 月 23 日，吉林省白城电厂热机设备维修外委承包单位吉林省鼎基电厂检修安装有限公司（以下简称"鼎基公司"）施工人员在进行#1锅炉#3磨煤机入口热风快关门检修脚手架拆除作业时，发生一起高处坠落事故，造成 1 人死亡，直接经济损失约 40 万元。

（二）事故经过

2011 年 4 月 23 日 8:00，鼎基公司综合班（负责起重、架工、保温）架子工刘×（工作负责人）、于×、张×、宋×4 人从事#1锅炉#3 磨煤机入口热风快关门检修脚手架拆除作业。在作业点附近有#1 炉炉水循环泵拆吊工作，按照#1 炉炉水循环泵检修方案要求，将#1 炉#2、#3 磨煤机之间 6.9m 层联络平台切割一个 1.8m×1.0m 大小的吊装孔，并设有临时警戒围绳（如图 3 所示）。按照分工，刘×与张×负责在 6.9m 处拆除脚手架（如图 4 所示），因脚手架在风道下面，直接用绳子将拆下的架杆和跳板传递到锅炉 0m，另外 2 个作业组成员在锅炉 0m 负责接运。

图 3 脚手架拆除与#1 炉水循环泵吊装孔现场

9:14，脚手架大部分已经拆除并运送完毕，刘×让张×去另一

侧，准备从两侧同时拆除剩余脚手架横杆并用绳子运往锅炉 0m 地面（如图 5 所示）。经张×证实，刘×所在平台处已经没有任何工作。当张×刚到达脚手架另一侧，约 9:15 左右，0m 作业组成员听见坠落声音，发现刘×已经落在平台孔洞正下部 0m 地面，安全帽未脱落、后部摔裂（如图 6 所示）。

图 4　磨煤机热风关断挡板下部的吊架示意图（拆除前）

图 5　刘×坠落前剩余的吊架

图 6　刘×坠落后的安全帽

事故发生后，刘×被立即送往医院进行救治。医院检查为右臂、右肩胛骨骨折，颅内复合出血，进行手术抢救。4 月 24 日 15:30，刘×因伤势过重，经抢救无效死亡。

（三）事故原因

1. 直接原因

架子工刘×违章冒险进入存在着事故隐患的区域（即已被切开行人平台格栅板的#3 磨煤机热风关断门前）从事拆除脚手架作业，导致其不慎坠落地面受伤致死。

2. 间接原因

（1）鼎基检修公司对检修作业过程中的安全管理不到位，具体体现在以下六个方面：

1）指挥无证人员从事特种作业。

2）使用的工作票安全技术含量低，有的作业项目根本无工作票约束作业行为。

3）较大作业项目安全技术措施方案缺头，安全技术交底不到位，上下交叉作业无安全技术措施。

4）在安排检修作业项目时缺乏统一调度指挥，各作业班组各行其是，导致指挥工人进入存在事故隐患的现场冒险作业。

5）作业现场不设监护人，项目部人员现场巡回监督检查不到位，对事故隐患不能及时发现。

6）事故发生后，非但不能依法及时在规定的时间内向当地政府安全监管部门报告，反而拖延不报。

（2）白城发电公司对检修作业安全监督管理不到位，对检修作业以包代管。

（四）暴露问题

（1）鼎基公司架子工刘×本人安全防范意识淡薄，工作时穿越临时封闭区域作业，属于典型习惯性违章；在工作时没有对附近可能导致坠落的危险采取防范措施。

（2）鼎基公司安全管理不规范。一是炉水循环泵作业拆除走台后安全措施不可靠，只设置了安全围绳，没有按照《安规》第13条要求装设安全牢固的临时遮栏。二是对交叉作业管理不力，在拆除走台后，#3磨煤机热风关断门处工作已经没有安全通道，不具备工作条件，人员工作时必须穿越炉水循环泵吊装危险的封闭区域，没有停止脚手架拆除工作，待措施恢复后再重新进行工作。

（3）白城发电公司安全管理不到位，对部分作业存在着"以包代管"现象，没能及时发现作业现场的安全隐患。

（4）白城发电公司安全监督不到位，对现场的违章作业没能及时发现，安全监督痕迹少。

（五）防范及整改措施

（1）立即补充完善各项安全生产责任制度和安全操作规程，对每个检修作业项目必须编制安全技术施工方案，现场向作业人员进行安全技术交底。

（2）建立检修调度会议制度，每天班前由项目经理召开生产调度会，对检修项目统一协调指挥，防止出现漏洞，影响安全生产。

（3）加强职工安全教育培训工作，坚持经常对从业人员进行安全技术知识培训，增强从业人员遵章守纪、预防事故的应变能力，特种作业人员必须做到持证上岗。

（4）认真执行《国务院关于进一步加强企业安全生产工作的通知》（国发〔2010〕23号）的规定，依法为从业人员缴纳工伤保险。

（5）认真执行国务院《生产安全事故报告和调查处理条例》的规定，发生事故 1h 内必须向当地政府安监部门报告，杜绝发生事故迟报或隐瞒不报的违法行为。

（6）认真修订《百城发电公司安全生产工作规定》，明确各部门在设备检修作业工作中应承担的职责，并将责任落实到部门和负责人。

（7）对工作票进行补充，完善安全技术措施内容，严格审核签发和终结程序，防止走过场。

（8）对各委托外包单位进行严格的现场安全监督和指导，严防失管失控、以包代管行为。

六、山西国益生物发电有限公司"4·23"触电事故

2011 年 4 月 23 日，山西国际电力集团公司所属山西国益生物发电有限公司 1 名电气专业运行人员在 380V 低压 I 端侧倒厂用电源时，触电死亡。

七、江苏省华能南京金陵电厂"5·1"触电事故

2011 年 5 月 1 日，金陵电厂燃煤机组运行人员在执行"#1 机 6kV61C 段母线由备用电源进线开关 61C02 供电转冷备用"操作过程中，发生一起由于人员违章操作导致的带电挂地线事故，造成 1 人死亡、1 人重伤。

八、安徽淮沪煤电有限公司田集发电厂"5·11"窒息事故

2011 年 5 月 11 日，田集发电厂外包队伍江苏天目建设公司在进行#1 机组细灰库清灰作业时，发生积灰坍塌，造成 2 人窒息死亡。

九、甘肃大唐甘谷发电厂"5·13"坍塌事故

2011 年 5 月 13 日，甘肃大唐甘谷发电厂工作人员在清理#2 锅炉积存焦渣过程中，发生一起因大量焦渣塌落，导致冷灰斗内部水、汽、灰焦渣混合物从灰斗看火孔以及水封处喷出的事故，造成 2 人死亡、2 人重伤、5 人轻伤。

十、青海八盘峡水电站"5·24"高处坠落事故

2011 年 5 月 24 日，黄河公司八盘峡水电站陇电检修分公司库房管理人员在进行库房清理工作过程中，发生一起高处坠落事故，造成 1 人死亡。

十一、甘肃大唐甘谷发电厂"6·7"高处坠落事故

2011 年 6 月 7 日，临汾市天邦钢结构有限公司在大唐甘谷发电厂煤场防风抑尘墙施工中，发生一起因卷扬机过卷，导致围栏从 16m 处坠落的事故，造成 2 人死亡。

十二、宁夏马莲台电厂"8·12"煤层坍塌事故

（一）事故简述

2011 年 8 月 12 日，宁夏浩林建筑安装工程有限公司马莲台电厂项目部在对马莲台电厂#1 炉 E 磨煤仓进行蓬煤清理作业时发生一起煤层坍塌事故，造成 1 人死亡，直接经济损失 64.21 万元。

（二）事故经过

2011 年 8 月 10 日，马莲台电厂#1 机组 A、B、C、D 磨煤机组正常运行，E 磨煤机组停运（煤仓棚煤）。煤仓直径 8m，高 14.6m。

8 月 11 日 9:00，按照电厂委托要求，宁夏浩林建筑安装工程有限公司工作负责人芦××到电厂生技部办理了《马莲台发电厂外包（委）工程施工安全协议》。11:10，E 仓给煤机、E 仓磨煤机停电，生技部许可宁夏浩林公司进行 E 仓蓬煤清理，并办理了"#1 炉 E 煤仓棚煤清理"热机工作票。15:30，电厂组织宁夏浩林公司 7 人到现场，生技部人员、燃供部人员、安监部人员共同在现场进行了煤仓清理工作安全技术交底，交代现场工作的安全注意事项，并让参加工作的当事人逐个进行了签字确认。18:30，宁夏浩林公司将#1 炉 E 磨煤机落煤管观察孔打开，但由于天色已黑，没有进行作业清理棚煤，将工作票押回运行值长处。

8 月 12 日 7:00，清煤工作负责人芦××带领工作人员到现场开始工作。8:00，负责人芦××安排现场人员做准备工作，自己到集控室运行处取工作票，杨××与陈××2 人自行从煤仓顶部东侧进

入煤仓，王××、常××、张××3 人在煤仓外。8:20 左右，进入煤仓内部工作的杨××从煤仓棚煤顶部的东侧走向西侧，西侧煤层突然塌陷致使其掉入煤里，仓内另 1 人（陈××）急忙呼喊上面的其他外部工作的 3 人（王××、常××、张××）往上拉人，但由于仓内存煤较多（约 100t），仓外三人无法拉动，王××在下仓救人的同时，电话通知了卢××，卢××在赶往出事地点的同时通知了项目经理杜××，杜××又通知了电厂生技部。

8:40 分左右，马莲台电厂接到宁夏浩林有限公司项目经理杜××电话报告后，立即启动《突发事件应急救援预案》，组织 20 余人进行抢救。同时，拨打 120 急救电话。期间又派杜××到煤仓底部进行抢救，因仓内有约 100t 煤无法及时清除，立即组织专业人员在煤仓外部搭设架子，调用等离子切割机先后从煤仓上部和底部开两个洞（上孔距煤仓喇叭口底约 4m，下孔距煤仓喇叭口底约 1.5m）进行切割。

11:00 左右，在煤仓下孔处把杨××救了出来，经 120 救护人员现场急救，并送往医院后经抢救无效死亡。

（三）事故原因

1. 直接原因

宁夏浩林建筑安装工程有限公司对煤仓棚煤清理作业的危险性认识不足，未制定专门的安全措施和操作规程，未对清理人员进行安全教育培训，在未取得工作票的情况下，就擅自组织人员进入工作岗位盲目作业。

2. 间接原因

（1）死者杨××在清理煤仓棚煤时对防护器具操作不当，现场监护人员未对安全绳进行有效控制，导致安全绳拉出过长，防坠器在滑落过程中失去保护作用。

（2）宁夏浩林建筑安装工程有限公司安全管理工作混乱，安全管理责任制不落实、规章制度不健全，安全生产监督检查不到位。

（3）宁夏浩林建筑安装工程有限公司一同作业的工作人员对死者的不安全行为未加阻止。

（4）马莲台发电厂未认真履行安全监管职责，对外委施工队伍安全监管不严，未安排专门人员对作业现场进行监管。

（四）防范及整改措施

（1）认真吸取教训。宁夏浩林建筑安装工程有限公司要认真吸取事故教训，举一反三，全面开展隐患排查和危险源辨识工作，进一步完善安全生产规章制度，岗位责任制和操作规程，认真查找存在的事故隐患，防止类似事故的再次发生。要进一步明确各级管理人员、从业人员的安全管理职责，将安全责任层层分解落实到每个岗位。

（2）强化安全教育。宁夏浩林建筑安装工程有限公司要有针对性、经常性地开展培训教育工作，提高各岗位操作人员的操作水平和安全意识，特别是要针对员工业务操作不熟练，现场经验不足、安全意识不强、对危险源辨识不清等因素，有针对性地做好安全教育培训和指导工作。要严把三级安全教育培训关口，严格落实安全教育培训制度，不断提高从业人员的安全意识和安全素质。

（3）加强现场管理。宁夏浩林建筑安装工程有限公司要进一步加强对作业现场的安全管理，制定详细的施工作业方案，严格按规程进度组织实施，要确定专人进行现场统一指挥，进一步加强劳动组织管理，及时纠正和制止违章作业、冒险作业行为，坚决杜绝赶进度、盲目蛮干等现象。要提高安全生产事故的防范能力，保障作业进度、安全生产"两手抓、两不误"。

（4）加大隐患排查力度。宁夏浩林建筑安装工程有限公司要认真开展隐患排查治理工作，对施工作业中存在的安全隐患要认真组织整改，对在管理上出现的漏洞，要制定相应的管理制度和措施，并坚决贯彻执行。对一些危险部位，要设置明显的安全警示标志，要向作业人员告知危险岗位的操作规程和违章操作的危害，及时消除人、机、环境、管理等各个环节的安全隐患。

（5）宁夏发电集团马莲台发电厂要深刻吸取事故教训，高度重视安全生产工作，进一步加强安全生产管理工作，要严格把关外委（包）施工单位的安全生产条件，坚决杜绝与不具备安全生产条件的有关企业签订施工合同，从本质上确保安全生产，要进一步加强对外委（包）单位施工现场的安全生产管理，明确现场监护人的职责并落实到位。

十三、华能福州电厂"8·26"坍塌事故

（一）事故简述

2011 年 8 月 26 日，湖南省工业防腐保温安装有限公司福州项目经理部在华能国际电力股份有限公司福州电厂对三期#6 机组锅炉进行保温层缝隙修补作业时，发生一起因锅炉大罩坍塌引起的人身伤亡事故，造成 1 人死亡。

（二）事故经过

2011 年 8 月 26 日 8 时，湖南保温公司福州项目经理部员工李××、马余×上班后根据经理部的安排，对华能福州电厂厂区的三期（2×660MW）工程#6 机组#6 锅炉进行保温层缝隙修补作业。两人分工运送材料，李××通过电梯将保温材料从地面运到三期锅炉炉顶大罩保温层所在的 10 楼，再由马余×将保温材料搬运到炉顶大罩保温层边。

9:00，马余×运送保温材料到炉顶大罩保温层边侧行走时，保温层发生坍塌，马余×从坍塌处坠落到距离保温层 2.8m 深的保温管道上，锅炉运行时保温管道上的温度达到 300℃。李××运完保温材料，来到锅炉炉顶大罩保温层边侧时，看不到马余×，就四下寻找，这才发现原先平整的炉顶大罩保温层边出现了一个大窟窿，马余×掉到下面的管道保温层上。李××连忙呼叫马余×，但马余×没有任何反应，李××马上报告湖南保温公司福州项目经理部的现场负责人马拥×及华能福州电厂负责人，华能福州电厂立即启动《人身伤亡事故应急预案》，组织救援，迅速停机（10:23 机组解列），但保温层塌陷处温度达 300℃，管道内温度高达 450℃，救援人员无法从塌陷处下去救人，只好切割开锅炉侧面保温层，等到 12:05 找到马余×时，发现其已灼烫死亡。

（三）事故原因

1. 直接原因

（1）马余×搬运保温修补材料到炉顶时，在未采取必要、可靠的安全措施的情况下，在三期#6 机组锅炉炉顶大罩保温层上行走，

导致事故的发生。

（2）事故发生处支撑波纹板的压型角钢外侧与 H 型悬吊钢（立柱）翼板焊接处存在无法（按照设计要求对接焊接）焊透导致焊接接头强度不足的质量问题，长期处于高温潮湿的环境中焊缝开裂、脱落，该角钢以螺栓固定端为中心回转落下后，搭在它上面的波纹板跟着掉下，导致硅酸盐保温层失去波纹板支撑并在人体重力作用下坍塌。

2. 间接原因

（1）湖南保温公司福州项目经理部现场负责人、安全员违反安全生产法律、规章的规定，未对保温层缝隙修补的作业现场进行安全检查，没有及时发现并制止马余×的违章行为。

（2）湖南保温公司福州项目经理部对员工进行安全教育和培训不到位，没有严格督促员工遵守有关安全生产规章制度，作业现场安全措施不到位，致使现场作业工人安全意识淡薄，对作业场所潜在的危险性缺乏认识，以致贪图方便、冒险蛮干。

（3）锅炉设计、制造单位哈尔滨锅炉厂有限责任公司驻厂代表在材料进场后，没有将钢材与设计图纸进行对照，没有发现材料厚度差超出《火力发电厂焊接技术规程》允许焊接的情况，也就没有向上级领导汇报，更未向施工单位做任何说明、更改和技术处理，以致使施工方直接焊接，这种非标准对接焊，造成一侧无坡口角焊，无法全焊透（见标准《火力发电厂焊接技术规程》表 1 中序号 12 说明）。

（4）锅炉安装施工单位省第一电建公司对这种非承压设计的三类焊缝重视不足。在发现压型角钢外侧与 H 型悬吊钢（立柱）翼板焊接的进场材料厚度差超出设计要求中对允许焊接的范围的情况下，因为工期紧的原因而未向锅炉设计、制造单位驻厂代表提出异议，本应按照《火力发电厂焊接技术规程》的要求进行削薄处理后再焊接，却任由焊工进行非标准焊接，从而导致压型角钢外侧与 H 型悬吊钢（立柱）翼板焊接处一侧无坡口角焊，无法全焊透。

（5）尽管三期#6 机组锅炉炉顶大包安装（包括焊接）验收等级未达到监理等级，但在整个项目施工过程的日常监理中，项目监理单位江西诚达监理公司对这起现场出现的非标准对接焊,会造成焊接接头强度下降的认识不足,没有按照《火力发电厂焊接技术规程》的要求对此提出监理整改意见,造成压型角钢外侧与 H 型悬吊钢(立柱)翼板焊接接头强度不足以及在保温层缝隙修补作业的安全措施监督不到位。

(四)防范及整改措施

(1)鉴于华能福州电厂三期工程#6 机组锅炉炉顶大包周边结构,由于存在压型角钢外侧与 H 型悬吊钢(立柱)翼板的不等厚超出标准的焊接,其安全裕度大大降低。建议锅炉设计单位在设计时考虑下面焊接方式以增强安全裕度,一是将压型角钢延长紧贴 H 型悬吊钢(立柱)翼板进行三维焊接,以提高焊接的安全强度;二是在压型角钢下增加支撑,以增加锅炉炉顶大包周边结构安全裕度。

(2)省第一电建公司针对此类的焊接应严格按照行业规范要求落实安装作业活动。

(3)江西诚达监理公司应当严格加强对质量和安全的监督检查,按照法律、法规和工程建设强制性标准实施监理,确保类似事故不再重复发生。

(4)湖南保温公司(福州项目经理部)应加强对从业人员的安全教育和培训,提高从业人员的安全生产意识,认真督促从业人员严格遵守单位的有关安全生产规章制度,杜绝从业人员的违章作业行为。

(5)华能福州电厂要切实将发包的工程项目安全管理纳入本厂安全生产管理的重要组成部分,加强领导,落实安全生产管理责任,认真督促工程承包单位采取有效措施,特别是加强对危险性较大的特殊作业审批(即工作票)的管理,保证安全措施落实到位,全力确保项目施工工程安全,同时对锅炉炉顶的其他压型角钢外侧与 H 型悬吊钢(立柱)翼板的不等厚超出标准的焊接的安全隐患,在停炉检修时要逐一排查整改,以消除存在的事故隐患。

十四、甘肃白银大峡水电站"9·11"中毒事故

(一)事故简述

2011 年 9 月 11 日,河南省发源防腐绝热有限公司 6 名工人在国投甘肃小三峡发电有限公司白银大峡水电站从事排水母管检修作业时，发生一起中毒事故，造成 2 人死亡。

（二）事故经过

2011 年 9 月 11 日 19:00，河南省发源防腐绝热有限公司 6 人在国投甘肃小三峡发电有限公司白银大峡水电站检修排水廊道进行检修排水母管除锈、刷漆工作。在工作过程中，外委工作人员感觉到头晕、恶心，并有人晕倒，工作人员当即电话通知中控室电站值班人员请求救援，当值值长立即派人到现场检查后发现工作人员中毒情况比较严重，在做好防护措施后立即组织救援，同时拨打 120 急救电话请求救援。19:50 左右，120 急救人员到达现场实施抢救。19:55，从廊道救出第一个人，随后陆续救出 4 人。21:00，因最后一人的救援比较困难，随即拨打 119 报警电话请求救援。21:30，消防人员救出最后一人。经急救人员现场抢救无效，有 2 人于 22:30 死亡，其他伤员被送往医院救治。至 12 日 8:00，4 名外委工作人员中仍有 3 人有重症反应，但生命体征正常，无生命危险，另外一人身体状况基本正常。

十五、大连大发电供热有限公司"9·15"窒息事故

（一）事故简述

2011 年 8 月 15 日，大连大发电供热有限公司甘泉分公司在供热一次主管网排气作业过程中，发生一起因窒息导致的人身伤亡事故，造成 2 人死亡。

（二）事故经过

2011 年 9 月 15 日 13:00，大连大发电供热有限公司甘泉分公司锅炉房班长黄××（正式员工）带领劳务人员岳××，由任××（司机）开车，再次进行一次管网上水排气作业（上水以后第五次排气作业）。

约 13:30，首先到达 Q2 号排气井，进行强制通风后黄××监护岳××下井打开排气阀，随后开车前往 Q1 号排气井。该井位于路边一围墙内，距 Q1 号排气井约 20m 处围墙有一缺口可供人员通过。约 14:00，黄××和岳××携带通风设备通过围墙缺口进入

现场，司机任××留在车上。约 20min 后，两人携带通风设备回到停车处，黄××安排任××和岳××去 Q2 号排气井巡视排气门排气情况。

约 15min 后，两人巡视回来，岳××先下车，任××将车停好后进入围墙内（停车位置距阀门井约 20m），没有看见黄××和岳××，赶到井口发现岳××倒在井内井口处，任××马上呼救，在附近自来水施工的几个人来到井口，把岳××拉了出来，随后把黄××拉了出来。现场对两人进行人工呼吸紧急抢救，同时拨打 110、120 急救电话。15:20 左右，120 救护人员到达现场，经抢救无效，确认两人因窒息死亡。

（三）事故原因

1. 直接原因

（1）管道内排出的气体含氧量过低，低氧气体充满阀门井，致使黄××、岳××窒息死亡。

2. 间接原因

（1）黄××在现场无人监护的情况下，未采取任何安全防护措施违章下井。

（2）岳××到 Q2 排气井巡视回来后，在现场无人监护的情况下，未采取任何安全防护措施违章下井。

（3）安全教育培训不到位，员工安全意识、自我防护意识不强。

（四）暴露问题

（1）危险源分析不到位，对工作中产生的非常规性危险因素、隐患预见性不足。虽然对排气井内可能存在的危险源进行了分析，并采取了相应的防范措施（下井前进行通风，井上有人监护操作）。但对供热管道多次排气后，会排出含氧量极低的窒息性气体的专业知识欠缺，缺乏预见、分析及预控。

（2）存在违章作业行为，本次作业人员没有认真执行中电投集团公司《电力生产安全工作规程》和大连大发电供热有限公司《设备巡回检查管理制度》中关于"一人下井检查，一人在井口监护"的规定，对安全规程、制度的学习、理解流于形式，安全意识淡薄，对违反规程、制度等违章行为查处力度不够。

（3）安全教育培训不到位，教育培训缺乏结合企业生产特点的针对性和实效性，安全思想没有深入人心，员工安全意识和自我保护意识不强，存在侥幸、惯性思维。

（4）排气井的排气阀设计在井内，虽然符合设计技术规范要求，但对排气操作的安全性考虑不足，增加了操作的风险性。

（5）安全监督体系不完善。安全生产监督体系与保证体系未完全分开，目前公司供暖面积近 1700 万 m^2，安全生产技术部只配备了 2 名安全监督人员，安全监督管理力量相对薄弱，不能满足公司安全生产监督管理的现状。

（五）防范及整改措施

（1）立即制定下发"关于加强供热系统作业安全工作的紧急通知"，暂停了所有井下、沟内及密闭容器内的操作作业，完善安全措施及作业环境，规范安全作业行为，保证操作作业安全：

1）立即将安全事故快报传达到各级人员，对照安全规程，认真检查在井下、沟内及密闭容器中作业方面的安全管理是否到位，安全措施是否到位。组织作业人员专门学习本次事故快报，吸取教训，使每个人对井下作业的危险性真正充分了解，并严格按井下排气作业的安全措施执行。

2）完善作业环境，提高作业操作的安全性。将排气井内排气阀引致井口处，操作人员在井上利用专用工具进行操作，并将井内排气口引至井外，使管道内气体直接排至井外远处，避免井内危险作业。

3）对所有阀门井进行全面排查，单井口阀门井具备条件的改造成两个井口，不具备条件的另设通风口。下井全过程必须进行强制通风，必要时佩戴正压呼吸器。

4）强化落实下井作业监护制。下井作业时，地面上必须有人担任监护，监护人不得同时担任其他工作。井下操作人员须戴安全帽，佩戴安全救护绳，且安全救护绳的一端紧握在监护人手中，以备危急救援。

5）在保证满足管网排气技术要求的基础上，优化调整排气点（管网排气点由 5 个点调整为 2 个点），减少危险点。

（2）委托有权威的机构对管道内的气体成分和水样进行检测，分析管道内空气及水的成分，针对检测结果，配备必要的气体检测仪，下井作业前进行检测，确认安全后方可下井工作。

（3）今后的供暖系统设计在保证符合设计技术规范的基础上，设计要充分考虑人员进行设备操作的风险性和安全性。

（4）设立独立的安全监督部门，增加安监人员配置，以满足公司安全管理的需要。

（5）立即在全公司范围内开展以下安全生产整顿活动：

1）组织开展学习《电力生产安全工作规程》，反思操作作业的安全措施是否执行到位。把学习《电力生产安全工作规程》，作为每天班前会的必修课，结合当日具体工作内容，组织班组成员充分分析可能存在的危险点，有针对性制定预控措施，并严格履行交底程序，使每名成员能够真正对作业危险点有充分了解，预控措施落实到位。

2）以此次事故教训为警戒，认真吸取事故教训，从人员的安全认识、安全意识和制度执行等方面，全面查找安全管理中存在的问题，制定切实可行的整改措施，落实责任，及时整改。

3）加强安全教育培训，严格培训制度和纪律，加强培训实施的监督与检查工作，提高培训人工作的针对性和实效性。策划组织开展典型案例分析危险源辨识、安全事故回顾、安全生产法律法规等学习培训活动，提高员工自我安全意识和自我保护意识。

4）强化反违章监督检查力度，要求各级人员对照安全生产岗位责任制，逐条查找，反思自己在安全生产管理与监督中是否尽职尽责，反违章监督检查是否落实在现场各作业项目上，对"两票"执行是否严格，危险点分析及安全措施是否到位等进行全面检查，保证作业安全。

5）针对常规操作中可能出现非常规危险的作业，完善到位程序。加强对作业现场安全管理、规章制度执行、安全措施落实进行有效监督、检查，发现问题及时制止整改。

十六、重庆华能珞璜电厂"9·17"窒息事故

2011 年 9 月 17 日，协助重庆华能珞璜电厂一期故障录波器改造工程的重庆电力建设总公司珞璜项目部（以下简称渝电公司）施工人员，擅自进入电厂一期控制室下面的电缆夹层整理电缆，正碰上该地区自动消防装置误动作，喷出的二氧化碳使擅自进入电缆夹层的渝电公司施工人员中的一人窒息死亡。

十七、湖南大唐湘潭发电有限责任公司"9·24"物体打击事故

2011 年 9 月 24 日，湖南省湘潭飞宏实业公司机电安装维修分公司工作人员在进行大唐湘潭电厂#4 机组 C 极检修操作时，带压力拆发电机励侧人孔门盖时，受压缩空气作用突然冲开脱落，1 名作业人员因未戴安全帽受冲击致死，另有 1 人受伤。

十八、内蒙古正蓝旗上都发电有限责任公司"10·2"厂内铁路交通事故

（一）事故简述

2011 年 10 月 2 日，内蒙古正蓝旗上都发电有限责任公司输煤运行四班后夜班，#1、#2、#3 翻车机值班员及牵车值班员在值班地点接班时，牵车值班员未走正常线路穿越铁路，恰遇空车皮出车，导致其被空车皮挤撞，致使 1 人死亡。

（二）事故经过

2011 年 10 月 2 日，输煤运行四班后夜班，#1、#2、#3 翻车机值班员及李铁×前往值班地点接班。

2:10，牵车值班员陈××前往铁牛操作室进行牵车操作，当陈××检查至倒数第五节车皮时，发现倒数第五节车皮与倒数第四节车皮未挂住。陈××检查第五节车皮钩，无异常后继续走向第四节车皮检查车皮挂钩，发现李铁×躺在倒数第四节车皮下段两轨道中间，陈××迅速汇报主值李×，并立即报告班长。班长立即拨打 120急救电话，随即报告值长及燃料部后并赶往现场进行抢救。值长接到汇报后，迅速报告安监部、厂领导。

约 2:25，燃料部、安监部负责人以及厂医务所所长赶到现场继

续抢救。约 2:50，李铁×被送往当地医院进行抢救，后经抢救无效死亡。

（三）事故原因

牵车值班员李铁×违反规定，不按规定路线行走，违章穿越铁路。

（四）防范及整改措施

（1）责令上都发电有限责任公司，立即进行整改整顿，由事故单位制定整改方案报旗安监局审查通过后，企业全面整改落实。

（2）吸取事故教训，举一反三。全面加强职工安全教育培训，提高操作人员的安全意识和操作技能，并结合实际，开展特殊岗位安全教育及技术培训，使职工真正掌握实质性的安全知识和业务技能。

（3）加大安全检查力度，全面排查事故隐患，加强劳动纪律，杜绝违规操作。

（4）加大安全投入，凡涉及安全设施、设备必须按照国家标准进行配备，保证安全生产。

十九、河南省华能沁北发电有限公司"11·8"物体打击事故

2011 年 11 月 8 日，承担沁北电厂#4 机组 A 级检修的中电投平顶山姚孟电力工程有限责任公司一名员工在汽机 13.7m 检修平台拆除#4 机组检修转子吊装专用工具（俗称铁扁担）卡环时，铁扁担突然倾倒砸中其头部，后因伤势过重，经抢救无效，于 11 月 17 日死亡。

二十、河南省国电驻马店热电有限公司"12·5"坍塌事故

（一）事故简述

2011 年 12 月 5 日，河南省国电驻马店热电有限公司#2 炉 A 侧布袋除尘器发生一起坍塌事故，造成 2 人死亡。

（二）事故经过

2011 年 12 月 5 日 15:04，辅机控制室值班人员听到一声巨响，检查发现#2 炉 A 侧布袋除尘器坍塌，辅控班长门华亮迅速向集控室值长汇报情况，公司领导接到报告后，立即赶往现场指挥抢险；与此同时，集控操作员站#2炉两台引风机跳闸、锅炉MFT，联跳#2汽轮发电机组，供热退出；值长姜××迅速组织人员进行事故处理，#2机组按紧急停机处理，同时抢保#1机组；运行部和检修公司各专业人员闻讯后迅速赶至现场，协助事故处理。

事故发生后，辅控运行人员立即采取紧急停运措施，手动关闭#2除尘器供气连通阀，并配合集控抢保空压机系统，维持#1机组安全运行。公司领导迅速组织员工进行事故抢险救援，清理现场积灰，切割、拆除倒塌的#2炉A侧布袋除尘器，搜寻被埋人员，12月13日23:30找到第一具遇难者遗体，12月24日17:00找到第二具遇难者遗体，至此事故现场抢险救援工作基本结束。此后，对#2炉B侧布袋除尘器部分受损钢架以及#1炉除尘器进行补强加固。目前，补强加固工作已基本完成，正在开展#2炉A侧布袋除尘器的恢复重建工作。

2012 年

全国发电企业电力生产人身伤亡典型事故汇编（2005—2014年）

一、华能浩日格吐风电场"2·7"火灾事故

（一）事故简述

2012年2月7日，南车株洲电力机车研究所有限公司工作人员在华能通辽风力发电公司浩日格吐风电场处理风机变频器故障时，人员违章操作，导致火灾事故，造成2人死亡。

（二）事故经过

2012年2月7日0:45，华能通辽风力发电有限公司科左中旗朱日河浩日格吐风电场#79风机发生故障。8:00，由值班员刘×签出《生产区域外包工作联系单》，告知负责维修的南车株洲电力机车研究所风电事业部驻通辽售后服务部（下称南车售后服务部）进行检修。

8:45，售后服务部张经理指派维修工陈×、张××进行故障排查。经排查发现：交流柜690V电源处2个350A熔断器熔断、电容柜内一处电容损坏，需更换。两人回到南车售后服务部向张经理做了汇报。13:20，张经理安排维修工程师蒋×与张××进行维修更换工作。

14:35，司机喻××将蒋×和张××送到#79风机下，两人进入塔筒作业。15:02，司机喻××发现机舱与塔筒连接处有烟冒出，并随之起火，立即向张经理报告。张经理分别给张××、蒋×打电话，但电话无法接通，随后立即联系浩日格吐风电场升压站监控室，断掉#79风机所在集电线路组所有电源，并拨打119和120报警，同时奔赴现场进行施救。

15:40，在第一层平台发现张××死亡。16:20消防车、救护车到达事故现场，消防员进入塔筒内开始救援。因三层平台以上（共四层）火势过大无法施救，经消防人员认定蒋×无生还可能，停止搜救。2月8日4:00，在靠近#79风机塔筒外，发现随风机燃烧物一起坠落的一具烧焦的尸体，经认定是蒋×。

（三）事故原因

1. 直接原因

（1）由于维修人员在维修作业时，未断开全部电源，违章操作，

造成机舱电源短路，引起火灾，使 2 人致死。

（2）经科左中旗公安局法医鉴定，出具证明："两具尸体烧伤非致命因素，张××、蒋×系被烧中毒、摔落死亡。"

2．间接原因

（1）企业安全主体责任落实不到位，管理人员未尽职尽责。

（2）安全教育培训不到位，致使作业人员安全意识淡薄，出现违章作业。

（3）安全管理不到位，未严格执行作业操作规程，监护人员未起到监护作用。

（四）防范及整改措施

（1）事故单位立即停止维修作业，利用 7 天时间进行安全教育和培训。

（2）认真落实岗位责任制，严格执行作业操作规程。

（3）今后凡类似维修作业前，必须全部断电，消除各种安全隐患。

（4）制定严格的监护制度，配备尽职尽责的作业监护人员。

（5）严格执行三级培训教育制度，考核合格者，方能上岗作业。

（6）制定切合实际的应急救援预案，并加强演练。

二、宁夏中宁发电有限责任公司"2·12"高处坠落事故

（一）事故简述

2012 年 2 月 12 日，山东省青岛三能电力设备有限公司在宁夏中宁发电有限责任公司进行皮带入炉煤采样机安装时，安全措施不到位，导致人员高处坠落事故，造成 1 人死亡。

（二）事故经过

2012 年 2 月 12 日，宁夏金鹰保安服务有限公司派至山东青岛三能电力设备有限公司的劳务人员在宁夏中宁发电有限责任公司安装（入炉）煤炭采样机时，打开重锤室、#7 皮带机、#6 皮带机车间吊物口盖板，从 12.6m 平台地面向#6 皮带机车间起吊煤炭采样机。李×和刘××分别负责#7 皮带机甲、乙侧的上煤工作。

8:05，输煤双系统上煤到达#7 皮带机，两人分别在输煤皮带两侧从#1 炉 A 煤仓依次开始上煤。9:45 左右，两人共同放下#2 炉 E 犁煤器。

9:50 左右，刘××发现#2 炉乙侧 E 煤仓的煤即将上满，呼喊李×抬起犁煤器，未见回应。刘××到#7 皮带机甲侧寻找，未找到，立即联系输煤集控人员共同寻找。10:10，刘××在#2 炉 12.6m 层吊物口附近发现李×，立即拨打 120 急救电话。10:55，李×经抢救无效死亡。事故直接经济损失 40 万元。

（三）事故原因

1. 直接原因

青岛三能电力设备有限公司安装分公司现场施工时，打开吊物口盖板后未设防护栏，李×安全意识淡薄，不慎从吊物口坠落。

2. 间接原因

（1）青岛三能电力设备有限公司安装分公司。一是在设备安装前未按要求办理工作票，盲目违章操作。二是现场施工组织混乱，人员分工不清（共 3 人，其中临时聘用社会人员 2 人），未落实相应的安全防护措施。三是安全管理薄弱，未对作业施工人员进行安全培训教育。

（2）宁夏中宁发电有限责任公司对青岛三能电力设备有限公司安装分公司未进行安全生产工作统一协调管理，现场监管不到位，制止违章作业不力。

（四）防范及整改措施

（1）认真贯彻落实国家有关安全生产的法律、法规，坚持"安全第一、预防为主、综合治理"的方针；认真落实安全生产责任制，加大隐患排查力度。及时研究解决安全生产中存在的问题，确保企业生产安全。

（2）认真吸取"2·12"事故教训，举一反三，查找不足，严格执行行业及企业安全生产管理制度、操作规程、各项票据管理制度；坚决杜绝违章指挥、违章作业、违反劳动纪律的行为；着力提升企业安全生产水平，加强安全设施的检验检测工作。加强对生产运行、特种作业、检维修、施工现场的安全检查，排查、消除存在的安全隐患，防止类似事故再次发生。

（3）认真落实外包施工安全合同责任制，严格审核外包施工专业队伍的资质和从业人员上岗资格及各专项施工方案，加强对施工人员的安全教育培训，强化施工过程的现场监督管理。

（4）加大安全生产宣传力度，提高干部职工安全意识，努力创建全区乃至全国安全文化示范企业。加强应急管理，建立应急管理机制，制订应急预案（综合预案、专项预案、事故应急救援预案）。建立应急救援队伍，配备应急救援器材，定期组织开展应急演练，预防生产安全事故的发生，提高应急处置能力。

三、四川绵阳平武县光耀电力有限公司小河沟水电站"3·1"中毒事故

（一）事故简述

2012 年 3 月 1 日，成都协和水利水电工程有限公司在四川省绵阳市平武县光耀电力有限公司小河沟水电站引水隧洞缺陷处理施工过程中，发生一起一氧化碳中毒事故，造成 3 人死亡、1 人重伤。

（二）事故经过

平武县光耀电力有限公司小河沟水电站试运行满一年后进行常规停产检修，检修中发现引水隧洞存在裂缝，公司决定对引水隧洞裂缝进行防渗处理。

2012 年 2 月 28 日，平武县光耀电力有限公司合同委托成都协和水利水电工程有限公司承担小河沟电站引水隧洞补漏缺陷维修工程。

3 月 1 日 13:40，成都协和水利水电工程有限公司 10 名工作人员进入引水隧洞施工，对隧洞裂缝实施注浆堵漏，在隧洞内用发电机发电提供作业动力和施工照明。17:20 左右，在发电机附近的施工人员李××感觉头晕，他关闭了发电机，后昏倒在地。由于发电机停止了工作造成隧洞内停电，隧洞内的施工人员就往洞外撤离，在撤离的过程中发现昏倒的李××，他们就抬着他往洞外撤离。在撤离过程中，先后有 5 人昏倒，中毒轻微的施工人员爬出了隧洞。出洞后，他们立即拨打 120、119 电话报警。经现场救援，3 人经抢救脱离生命危险，3 人经抢救无效分别于 3 月 3 日先后死亡。事故

直接经济损失 280 万元。

（三）事故原因

1. 直接原因

（1）成都协和水利水电工程有限公司没有制订施工安全技术方案；在自然通风条件差的隧洞内施工，没有安装通风换气设备，又使用发电机发电，消耗隧洞中的氧气，造成隧洞中缺氧，同时发电机运转时还产生一氧化碳气体。

（2）成都协和水利水电工程有限公司未对狭小空间作业的人员配发个人防护用品，使作业人员暴露在有毒有害的作业环境中。

2. 间接原因

（1）成都协和水利水电工程有限公司原有建筑防水工程专业承包三级资质，但已于 2011 年 3 月 6 日到期，属于无资质承包工程。

（2）成都协和水利水电工程有限公司未对入场工人进行"三级"安全教育，未派有资质的施工管理人员进行现场施工组织和监督管理，对作业人员在自然通风条件差的狭小空间使用发电机供电的隐患未及时发现和制止。

（3）平武县光耀电力有限公司在工程发包时未严格审查成都协和水利水电工程有限公司的资质，将工程发包给已不具备资质的企业。

（4）平武县光耀电力有限公司安排的隧洞施工管理人员无水电施工管理的资质和相应的能力，虽然发现成都协和水利水电工程有限公司员工在自然通风条件差的狭小空间隧洞中使用发电机和隧洞内有刺激性气味的安全隐患，但未采取措施予以纠正和制止。

（四）防范及整改措施

（1）平武县政府应该严格检查各部门及其乡镇落实《平武县各级政府和有关部门的安全生产职责规定》的情况，对职责不清、管理缺位、履职不到位等情况及时纠正，并且严肃处理。

（2）平武县工业和信息化局要针对不同类型工业企业的情况制定行业安全监管制度措施，严格企业安全生产监管工作。

（3）平武县光耀电力有限公司必须把水电工程发包给有相应资质的企业，工程必须报有关主管部门备案，接受主管部门的监督和指导。应该聘请监理公司对施工方案进行审查，并且聘请监理工程师进行旁站式监理。

（4）承包水电工程的施工单位必须编制安全施工方案，制定具体的安全技术措施，按照规定进行入场安全教育和安全技术交底，正确配备个人防护用品，按规程和施工方案进行施工，加强现场监督，发现隐患及异常情况及时处置。

四、华润电力（唐山曹妃甸）有限公司"3·9"机械伤害事故

（一）事故简述

2012 年 3 月 9 日，河北沧润电力工程有限公司在华润电力（唐山曹妃甸）有限公司进行火车煤采样机维修改造过程中，改变施工方案，安全措施落实不到位，机械采样头和采样料斗整体脱落，导致机械伤害事故，造成 1 人死亡。

（二）事故经过

2012 年 2 月 27 日，华润电力（唐山曹妃甸）有限公司开始对 #1、#2 火车煤采样机维修改造，主要工作是更换新的采样头支撑框架和采样头液压缸，完善相应控制逻辑。该项目由河北沧润电力工程有限公司负责施工，北京通尼科技有限公司提供施工方案和技术指导。施工方案由华润电力（唐山曹妃甸）有限公司负责审核。

3 月 1 日，河北沧润电力工程有限公司办理检修工作票后，首先对 #2 火车煤采样机进行检修。检修前，尽管制订了施工方案，也进行了安全技术交底，但在实际作业中，没有按照施工方案要求用 2t 手拉葫芦和钢丝绳将采样头和采样支架固定，而是在采样头下方焊接 Φ24mm 圆钢固定采样头，为事故发生埋下重大安全隐患。对此，华润电力（唐山曹妃甸）有限公司、北京通尼科技有限公司均未提出整改意见。

3 月 9 日下午，河北沧润电力工程有限公司白××、崔×、刘×，北京通尼科技有限公司杜××来到现场作业，白××负责拆除 #2 火车煤采样机采样头底部 Φ24mm 固定圆钢，为进行下一步调试做准备。15:20 左右，白××在 2 层平台对采样头底部支撑固定的 Φ24mm 圆钢进行割除动火作业，当圆钢被割掉后，采样头及采样

料斗突然脱落（重约 800kg，落差约 0.9m），采样料斗砸在白××的后背上。

事发时，北京通尼科技有限公司技术服务人员杜××在#1 火车煤采样机上做检修前准备工作，工作班成员崔×、刘×在#2 火车煤采样机现场地面做辅助工作。事故发生后，现场人员立即组织抢救，同时拨打 120 急救电话。15:40，白××从采样机料斗下被救出，后经抢救无效死亡。事故直接经济损失 80 万元。

（三）事故原因

1. 直接原因

检修过程中，改变施工方案，用采样头下部焊接Φ24mm 圆钢代替手拉葫芦和钢丝绳固定方式，致使在Φ24mm 圆钢被割除后，采样头和采样料斗整体脱落，导致事故发生。

2. 间接原因

（1）华润电力（唐山曹妃甸）有限公司对采样机维修改造管理不严，以包代管，在整个维修过程中，对改变施工方案及施工现场监管不力。

（2）河北沧润电力工程有限公司作为检修施工的主体，没有严格按照采样机检修施工方案施工，违规使用没有取得特种作业证的白××进行金属切割作业，施工中组织不严密、管理不严格，各项安全措施落实不到位。

（3）北京通尼科技有限公司作为设备技术方，对施工现场技术指导不力，对改变施工方案，在明知存在重大安全隐患的情况下，既没有向华润电力（唐山曹妃甸）有限公司报告，也未采取有效的防范措施。

（四）防范及整改措施

（1）华润电力（唐山曹妃甸）有限公司必须严格落实安全生产主体责任，加强对维检单位的综合管理和安全检查。要认真吸取事故教训，开展设备检修安全隐患大排查，对维检单位加强安全教育培训，提高职工安全意识和管理水平。

（2）河北沧润电力工程有限公司要切实加强对从业人员的安全生产教育培训，突出对重点岗位作业人员安全生产知识的培训，增强其对危险因素的辨识能力；加强对作业现场安全管理，严格执行各项安全操作规程，做到特种作业人员 100%持证上岗。

（3）华润电力（唐山曹妃甸）有限公司要加强对设备供应商北京通尼科技有限公司的管理，对技术指导人员资格进行严格审查；加强维检施工单位和设备供应人员间的协调，督促其严格按照既定的施工方案组织施工，确保在检修过程中的绝对安全。

五、华能南京金陵发电有限公司"3·31"电弧灼伤事故

（一）事故简述

2012 年 3 月 31 日，华能南京金陵发电有限公司在进行锅炉磨煤机开关操作过程中，检修人员在未拆除短路线情况下就将开关送至实验位置，运行人员未做检查就将开关送至热备用位置，导致机组停运和电弧灼伤事故，造成 1 人死亡、1 人重伤。

（二）事故经过

2012 年 3 月 31 日 3:33，华能南京金陵发电有限公司#1 燃煤机组按照调度指令要求进行并网运行，并逐步接带负荷。16:00，运行部四值接班。22:20，#1 燃煤机组负荷 900MW，磨煤机 A、B、C、D、F 运行。随后上海电力检修工程有限公司通知运行部运行人员磨煤机 E 设备检修工作结束。

22:30，副值班员于××按照值长颜×的要求办理了工作票"WR2012030145 #1 燃煤机组磨煤机 E 设备检修"终结。颜×安排于××与电气巡检员季×进行#1 燃煤机组磨煤机 E 开并 61A20由冷备用转热备用操作。季×填写了电气倒闸操作票，编号YXDQ201203171。操作票上标明：操作任务是#1 燃煤机组磨煤机 E开关 61A20 由冷备用转热备用，操作项目包含"将#1 燃煤机组磨煤机 E 开关 61A20 推至工作位置"等 21 项内容，操作人季×，监护人于××。季×填写的电气倒闸操作票，经操作人核对、监护人审核无误后，交值长颜×审核。23:10，颜×审核无误后签发操作票。

于××、季×接令复诵后就到#1 燃煤机组汽机房 8.6m 层 6kV电气开关室进行操作。同时新员工刘××跟随他们进行现场学习。

23:23，集控室值班人员听到有较大异常声响，看见 DCS 发出 6kV 61A 段失电报警，6kV 61A 段负荷跳闸，#1 机组 RB 动作。同时值班人员通过监控电视发现#1 机 6kV 开关室内有烟冒出，颜×立即派人至开关室现场进行检查。检查人员在#1 机 6kV 开关室外发现室内有浓烟冒出，并看见于××、刘××从开关室跑出来，已被灼伤，便立即安排人员佩戴正压式呼吸器进入开关室将季×救出，随即将 3 人送至医院进行抢救。其中季×经抢救无效于 4 月 2 日 7:20 死亡，另两人经抢救后转入医院烧伤科病房继续进行治疗。事故直接经济损失 153.22 万元。

（三）事故原因

1. 直接原因

季×在将#1 燃煤机组磨煤机 E 开关 61A20 由冷备用状态转为热备用状态时，遗留在母线侧静触头上的短接线造成母线侧高压相间短路，瞬间电弧产生的高热量及巨大冲击性爆炸力，对人体造成严重的灼伤及冲击伤。

2. 间接原因

（1）上海电力检修工程有限公司人员进行耐压试验操作使用短接线将开关母线侧的静触头三相短接，试验结束后，没有仔细检查试验短接线是否清理完毕，造成短接线遗留在开关内；同时没有按照检修试验操作卡工艺顺序要求，耐压试验后测量绝缘电阻，使得开关内遗留有短接线的事故安全隐患未能及时发现并消除。

（2）上海电力检修工程有限公司人员现场监护和复查失职，没有及时发现和消除开关内遗留有短接线的事故安全隐患。

（3）华能南京金陵发电有限公司人员检修工作结束后没有到现场履行工作终结手续，现场复查流于形式，使得开关内遗留有短接线的安全隐患未能被及时发现和消除。

（4）华能南京金陵发电有限公司人员现场监督检查不到位，没有及时发现和制止耐压试验操作中存在的不安全行为。

（5）上海电力检修工程有限公司金陵项目部作业现场安全管理不到位，对安全生产规章制度执行监督不严格，教育、督促检查从业人员严格执行安全生产规章制度和安全操作规程不到位。

（6）华能南京金陵发电有限公司设备部、运行部安全生产规章制度执行不严格，对外包检修队伍安全管理责任制监督检查不到位。

（四）防范及整改措施

（1）上海电力检修工程有限公司一定要从事故中吸取血的教训，举一反三，分析事故发生原因及应采取的预防措施，强化企业安全生产主体责任意识，在公司全系统扎实推进企业安全生产标准化建设，建立健全安全生产责任制，层层落实责任；认真排查事故隐患和不安全因素，对查出的问题制定切实可行的整改措施并认真组织落实，实现长效管理。

（2）上海电力检修工程有限公司要加强员工的安全生产教育培训和业务培训，经考核合格后方可上岗作业。要开展事故警示教育，教育员工树立安全意识，掌握安全技能，并教育、督促员工严格执行各项规章制度和安全操作规程。要加强作业风险的辨识，加大隐患排查力度。同时要加大对作业现场的监督检查力度，坚决杜绝违章作业，真正做到"安全第一、预防为主、综合治理"，严防类似事故再次发生。

（3）华能南京金陵发电有限公司在扎实开展安全生产标准化工作的基础上，进一步完善点检定修管理制度，细化本单位和外包单位人员在检修过程中的安全职责，加强对检修队伍的监督，强化检修现场的过程管控，对现场危险点及重大操作要实行旁站管理，细化、完善外包检修验收管理流程，强化检修结束后现场安全措施的恢复工作，严格工作票管理制度，并教育、督促员工严格执行，真正把安全第一的意识落实到整个作业过程中，吸取教训，严防事故。

六、华电广西贵港发电有限公司"4·2"爆炸事故

（一）事故简述

2012年4月2日，华电广西贵港发电有限公司（下称"华电公司"）进行#2机组检修过程中，在打开氢冷器人孔门时，安全措施不落实，导致压缩空气爆漏事故，造成1人死亡、1人受伤。

（二）事故经过

2012年4月2日，华电公司按照计划对#2机组进行检修，设备维护部更换#2发电机励端氢冷器。接到签发的工作票，工作负责人陈××对工作班成员进行安全技术交底后，于8:00开始工作。

8:35，工作人员李××在脚手架上拆卸氢冷器人孔门螺栓时突然一声巨响，脚手架倒塌，当时脚手架上的李××、陈××、栗××、陈×4人随脚手架一同跌落至地面，脚手架高度4m，李××、陈××头部受伤，李××被弹射出来的人孔门砸中。在场人员立即通知公司总经部安排车辆，同时用担架将两人抬到0m厂房大门口并立即送往医院抢救。10:15左右，李××经抢救无效死亡，陈××头部受伤住院治疗。

（三）事故原因

1. 直接原因

（1）华电公司设备维护部人员李××、陈××，对现场作业环境和工作内容不清楚，对工作的危险点辨识和可能造成的危险因素不了解，安全防护措施执行不到位，检修作业工艺和顺序不合理，在没有采取可靠固定端盖措施、不能满足安全要求的情况下，将人孔门端盖螺栓拆除并清理密封胶，导致事故发生。

（2）华电公司设备维护部电气一次班技术员陈×，作为检修现场负责人，安全意识淡薄，对现场工作缺乏检查指导，填写工作票所列安全措施不完善，没有对临时增加检修工作的人员进行安全交底，未按照规定办理工作票变更手续，不能及时发现存在的问题和对违规操作行为加以制止，导致事故发生。

2. 间接原因

（1）华电公司设备维护部电气一次班班长潘××，对签发的工作票所列的安全措施不完善。

（2）华电公司发电部值长富××针对工作票所列安全措施不完善问题，未及时补充安全措施，没有认真核对检修设备的安全措施。

（3）华电公司设备维护部主任尹××，作为部门安全第一责任人，安全意识淡薄，责任心不强，对现场安全监督管理、检修作业指导不力，对检修中存在的安全隐患没能及时提出整改意见。

（4）华电公司安全监察部安全监察专工李××，负责制定安全技术劳动保护措施和对现场安全监督管理工作，对现场安全监管不到位。

（5）华电公司操作规程存在漏洞，检修工作票的检修安全措施不够完善，未提及发电机内部气体是否泄压到零时才能进行拆除作业，检修负责人在安全交底过程中也没有提及该问题；未督促检修人员在拆除励侧#2 氢冷器人孔门端盖作业中采取可靠固定端盖的安全措施。

（四）防范及整改措施

（1）企业要立即开展一次"反违章作业、落实作业本质安全、查两票三制"的专项活动，严格执行"两票三制"等规章制度，以近期发生的不安全事故为重点，加大反违章力度，全面落实作业环境本质安全要求，牢固树立"不安全不工作"的意识和技能。

（2）企业要做好职工安全教育培训工作。要进一步加强基层职工的安全教育培训，普及安全法律法规和安全技术知识，强化安全责任意识，提高操作人员技术素质，增强管理人员和操作人员应对突发事件的处理能力。

（3）企业要加强隐患排查和整改。要狠抓安全生产的防范工作，完善事故隐患排查和整治制度，定期进行安全检查，及时发现和分析安全生产问题，采取有效防范措施，加强对重大危险源和安全生产薄弱环节的监控和治理，特别要注意检修中存在的安全问题，切实消除事故隐患。

（4）企业要进一步加强安全生产管理，安全生产管理人员要深入施工一线，严格执行和完善各项特殊条件下的安全生产技术措施方案，及时处理解决安全生产方面存在的不足，创造良好的安全生产氛围，实现安全生产。

七、广东粤电黄埔发电厂"4·2"高处坠落事故

（一）事故简述

2012 年 4 月 2 日，东方电气集团东方锅炉股份有限公司分包单位中国化学工程第七建设有限公司在广东粤电黄埔发电厂进行脱硝

改造施工过程中，发生人员高处坠落事故，造成 1 人死亡。

（二）事故经过

广东粤电黄埔发电厂#5 机组脱硝（SCR）改造工程项目采用 EPC 模式，总承包单位为东方电气集团东方锅炉股份有限公司（下称"东锅公司"），分包商施工单位为中国化学工程第七建设有限公司（下称"中化七建"），监理公司为广东创成建设监理咨询有限公司，粤电黄埔发电厂负责该项目的施工管理部门为基建工程部。该脱硝改造工程内容包括：在机组原有低氮燃烧和 SNCR 法脱硝基础上增加一套 SCR 反应器和热分解室；锅炉基础、钢结构加固改造；空气预热器整体更换；引风机整体更换；省煤器干灰输送系统改造；与脱硝相关的电气、热控系统及烟风系统改造等。中化七建的项目管理、施工人员已于 3 月分批参加粤电黄埔发电厂安健环分部举办的安全培训班，并参加《电业安全工作规程》考试，考试成绩合格。

2012 年 4 月 2 日，中化七建开始实行两班制作业。粤电黄埔发电厂安健环监察组 8:45～11:00 到达施工现场检查整改情况，核实部分公告的整改项目已经得到整改，同时巡查又发现中化七建多名施工人员高处作业时安全带使用不正确或没有配备安全带，立即责令违章人员停止施工，要求现场施工负责人整改。14:00，基建工程部联合安健环监察组开工前召集中化七建相关负责人现场整顿，基建工程部相关管理人员、安健环监察组成员、中化七建施工经理王×、一队队长李×等相关人员到达施工现场，就上午发生的高处作业违章现象进行整顿整改：一是现场增加 10 多条安全带，并要求和指导在场施工人员正确使用安全带；二是封堵现场临时孔洞，加设围栏、铺设胶垫，防止高处坠落和高处落物。

15:15，整顿整改完毕，中化七建一队队长李×现场开始接班工作，安排中化七建员工施工组长何××、王××接上一班继续进行#5 炉 A 侧一次风道、一次风联络风道的切割工作。21:05 此部分工作完成。21:10，何××、王××进行#5 炉一次风联络风道 F～G 轴之间（水平布置）切割工作，工作地点标高 28.5m，现场原有照明设备全部正常开启，并在两侧临时各加装 1 盏 220V 50Hz 金属卤化物灯；何××身佩安全带（安全带挂钩没有挂在固定构件上）、头戴安全帽和 YD-3319 型 LED 大功率充电式头灯，从风道顶部开口处（约 500mm×500mm）进入风道内部在割口西侧进行切割风道；王××身佩安全带（安全带挂钩没有挂在固定构件上）站在风道顶部割口处西侧监护。

21:30，在切割过程中风道切割处突然断裂，向下倾斜约 35°，王××随倾斜的风道滑向割口东侧没有倾斜的风道内部，没有受到伤害；何××从风道割口处西侧掉到下方 12m 平台地板上。现场中化七建施工人员发现其坠落后，立即拨打 120 急救电话，21:45，经医生现场检查判断，何××已死亡。事故直接经济损失 90 万元。

（三）事故原因

1. 直接原因

（1）高处作业，工作人员没有正确使用安全带，这是导致本次事故发生的直接原因。中化七建两名施工人员在进行切割风道作业时，身上虽备有安全带，却没有拴在牢固的构件上。

（2）安全措施明显不足，严重违反《电业安全工作规程 第 1 部分：热力和机械》（GB 26164.1—2010）的规定。安全带的挂钩或绳子应挂在结实牢固的构件上，或专为挂安全带用的钢丝绳上。禁止挂在移动或不牢固的物件上。

2. 主要原因

（1）施工单位中化七建没有组织落实总承包单位东锅公司的《2×300MW 燃煤机组烟气 SCR 脱硝工程施工组织设计》中"烟风道拆除和安装程序"的烟风道拆除方式要求：在切割工程中，根据风道的大小和重量确定在框架上加几个手动葫芦，进行固定。

（2）中化七建施工组长何××在施工前没有执行相关安全技术措施情况下，贸然施工。

（3）现场待切割的风道没有按要求采取葫芦固定，安全技术措施落实不到位。切割过程中风道结构发生变化，支撑不了自重，导致待拆风道断裂后由西到东向下发生倾斜，站在切割口西侧的切割人员站立不稳，从切割口处向下坠落。

3. 重要原因

（1）施工单位中化七建对业主方的安全监管要求整改不力，管理不到位，特别是对高处作业必须正确佩戴安全带的整改要求没有执行。

（2）总承包单位东锅公司对分包商施工单位中化七建没有组织落实施工方案要求及作业安全措施监管不到位。

（3）监理公司广东创成建设监理咨询有限公司对施工工程监管不到位，没有及时发现和纠正施工人员未落实施工方案要求及作业安全措施就开工的危险作业。

（四）暴露问题

（1）总承包单位东锅公司施工方案不够细化，对施工单位中化七建施工过程疏于管理。

（2）施工单位中化七建管理不到位，施工人员的安全意识淡薄，执行规程制度不严，部分不安全行为重复发生。

（3）监理公司广东创成建设监理咨询有限公司施工工程安全技术措施的落实跟踪不到位，对施工单位不落实规定方案和违章行为制止不力，对工程项目没有做到全过程质量、安全的有效管控。

（4）基建工程部对总承包商、施工单位在该工程施工安全管理、安全措施方面存在的问题尽管提出了整改和考核意见，但施工单位重视不够、整改力度不足，基建工程部未能采取更有力的措施敦促其整改。

（五）防范及整改措施

（1）#5机组改造施工现场全面停工整顿，停工期七天，开展查找和整改事故隐患工作，待检查合格才允许复工。

（2）成立事故工作小组进行事故调查和事故善后工作。

（3）聘请广东正维咨询服务有限公司对#5机组改造施工现场进行安全评估工作，查找事故隐患、列出整改方案，并立即落实。

（4）开展安全教育，加强安全培训。

（5）发出《关于#5炉脱硝改造项目施工"4·2"高空坠落事故的通报》，对全厂各部门、各施工单位进行事故警示教育。

（6）#5机组改造各项目管理部门、监理公司审核专项施工方案。依据项目施工风险，确保制定相关的安全、健康、环保技术措施和作业安全措施。

（7）对#5 炉脱硝改造项目施工现场分区域复工，经安全技术措施核查合格后方可批准施工。

（8）重申各施工单位必须严格执行《电业安全工作规程 第 1 部分：热力和机械》（GB 26164.1—2010）的规定。在没有脚手架或者在没有栏杆的脚手架上工作，高度超过 1.5m 时，必须使用安全带，或采取其他可靠的安全措施；安全带的挂钩或绳子应挂在结实牢固的构件上，或专为挂安全带用的钢丝绳上。禁止挂在移动或不牢固的物件上。

八、中电投上海漕泾发电有限公司"4·12"高处坠落事故

（一）事故简述

2012 年 4 月 12 日，上海龙升电力设备安装有限公司（下称龙升公司）在中电投上海漕泾发电有限公司（下称漕泾公司）锅炉检修过程中，进行脚手架搭设作业时，发生人员高处坠落事故，造成 1 人死亡。

（二）事故经过

2012 年 4 月 12 日 14:50 左右，承担漕泾公司保温及脚手架搭建工作的龙升公司在#1 炉东侧 2.5m 平台围栏上方搭建毛竹脚手架过程中，工作班班长伍××在平台脚手板还未铺好的情况下，未挂安全带，站在平台围栏上搭建上层横杆，不慎从栏杆上坠落至锅炉 0m，经抢救无效死亡。

（三）事故原因

1. 直接原因

作业人员在没有系挂安全带的情况下，站在没有采取安全防护措施的孔洞栏杆上搭设脚手架，不慎坠落。

2. 间接原因

（1）龙升公司作业人员安全生产意识淡薄，风险辨识不足，自我保护意识不强，在没有采取安全保护措施的情况下进行作业。安全生产教育不到位，现场安全管理存在缺陷，未制定脚手架搭设方案，没有进行全面的安全技术交底，安排个别无从业资格人员搭设脚手架，对从业人员执行安全规章制度督促、检查不力。

（2）漕泾公司对承包单位安全生产工作管理不到位，公司相关职能部门对脚手架搭设等现场施工安全管理的联系、检查、督促不力。

（四）防范及整改措施

（1）龙升公司要认真吸取事故教训，举一反三，加强对从业人员的安全生产教育和培训，提高从业人员的安全生产意识，督促从业人员严格执行安全生产规章制度和操作规程，杜绝无证上岗现象。

（2）漕泾公司要严格落实安全生产责任制，认真梳理各项安全生产规章制度和安全操作规程，把安全生产工作落到实处；加强对承包单位安全生产工作的统一协调、管理，有效避免各类事故的发生。

九、华电国际邹县发电厂"4·22"高处坠落事故

（一）事故简述

2012 年 4 月 22 日，华电国际电力股份公司邹县发电厂（下称邹县电厂）在进行#2 机组检修过程中，检修人员从脚手架上坠落，造成 1 人死亡。

（二）事故经过

2012 年 4 月 14 日，邹县电厂#2 汽轮机组调停备用。21 日，邹县电厂汽机队本体班办理#2 汽轮机组轴封系统疏水门、滤网检查工作票（编号：GZ2012040963），准备开始检修工作。

22 日 14:20，根据工作需要，邹县电厂汽机队本体班班长张××联系鲁建工贸公司施工带班班长蒋××搭设脚手架，同时指派邹县电厂汽机本体班检修工刘××负责现场监护。14:30 左右，刘××与蒋××赶到#2 汽轮机组 6m 层工作现场，确认位置后由刘××在现场用旗绳布置了约 30m² 的作业区。15:10，蒋××带领鲁建工贸公司 3 名施工人员到达工作现场。15:15，为方便将搭架材料从 0m 层送至 6m 层，经现场监护人刘××同意，由其与 3 名施工人员一起将脚手架搭设地点西侧约 4m 处的格栅掀开，形成长约 900mm、宽约 350mm 的临时吊物孔洞。随即开始施工工作，蒋××站在 0m 层负责捆绑架材，刘××负责现场监护。

16:20 左右，汽机本体班班长张××从#2 汽轮机组供热抽汽管道北侧通道自西向东进入作业区查看工作进展情况，不慎从 6m 层通过孔洞跌落至 0m 层。现场人员立即联系急救车并将张××送至医院。17:30，张××经抢救无效死亡，死亡原因为重度颅脑损伤。事故直接经济损失约 80 万元。

（三）事故原因

1. 直接原因

（1）汽机队本体班班长张××亲自安排了邹县电厂#2 汽轮机组轴封系统疏水门、滤网检查前期搭设临修保温脚手架相关工作，应当详细了解整个工作过程的工作规程，但其在查看工作进展过程中未严格检查安全防范措施是否落实到位，且擅自跨越遮栏进入作业区域。

（2）现场工作人员为方便运送搭架材料将 6m 层格栅掀开形成临时孔洞，未按规定设置符合国家技术规范标准的固定式工业防护栏杆、扶手等设施，未设置"当心坠落"警示标志牌，针对高空坠落的安全防护措施存在漏洞。

2. 间接原因

（1）部分职工安全意识淡薄。汽机队本体班班长张××安排部署了整个搭设脚手架工作，进入作业区域后，对作业现场重点隐患部位和不安全因素的安全防范措施落实情况未能认真检查，安全意识不强。现场工作的其他作业人员也缺乏互保意识，没有预见可能发生的危险。

（2）部分职工规章制度执行不严。对于孔洞的安全防范措施，《电力安全工作规程》明确规定所有孔洞均应设置符合国家技术规范标准的固定式工业防护栏杆、扶手等设施；规定临近孔洞场所应设置"当心坠落"警示标志牌；规定禁止任何人跨越遮栏。而张××未严格按照规定予以执行。

（3）现场安全监护不到位。从现场调查情况看，6m 层格栅掀开形成临时孔洞后，现场监护人刘××在孔洞周围未设置固定围栏的情况下，忽略了对可能闯入的外来人员的防坠落措施。同时，现场监护人刘××站在孔洞南侧进行指挥和现场监护，因抽汽管道阻挡视线，对孔洞西侧通道来人形成监管视觉盲区，现场监管存在疏漏。

（四）防范及整改措施

（1）邹县电厂要进一步提高对安全生产工作的认识，严格按照"四不放过"的原则，认真反思本次事故，深刻吸取事故教训，以此为戒，举一反三，全面从思想深处查找工作上的薄弱环节。

（2）邹县电厂要立即开展全面的隐患排查治理活动。对各岗位的安全操作规程落实情况和安全防护措施进行一次大排查，进一步加强对作业现场的安全监督管理，对重点岗位、重点部位加强监控，杜绝各类生产安全事故再次发生。

（3）邹县电厂要进一步加强职工安全教育培训工作。组织职工认真学习安全生产法律法规、安全生产专业技术知识和岗位操作规程，特别是开展《电力安全工作规程》等作业规范的深入学习，务求学习活动取得实效，提升全体职工安全意识。

（4）邹县电厂要认真吸取事故教训，牢固树立"安全第一、预防为主、综合治理"的安全生产指导思想，强化安全发展、科学发展的理念，坚决杜绝类似事故的发生。

十、国电宁夏石咀山第一发电有限公司"4·29"淹溺事故

（一）事故简述

2012年4月29日，国电石咀山第一发电有限公司巡检员在巡检过程中不慎坠入废水池，造成1人死亡。

（二）事故经过

2012年4月29日，国电石咀山第一发电有限公司发电部运行三值当班。19:30，辅网运行三班召开班组班前会，交代接班注意事项及检查内容。19:45，各岗位人员开始班前巡检。

按照辅网岗位责任划分，除盐值班员张××的巡检路线为#1、#2机组集水槽室、机房精处理间、循环水加药间。20:05，主值班员马××发现张××未返回除盐值班室，打电话询问班长张×："张××是否请假外出？"班长张×答复没有请假，然后给张××打手机，手机无法接通。马××沿张××的巡检路线找寻没有找到，但

发现#1、#2 机组集水槽室的门开着，钥匙插在锁眼里挂在门上。马××进入机组集水槽室以后，发现#1、#2 机组集水槽室#1 废水泵坑没有盖板，怀疑张××有可能掉入废水池内。

20:30，班长张×汇报值长陈××，陈××立即安排人员进行寻找。21:01，陈××汇报部门值班副主任张××，同时联系检修部安排人员恢复#2 废水泵并安装潜水泵抽水并向上级领导汇报，公司随即布置了人员失踪现场搜救方案查找。23:22，将#1、#2 机组集水槽室废水池内水抽干后发现张××在废水池内东北角处，后经医生现场诊断其已死亡。

（三）事故原因

1. 直接原因

河南省长源防腐有限公司对#1 废水泵坑口封堵时，安全措施不到位，尽管在打开的孔洞设置了安全围栏，但未采用牢固的临时盖板加以防护。

2. 主要原因

作业人员在机组排水槽进行例行巡检时，进入已经设置安全设施的区域内进行检查，踩踏到不牢固的泵坑盖板上，翻落到废水池内，溺水死亡。

3. 间接原因

（1）检修部汽机车间化水班工作负责人在检修#1 废水泵的过程中，因检修备品未到货，保留检修工作现场，对在#1 废水泵泵坑上设置的盖板没有认真验收把关。

（2）检修部和发电部对现场安全管理和监督检查不到位，未能及时发现并消除存在的安全隐患。

（3）发电部、检修部在工作票的安全措施执行方面把关不严，从 3 月 30 日#1 废水泵第一次上票检修到最终发生事故累计上票 4次，在后续办理工作票延期和重新许可工作票的过程中，运行和检修人员均没有到现场复查安全措施的执行情况。

（4）作业人员在对机组集水槽巡检的过程中，自身防护意识不强，未预见到现场可能存在的安全隐患，误踏不牢固的泵坑盖板上。

（5）各级人员的安全生产责任制落实不到位，安全监督不到位。

（6）安全教育培训不到位。

（四）暴露问题

（1）安全生产责任制落实不力。各级人员没有认真履行安全职责，对作业的危险点未进行有效的分析和控制，安全管理和安全监督不到位。检修部工作票签发人及工作负责人未认真验收把关#1废水泵坑上设置的安全措施，失去对外委单位的监督。

（2）工作票制度执行不严格。工作许可人未认真审查检修工作票上所填写的安全措施是否正确和完善、未对检修工作票上的安全措施提出补充意见，对工作票的安全措施执行把关不严。从 3 月 30 日#1 废水泵第一次上票检修到最终发生事故累计上票 4 次，在后续办理工作票延期和重新许可工作票的过程中，运行和检修人员均没有到现场复查安全措施的执行情况。

（3）安全工作规程执行不力。工作票签发人、工作负责人在检修工作期间未认真分析现场危险因素、未对现场设置的安全防护措施提出控制措施、未按照《电力安全工作规程》的要求经常到现场检查工作措施，在检修工作期间对检修工作现场检查不到位。

（4）未认真执行设备巡回检查制度。从 3 月 30 日许可检修工作开始至发生事故，运行人员每天每班进行巡回检查，未能及时发现检修现场存在的影响人身安全的隐患，设备巡检工作流于形式。

（5）安全教育培训不到位。部分员工安全意识淡薄、安全素质不高、责任心不强，缺乏自我保护意识和互保意识。

（6）隐患排查工作执行不扎实。各级人员未按照隐患排查的要求，认真查找生产现场存在的安全隐患，致使检修现场存在影响人身安全的隐患长期未发现。

（五）防范及整改措施

（1）立即在全公司范围内组织开展为期一个月的以井、坑、孔、洞、安全围栏、现场栏杆、检修现场安全措施为主要内容的专项装置性隐患排查工作，重点查找人员可能跌落、坠入的安全隐患，并针对隐患立即采取措施下发整改计划进行整改。

（2）生技部立即组织检修部、除尘部针对生产现场的照明进行一次全面的排查，针对不便于操控的开关本着人员进入室内第一时间能够操控开关的原则进行全面的改造，对现场照度不足的增加照明灯具，保护人员进入的安全。

（3）发电部针对巡检工作，进一步明确巡检时间、巡检路线、巡检过程的有关要求，确保巡检人员的安全，提高巡检工作的质量。

（4）安健环部立即在公司范围内组织开展全员安全培训工作，进一步提高人员的自我防护意识，现场隐患排查的能力；立即开展工作票安全措施、危险点分析的专项检查工作，并形成长效机制。

（5）安健环部按照国电电力全员岗位风险分析的要求，组织公司各部门开展"回头看"活动，确保排查工作涉及每个岗位、每个工作场所，并对排查出的风险进行及时整改。

（6）安健环部组织检修部、除尘部、发电部加强检修作业现场的安全监督管理工作，建立班组、部门、公司的分级安全监督管理机制，加强小型检修作业现场的安全监督检查，建立管理人员定期检查的管理制度。

（7）完善设备缺陷管理标准和备品备件管理标准，梳理管理流程，找出管理制度的漏洞和与生产实际不符之处并予以修订，对制度的执行加大监督、检查、考核力度，规范管理标准的要求。

（8）安健环部、企培中心组织进行一次全员的心理疏导工作，安排心理咨询师进行人员情绪疏导，尽快消除此次事件对员工情绪产生的负面影响。

十一、湖北汉江水利水电公司丹江口水电厂"5·8"触电事故

（一）事故简述

2012 年 5 月 8 日，湖北汉江水利水电（集团）有限责任公司丹江口水力发电厂（下称"丹江电厂"）在进行发电机组引出线清扫过程中，作业人员误入带电间隔，发生触电事故，造成 1 人死亡。

（二）事故经过

2012 年 5 月 8 日 8:35，丹江电厂电机班班长王×召开班前会，传达并安排相关工作、强调现场安全和注意事项。9:40 左右，工作负责人唐××带领工作班 8 名人员进入工作现场，对他们进行了

危险点告知和安全技术交底。随着主厂房母线室清扫工作的结束，唐××安排郭×、王×两人负责清扫#1机（机组停机）主变与主厂房之间夹层中的三角母线室内的母线及绝缘子，同时对#1机出口#011隔离开关缺陷实施处理，并交代郭×注意带电间隔等安全事项。

10:40左右，郭×找到运行值班人员叶×打开三角母线室门，两人进入室内，在核对确认#1机引出线间隔后，郭×爬上了近2m高的#1机母线间隔安全网，由王×在下面负责给其递抹布，正在往上爬的郭×隐约听到手拿抹布的王×说了一声"我到旁边去搞"，因郭×已爬到上面，且注意力集中在正要清扫的这段母线上，所以没有注意他要干什么。由于三角母线室是全封闭式结构，所以现场较暗，且也没看清楚。

10:46左右，在#1机引出线间隔母线上的郭×隐约听到王×说了一句"这是#8变"，在郭×本能的回身瞬间，突然看到10.5m外#8厂用变引出线间隔上空有一团火在燃烧，郭×赶紧大声呼喊王×的名字，并迅速下来跑向#8变引出线间隔，此时看见王×躺在#8变引出线间隔安全网外侧左边约80cm深的下部场地，嘴角有血，人已昏迷。后经全力抢救，王×终因伤势过重于17日死亡。事故直接经济损失约为83万元。

（三）事故原因

1．直接原因

当事人王×对工作现场设备状态不清，在没有监护的情况下，自行扩大工作范围违章作业，误入带电间隔导致触电。

2．间接原因

（1）丹江口水力发电厂对员工安全教育培训及工作期间的动向管控、掌握不够到位，致员工落实本单位安全生产规章制度和安全操作规程不到位，安全意识不强，对部分作业现场存在的危险因素、防范措施认识不足。

（2）事故发生区域安全防护措施不够到位，光线条件不良，防护网、警示标志（信号灯具）设置存在一定缺陷。

（3）工作负责人履责不到位。唐××在安排工作人员转移工作地点后，未及时到达工作现场，进一步交代安全措施和告知危险点，使得工作班成员安全措施和危险点不清且未明确现场临时监护人，致现场工作班成员失去监护。

（4）当事人王×安全意识、自我保护意识淡薄，其应知相邻区域 10.5m 之外的#8 厂用变引出线间隔带电，却自行移至带电区域，导致事故发生。

（四）防范及整改措施

（1）结合本厂实际，举一反三，深入开展安全隐患大排查，制订整改方案，完善安全设施，消除事故隐患。

（2）进一步完善厂安全生产各项管理制度和各工种、岗位的安全操作规程，强化监督落实。

（3）加强日常安全生产精细化管理，加强并提高对厂各重点部位、重点岗位、重要设备的安全巡查、管控，及时发现隐患并整改落实到位。

（4）强化全员安全教育培训，全面增强安全意识，提高应急处置和安全操作能力，适时掌控从业人员思想、精神、行动状态，合理安排适任工作。

（5）对重点设备和危险因素较大的场所进一步完善警示标志。类似三角母线室内光线条件不良的场所应进一步完善照明设施，完善各引出线间隔两侧安全警示牌、设备维修警示牌及警示信号灯具，加高各引出线间隔安全围栏，提高本质安全性，避免由于人的不安全行为而产生的安全事故。

十二、广东粤电沙角 A 电厂"5·21"机械伤害事故

（一）事故简述

2012 年 5 月 21 日，上海年宏防腐保温工程有限公司在广东粤电集团沙角 A 电厂（下称"沙角 A 电厂"）#5 机脱硫烟气换热器检修过程中，发生齿轮挤压事故，造成 1 人死亡。

（二）事故经过

根据 2012 年度机组检修计划，沙角 A 电厂#5 机组于 3 月 31 日～6 月 19 日期间进行 A 级检查。

2012 年 5 月 21 日，上海年宏防腐保温工程有限公司（下称"上海年宏"）承包的"#5 机脱硫 GGH 系统设备防腐工程"项目与广东盛邦机电工程有限公司（下称"广东盛邦"）承包的"#5 机脱硫 GGH 及吸收塔等系统检修"出现交叉作业。

8:50，沙角 A 电厂防腐工程项目负责人李××在#5 机脱硫 GGH 波纹板冲洗现场与广东盛邦项目负责人张××确认当天的工作计划，张××告知李××，由于有两名主要技术人员要参加考试，故当天脱硫主要检修工作无法开展。9:25，李××再次致电张××，确认当天#5 机脱硫 GGH 项目现场没有广东盛邦的检修工作。9:50，李××、张××与上海年宏项目经理庄××及上海年宏工作负责人刘×在#5 机脱硫 GGH 现场进行工作协调：一是上海年宏工作负责人刘×告知当天需将脱硫 GGH 转子转动位置后才能够将内部扇形板盲区的其他仓格的防腐做好。二是沙角 A 电厂防腐工程项目负责人李××告诉刘×，因 5 月 22 日广东盛邦要检查脱硫 GGH 底部支撑轴承，且在检查轴承过程中不能转动脱硫 GGH 转子，所以转动转子的防腐工作必须在 5 月 21 日完成。三是李××还告诉广东盛邦项目经理张××5 月 21 日不能进行影响转子转动的工作，要求广东盛邦、上海年宏两家施工单位要相互协调。

当天 13:30，刘×带领 5 名工作人员开始防腐作业，刘×在脱硫 GGH 外进行工作监护，其余 5 名人员在内部工作。15:00 左右，脱硫 GGH 传动齿轮（外径 1400mm，厚 60mm，重量约 460kg）到货，厂方安排广东盛邦脱硫检修工作责任人戴××卸货。16:00，广东盛邦两名技术人员考试完后提前回到现场，戴××在未征得李××和张××同意的情况下，擅自组织人员在脱硫 GGH 现场安装传动齿轮。因与传动齿轮连接固定的减速器未安装，所以广东盛邦工作人员就暂用 3 个千斤顶顶住传动齿轮，19:00 左右，广东盛邦工作人员撤离现场去吃晚饭。期间由于工作间隔不在一个平台，所以在现场工作的上海年宏工作人员并不知情。

19:30，上海年宏工作人员用手动葫芦盘转子发生卡涩，工作人员刘×便走出自己工作范围之外的 GGH 驱动装置检修平台，进入到脱硫 GGH 转子驱动装置处，把头部伸进仅有 3 个千斤顶支撑的传动齿轮底下查看究竟。这时由于脱硫 GGH 内部的施工人员继续手拉手动葫芦盘动转子，转子齿条带动传动齿轮转动，顶住传动齿轮的 3 个千斤顶失去平衡而全部侧翻，导致传动齿轮下落，刚好砸中齿轮下方正在查看情况的刘×头部，造成其头部挤压受伤。经送医院抢救治疗无效，刘×于 21:30 死亡。

（三）事故原因

1. 直接原因

上海年宏工作人员在#5机脱硫GGH内用手动葫芦盘动转子时，发现转子卡涩后，没有停下来了解转子被卡涩的原因也没有向沙角 A 电厂项目负责人报告，强行继续拉扯手动葫芦盘车进行野蛮违规作业，最终导致外部传动齿轮失去支撑而掉落，砸中在传动齿轮下方进行查看的作业人员头部。

2. 主要原因

作为安全监护人的刘×在执行本职工作时，违规走到工作范围之外的脱硫 GGH 驱动装置检修平台，忽略了自己行为的安全风险，未能及时意识到自己已处于高度危险的环境，冒险把头部伸进仅有 3 个千斤顶顶住的传动齿轮下部进行检查，安全意识淡薄，严重违反安全规定，结果被掉落的齿轮砸中头部。

3. 重要原因

广东盛邦员工违反 6 月 21 日上午协调时的计划，在没有征得电厂方和项目方负责人同意的情况下违规施工，也没有与现场工作的上海年宏员工进行沟通交流，擅自在脱硫 GGH 现场组织人员安装传动齿轮，导致其内部转子盘车卡涩。同时，广东盛邦员工暂时撤离现场后，违规临时用 3 个千斤顶顶着传动齿轮，违反《电业安全工作规程 第 1 部分：热力和机械》（GB 26164.1—2010）：禁止将千斤顶放在长期无人照料的荷重下面的规定。沙角 A 电厂让安全意识和业务素质如此差的队伍进入大修现场野蛮施工，也是导致事故发生的重要原因。

（四）暴露问题

（1）部分承包商员工现场违规现象较为严重，尤其是在交叉作业过程中，缺乏必要的沟通和安全防护意识，忽视安全工作所必须遵照的规定，结果酿成事故。如广东盛邦员工不按照协议擅自施工，未能与同在现场工作的上海年宏人员及时沟通，并在撤离工作现场的时候违规用千斤顶顶住传动齿轮，为后来发生事故埋下了安全隐患。同时，没有在现场设置较为显著的警示标志，进一步加大了事故风险。

（2）部分承包商员工自身安全意识淡薄，野蛮施工现象严重。如上海年宏工作人员未搞清楚脱硝 GGH 转子盘车卡涩原因，仍然继续野蛮施工，尤其是其安全监护人员（本次事故受害人）不但没能制止这种野蛮施工行为，自己还走到工作范围之外，违规把头部伸进高度危险区域而浑然不知，直接导致事故的发生。

（3）沙角 A 电厂安全管理存在漏洞，首先对承包商进厂把关不严，再则现场协调管理和风险交底不力，沙角 A 电厂作为业主其项目负责人未能经常深入施工现场对承包商安全管理进行必要的指导和监督，未能及时制止违规违章行为的发生。

（4）沙角 A 电厂对承包商安全管理不够严格，导致承包商员工对安全执行力的减弱，甚至违反协议擅自施工。同时，现场安全监督管理未能及时到位，也暴露了电厂对安全监督的缺失和放松。

（五）防范及整改措施

（1）加强承包商安全管理，严格承包商资质审查和进入门槛，绝不能因为其他原因忽略承包商资质的审查和准入门槛的降低，绝不能为后期安全工作埋下隐患。

（2）加强现场安全监督和风险交底，项目负责人一定要深入现场和施工人员取得较好的沟通，确保所有安全措施能有效执行。在监督过程中发现安全风险要及时处理，绝不能为赶进度冒险作业。

（3）加强承包商人员安全培训，坚决杜绝生产现场的野蛮施工和违章行为，同时提高员工的个人安全防护能力，及时辨别和处理存在的安全隐患和风险，避免发生事故和人员伤亡。

（4）在施工现场特别是风险较大的区域要适当加强照明，施工风险较大的区域必须设立显著的警示标志，防止外来人员误入具有风险的工作区域。

（5）现场交叉作业时（特别是大小修期间）工作风险较大，有时在某个集中区域有多项工作交叉，需要工作负责人或现场监理在现场进行监督，及时处理和化解现场存在的风险和危险。

（6）鉴于目前一些工作的工期较为紧张，赶工期现象较为普遍，加上天气炎热，人员较为疲劳，各单位要适当安排人员进行合理的休整，防止疲劳作业而出现误操作或风险防范能力降低现象。

（7）发包方要全面加强对外包工程的监督管理，防止出现"以包代管"现象。承包商发生电力生产事故，广东粤电集团公司将按照《关于外包工程实行承包商电力生产事故连带责任考核的通知》（粤电生〔2012〕132 号）追究发包方负有的安全生产连带责任。

十三、北京京能集团公司太阳宫燃气发电厂"6·6"爆炸事故

（一）事故简述

2012 年 6 月 6 日，北京京能集团公司北京太阳宫燃气发电厂因燃气管道泄漏导致气体爆燃事故，造成 2 人死亡、1 人受伤、3 台机组停运。

（二）事故经过

2012 年 6 月 6 日，由承包北京太阳宫燃气发电厂 780MW 燃气联合循环机组检修维护的北京京丰热电有限责任公司聘用的北京路路通保洁服务有限公司的 4 名保洁员到增压站 MCC 控制间进行保洁作业。

14:00:25，保洁员田××打开增压站 MCC 控制间门进入房间，郑××、董××在门外做准备工作，桂××在增压站 MCC 控制间东侧路旁休息。14:02:55，增压站 MCC 控制间发生爆燃，爆燃冲击波将在门外做准备工作的郑××、董××抛至增压站 MCC 控制间 20m 外路面死亡，室内人员田××受重伤。爆燃产生的冲击波造成增压站 MCC 控制间屋顶隆起，四面墙体被炸毁。北侧厂区铁制栏墙、东侧 18m 处调压增压站外墙、南侧 14m 处循环水 PC 间外墙、东南侧约 60m 处的#1 发电机组外墙均不同程度被破坏。启动锅炉房与氮气瓶间隔墙最南端氮气放散口及上部墙体位置有过火燃烧痕迹。事故未对北京地区供电造成影响，未造成北京太阳宫燃气发电厂主体设备损坏。

（三）事故原因

1. 直接原因

防止天然气逆流的止回阀损坏失灵；北京太阳宫燃气发电厂发电部巡检员违章操作，在实施管线燃气置换作业后，未按要求关闭一次阀（截止阀）、二次阀（手动球阀），致使天然气逆流至氮气管线系统，在氮气瓶间放散，并通过墙体裂缝扩散至增压站 MCC 控制间，遇配电柜处点火源发生爆燃。

2. 间接原因

北京太阳宫燃气发电厂安全管理存在漏洞，对本单位从业人员进行安全生产教育和培训不到位，致使作业人员未能熟练掌握氮气置换的操作规程；对燃气设备的日常巡查不到位，未能及时发现用于防止天然气逆流的止回阀失灵的情况；工作票制度管理流于形式，未能认真督促相关人员严格按照工作票制度要求到作业现场实施检查验收。

（四）防范及整改措施

（1）北京太阳宫燃气发电厂要组织专业力量对厂区内的生产环节进行安全预评价，针对生产各环节制订有针对性的安全措施。

（2）依照《电业安全工作规程 第 1 部分：热力和机械》（GB 26164.1—2010）对公司的工作票管理标准重新修订，同时举一反三对公司内部其他相关标准及《检修管理制度》进行完善，加强厂区内设备的日常巡护保养工作，定期对天然气系统和与其连接管道上的阀门进行严密性试验。

（3）进一步完善监护制度和加强企业安全培训教育，提高对现场作业人员管理。

十四、吉林长春国能德惠生物发电有限公司"6·21"高处坠落事故

（一）事故简述

2012 年 6 月 21 日，东北电业管理局第三工程公司（下称"东电三公司"）在吉林长春国能德惠生物发电工程循环水系统进行查漏过程中，发生高处坠落事故，造成 2 人死亡。

（二）事故经过

2012 年 6 月 21 日，东电三公司分包施工单位鑫泰公司工人陈×下到 10m 深凉水塔中心筒内查找循环水管道漏水点，感觉呼吸困难，身体不适，赶紧向上攀爬返回。师傅王××以为其不愿干活便亲自下筒，下到底部也感到呼吸困难，便向上攀爬返回，攀爬到一半高度时坠落到循环水管道中心筒底部。陈×在上面看到师傅坠落下去便喊人来救，工人马××盲目下去救援，再也没上来。施工单位负责人果断叫停继续下去救援的工人，指挥技术人员用切割机把循环水管道切开，放出有毒有害气体后，从管道切割口进入中心筒底部，发现王××与马××面部朝下在 0.5m 深的水上漂浮着，已无生命迹象。事故直接经济损失近 120 万元。

（三）事故原因

1. 直接原因

鑫泰公司工人王××身为带班人员未认识到此次作业的危险性，工作开始前没有进行危险点分析，同时在陈×告知危险的情况下未停止工作，以身犯险，安全意识严重不足。

2. 间接原因

鑫泰公司工人陈×已对现场危险点有所了解，但在王××下去时未坚决制止；鑫泰公司工人马××下去救人勇气可嘉，但没有意识到现场危险性，盲目救人，造成事故扩大。

（四）暴露问题

（1）鑫泰公司安全管理不到位，安全隐患排查治理不彻底，现场无安全管理人员监护和进行有效安全保护，对上岗员工安全培训不够，流于形式。

（2）工程总承包单位东电三公司对分包单位审查不严，在无现场安全员的情况下未制止其进场施工，同时其作业过程中没有进行必要的安全监督。

（3）工程监理单位在日常安全监察过程中未进行必要的监督管理。

（4）建设单位安监部未及时发现隐患，日常检查考核力度不够。

（五）防范及整改措施

（1）密闭容器、管道、坑井内施工，必须检查其内有无可燃、有毒气体，如有异常，应认真排除，确认可靠后方可进入工作；施工单位认真执行此项措施，同时监理、业主做监督工作，发现有违反的要严厉考核。

（2）施工单位要强化安全责任意识，组织技术人员对施工现场安全状况进行彻底清查，针对施工现场现有尾工工程安全隐患制定有效防范措施，安全管理人员对施工安全在现场进行严格监督。

（3）施工单位要高度重视员工岗位安全培训工作，按照操作规程及施工危险预控措施对从业人员进行全员岗位安全培训教育，保证全体员工熟练掌握操作技能和岗位安全常识，进一步增强自我保护意识和应急处置能力。

（4）监理单位对现场各单项尾工工程安全文明施工措施和专项安全措施严格监督实施，督促施工单位组织各项工作的技术交底会，并监督实施提出意见，做好日常巡视检查，对违章、违规行为及时制止，根据情况适时发出书面通知，监督整改。

（5）建设单位安监部每日加强检查，每日监理例会进行通报，并监督整改情况，加强管理。

十五、河南华能沁北发电有限公司"6·24"触电事故

（一）事故简述

2012 年 6 月 24 日，河南省济源市沁北实业有限公司在华能沁北发电有限公司处理燃料牵车台排水作业中的潜水泵堵塞故障时，发生触电事故，造成 1 人死亡。

（二）事故经过

2012 年 6 月 24 日 18:00 左右，突降暴雨，华能沁北发电有限公司燃料#2 牵车台负米积水严重。

20:00 左右，燃料集控室主值通知承担燃料运行劳务的济源市沁北实业有限公司排水，然后又通知负责燃料系统临时检修及零星工程施工的江苏汉皇公司到现场接潜水泵电源。济源市沁北实业有

限公司安排当班人员李×、贺××、侯××、张×四人抬着潜水泵去现场抽排水。江苏汉皇安排电气检修值班人员商××（无电工证）到现场接潜水泵电源，商××将电源接通后离开。张×在现场负责看水位，其他三人回到翻车机值班室避雨。20:35 左右，#2 牵车台负米水位抽至低位时水泵不出水，张×将电源断开后，通知李×、贺××、侯××过来处理，张×在配电室控制开关，李×和贺××两人用铁钩摇晃潜水泵，清除堵塞。

20:40 左右，李×通知张×送电，送电后忽然听到贺××喊叫两声，张×将电源开关关闭，并跑到牵车台负米，看见李×躺在牵车台内，贺××趴在#2 推车机行走齿条上，张×立即通知值班室人员并拨打 120 急救电话。21:00，120 急救车赶到将贺××送至济源市人民医院紧急救治后脱离生命危险，李×经医生确认已当场死亡。

（三）事故原因

1. 直接原因

（1）淤泥堵塞泵体，造成水泵短路、漏电。

（2）检修值班人员在接临时电源时未按规定接漏电保护器，且无证（电工）违章作业。

2. 间接原因

临时用电未按规定办理操作票。

（四）防范及整改措施

（1）江苏汉皇公司要认真吸取事故教训，切实加强对特殊作业人员管理，认真执行相关制度，强化职工安全教育，杜绝违章作业行为。

（2）江苏汉皇公司要加强用电安全知识的培训，尤其是加强对潮湿环境下电气设备安全使用知识的教育，提高员工的安全意识。

十六、四川都江堰白果岗水力发电有限公司"6·26"高处坠落事故

（一）事故简述

2012 年 6 月 26 日，四川省都江堰市白果岗水力发电有限公司分包单位四川秭源建设工程有限责任公司（民营企业）在废弃的

35kV 城果线线路迁改工程施工过程中，由于旧电杆底部断裂，发生电杆倾倒事故，造成 2 人死亡。

（二）事故经过

35kV 城果线为都江堰市白果岗水力发电有限公司下属白果岗电厂的送出线路，贯穿都江堰市城区。由于该线路已退出运行，按照市政府的规划要求，该线路属于待拆除线路。35kV 城果线的拆除工作由都江堰市白果岗水力发电有限公司发包给四川秭源建设工程有限责任公司进行拆除。

2012 年 6 月 26 日 12:40 左右，四川秭源建设工程有限责任公司在进行线路施工时，因#61 电杆埋设在地下的底部断裂发生倾倒，造成 2 人死亡。

（三）事故原因

1．直接原因

#61电杆基础不牢固，施工单位在工人作业前未对该电杆采取安全预防措施导致事故发生。

2．间接原因

（1）四川秭源建设工程有限责任公司对 35kV 灌幸果支、城果线线路进行迁改工程施工作业未编制施工组织方案。

（2）施工现场管理不严格，施工组织不严密。

（3）对现场安全隐患排查不彻底，未按操作规程进行施工作业。

（四）防范及整改措施

（1）四川秭源建设工程有限责任公司要认真吸取事故教训，举一反三，加强安全生产法律法规、安全生产规章制度及安全技术操作规程的学习，建立安全生产责任制，严格落实企业安全生产主体责任。

（2）四川秭源建设工程有限责任公司要严格执行安全生产操作规程，杜绝违章作业，尤其要加强作业现场的监督管理。

（3）四川秭源建设工程有限责任公司要进一步加强对从业人员的安全教育和培训，不断提高职工安全意识，提高职工自我保护、自我防范技能，杜绝各类事故发生，切实抓好安全生产工作。

十七、中电投抚顺热电有限责任公司"8·10"高处坠落事故

（一）事故简述

2012 年 8 月 10 日，辽宁省抚顺电力建筑安装工程公司在进行中电投抚顺热电有限责任公司（下称抚顺热电）的脱硝催化剂更换作业时，发生高处坠落事故，造成 1 人死亡。

（二）事故经过

抚顺热电#2 锅炉经过 3 年多的运行，发现脱硝催化剂失效，无法满足环保脱硝效率的要求。为此，抚顺热电申报了脱硝催化剂更换技改项目，3 月完成脱硝催化剂采购招标，6 月完成催化剂更换施工招标，中标单位为抚顺电力建筑安装工程公司（下称"建安公司"）。脱硝催化剂更换主要内容为：将锅炉脱硝反应器内原有催化剂模块拆除吊至 0m，运到室外集中堆放，新催化剂模块搬运至锅炉 0m 后，吊运至 33.9m 安装到反应器内，单个模块尺寸为 1910mm×970mm×1125mm，单个模块重 1135kg，模块在 A、B 侧烟道内各分 2 层设置，共计 154 件模块。

2012 年 8 月 8 日具备了催化剂模块拆除作业条件。抚顺热电生产技术部和安全环保部组织相关人员在拆除前共同对作业现场安全措施布置情况进行检查，确认具备开工条件，办理完工作票后，脱硝催化剂更换工程正式开始拆除施工。施工作业为锅炉 A、B 两侧同时进行，16:00，第一块催化剂模块吊运至锅炉 0m，整个拆除吊运工作正常施工。

8 月 10 日 17:00，A 侧作业施工负责人李××派刘××和马××到 B 侧作业区取滚杠。刘××在前，马××在后。到达 B 侧工作区，两人进入安全围栏区域内，刘××进入烟道内找滚杠未找到，回过头来没有看到马××，刘××以为马××先回到了 A 侧作业区，这时听到 0m 处有人喊"有人掉下来了"，到吊装口处发现马××从吊装口坠落至 0m。17:15，0m 作业人员将马××抬到厂房外，并拨打 120 急救电话，马××经抢救无效于 20:00 死亡。事故现场见图 7 至图 11。

（三）事故原因

1. 直接原因

马××在作业现场注意力不集中，脚绊到施工用垫板，不慎坠落导致事故发生。

2. 间接原因

（1）施工采取的安全措施有漏洞，新建立的调运口仅设置了活动安全围栏，安全防护可靠性差，调运人员在作业中没有防坠落安全保护。

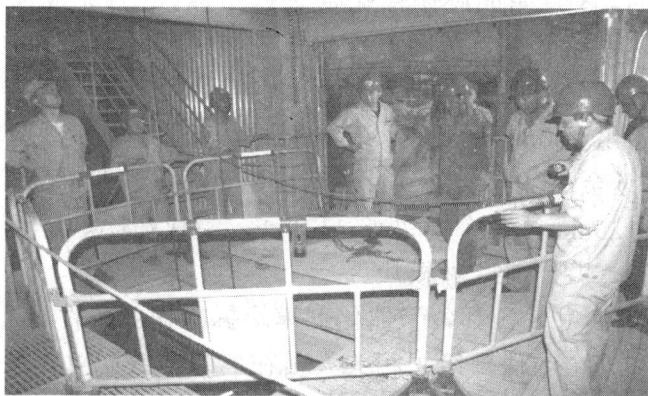

图 7　事故坠落点（33.9m 平台）

图 8　事故坠落点下层（30.9m 平台）脱落的安全帽

图 9　事故坠落点（0m 催化剂模块）

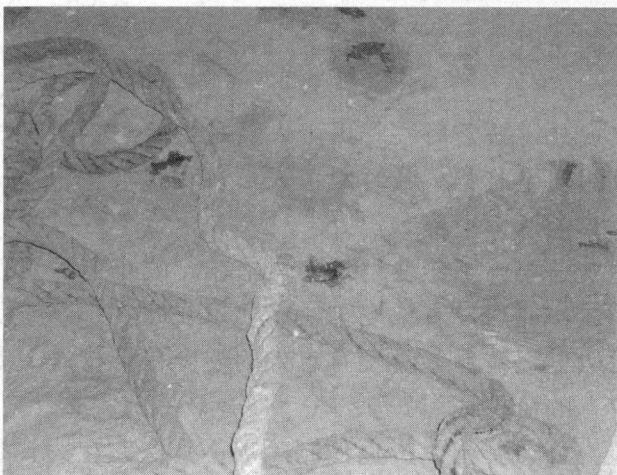

图 10　事故坠落地点（0m）

（2）施工现场安全管理存在漏洞，吊运作业时打开的靠烟道侧围栏在模块吊运到 0m 后没有立即恢复，并且无人在现场监护。

（3）建安公司现场安全管理不到位，施工作业安全技术措施不严密，对作业人员安全教育不够。

（4）抚顺热电对外包工程管理不严，对施工作业环节潜在的风险和隐患预判不够，现场安全监管不力。

图 11　事故坠落现场俯视图

（5）抚顺热电对建安公司安全指导不到位。

（四）暴露问题

（1）建安公司缺乏对临时用工人员足够的安全教育，缺乏对临时用工有效的安全监督。临时用工人员自我防护意识差，员工安全思想不牢，安全意识淡薄。

（2）建安公司施工作业现场安全措施、安全监护责任落实不到位。每次吊运作业后没有按安全措施要求立即安排专人负责恢复防护措施，吊运过程作业人员没有有效的安全保证措施，安全监护人没有起到应有的监护作用。

（3）建安公司安全生产责任制落实不到位。有关领导存在重生产、轻安全的错误思想，企业内部安全管理体系建设薄弱，管理人员安全生产职责履行不到位，对于施工作业现场存在的安全隐患和风险没能及时发现、及时消除。

（4）抚顺热电对外包工程管理重视程度不够。没有全面落实集团公司有关外包工程及劳务用工安全管理的要求，没有落实好安全主体责任，现场施工作业要求标准不高，隐患排查不细，存在监管漏洞。

（5）抚顺热电未严格履行安全监管职能，安全措施、技术措施、安全培训、安全交底针对性不强，对作业现场存在的具体风险分析不细。对潜在的危险隐患缺乏足够的预判，对外包项目现场管理不够，没有很好地落实管项目必须管安全的原则。

（6）抚顺热电安全监督与保证体系作用发挥得不好，安全管理人员没有严格按照上级有关规定深入现场把好安全关。存在一定的"以包代管"问题，项目归属部门、主管部门、监督部门没有良好地履行安全监护、检查监督的职责，对外包工程作业现场监管不力。

（7）抚顺热电对员工的安全教育培训开展得不好，对安全培训教育工作抓得不细不实。安全教育、培训缺乏针对性、实效性，安全思想没有深入人心，员工的自我防范意识淡薄，安全素质和能力亟待提高。

（8）抚顺热电反违章纠察工作缺乏力度。日常反违章纠察仅限于表面上的简单违章行为，对于作业现场承包方变更工作人员、作业中安全防护措施不全面、没有进行安全监护等管理性违章，没有及时发现和有效处置。

（9）抚顺热电作为建安公司的监管单位，没能很好地履行安全职责，安全监督管理指导不够；东北公司对集体企业的安全管理工作重视不够，检查指导不到位。

（10）东北公司对所属基层单位领导干部安全培训教育不够，安全生产尽职督察工作有漏洞，对外包工程源头把关不严格，对安全管理规章制度和有关要求的落实情况检查指导不够。

（五）防范及整改措施

（1）对抚顺热电检修现场进行停工整顿。对正在进行 C 修的检修单位，组织学习"8·10"事故通报，完善检修作业项目的安全措施。立即对厂内所有工程项目停工整顿，由安全、生产部门对所有外包队伍从施工资质、人员状况、安全措施、技术措施、现场管理制度等方面逐一进行排查，施工条件具备后，方可开工。同时加强施工作业现场的安全监护，对所有外包工程，由相应的分场（项目归属单位）安排有经验的人员进行现场安全生产全程监督。

（2）开展外包工程及劳务用工安全管理专项检查活动。8 月 13～19 日，在全公司范围内开展外包工程及劳务用工安全专项检查活动。从 8 月下旬开始，由东北公司安全环保部牵头组织对所属各单位外包工程及劳务用工安全管理情况进行专项检查。通过检查，找出在外包工程安全管理方面存在的漏洞和薄弱环节，有针对性地进行整改、整顿，进一步规范外包工作管理流程、严格现场安全作业程序、强化施工过程管控，消除各类安全隐患，切实保证施工作业安全可靠。

（3）对厂办集体公司开展一次安全管理的彻查。责令建安公司从 8 月 11 日至 9 月 10 日，以"深刻吸取事故教训、认真做好安全整顿"为主题，在全公司范围内开展"安全生产整顿月"活动，要通过整顿，全面梳理规范劳务用工、安全防护用品管理、安全监督与保证体系建设等情况。所属各单位对集体公司的安全管理情况进行一次全面排查，比照发电企业相关要求，对集体企业进行有效的安全管理指导工作。

（4）开展集团公司安全生产工作规定等制度培训。由安环部门组织对所属各单位安环部门负责人进行外包工程安全管理业务集中培训，组织开展对东北公司所属三级单位的生产副总经理和相关人员进行安全生产工作规定与外包工程与劳务用工管理办法的集中培训，与有关安全机构沟通组织开办管理人员相关制度培训班，进一步提高各级领导和管理人员安全素质。

（5）从源头上加强外包工程的安全管理。结合安全生产标准化达标和安全健康环境管理体系建设，制订东北公司安全技术交底管理办法，建立起相互约束相互促进的安全保障机制。严格执行集团公司安全生产工作规定的要求，切实履行安全资质、安全业绩审核以及安全培训、教育的管理职能，由物资与采购部进一步完善有关外包工程招标的管理办法，加强安监人员参与工程源头安全把关的力度。

（6）进一步研究落实保证人身安全的措施。采取必要的保证人身安全的强制性措施，拟定发布保证人身安全的"十不准"，经安委会讨论通过后执行。强化安全监督与保证体系，以公司文件印发东北公司安全工作体系（组织保证、思想保证、技术保证、专业监督、群众监督），进一步促进安全生产责任的落实。完善东北公司及所属单位安全生产委员会，确保安全组织体系的有效运作和安全生产令行禁止。加强对各级干部在安全生产上的监督与考核，要把安全工作的业绩，作为考核各级安全第一责任者和生产干部的重要依据。

（7）加强风险辨识和安全隐患的排查治理。所属各单位以保障人身安全为重点，结合工作实际，对生产现场进行全面风险辨识，8月底前完成企业安全风险分析报告报东北公司安全环保部，同时，做好重大危险源的辨识与评估，做好相应风险的监控措施，落实好监控责任并完善应急预案。进一步做好危险点的分析预测，组织好班组安全活动，领导干部工作重心下沉，及时发现和解决安全生产存在的问题。积极推进安全隐患排查治理体系的建立，落实隐患排查治理的责任，认真细致地组织隐患的阶段性和日常排查工作，将治理项目纳入企业工作计划之中，由安环部门每月通报排查及治理情况。

（8）深入开展反违章纠察活动。强化反违章纠察和安全隐患的排查治理工作。强化以"两票三制"执行为核心的反违章纠察，重点放在生产现场的作业项目上，强化以"两票三制"有关要求的正确执行，严肃查处"搭票"、"借票"、"扩大作业范围"、"随意变更工作人员和改变安全措施"等行为。组织好东北公司层面的安全生产专项检查和区域间安全生产互查，做好东北公司内部安全生产尽职督察工作。

十八、陕西能源集团府谷清水川发电有限公司"9·5"高处坠落事故

（一）事故简述

2012 年 9 月 5 日，陕西能源集团府谷清水川发电有限公司在进行检修时，作业人员从锅炉临时检修用脚手架上坠落，造成 1人死亡。

（二）事故经过

2012 年 9 月 5 日，陕西府谷清水川发电有限公司在检修#1 锅炉时，公司设备部金属监督专工李××于 16:40 左右离开安环部副主任办公室前往生产区。17:05，正在检修磨煤机的天津蓝巢电力检修公司员工刘××听见一声响，立即跑到锅炉 0m A 磨煤机东北侧通道查看，发现李××侧躺在地面上，头戴安全帽，头下有血迹。刘××立即打电话报告求救，李××被送往府谷县人民医院，终因伤势过重，于 17:50 抢救无效死亡。

（三）事故原因

1. 直接原因

死者李××安全意识淡薄，在检查时违章作业，导致从 7.3m 平台上跌落。

2. 间接原因

企业安全培训教育不到位，从业人员安全意识淡薄；现场安全管理不到位，安全警示标志缺失。

（四）防范及整改措施

（1）建立健全安全生产责任制和各项安全管理制度，各级领导高度重视并严格落实。

（2）加强安全教育培训工作，提高职工的安全意识和操作技能，教育职工强化安全意识，学习安全知识、提高安全技能，严格遵守安全规程和操作规程。杜绝"三违"现象发生。

（3）加强现场安全管理，注重安全投入，切实落实隐患排查制度，防止类似事故再次发生。

（4）全面检查公司、部门、班组三级安全管理网络体系运作情况，切实落实各级人员的安全责任，加强相互监督作用。

（5）推进安全标准化建设，以制度标准化、安全设施标准化、人员行为标准化为目标，夯实安全生产基础工作。

（6）举一反三，吸取事故教训，严防同类事故再次发生。

十九、华能海口电厂"10·1"机械伤害事故

2012 年 10 月 1 日，海南益颐昕实业有限公司在华能海口电厂灰库装灰过程中，作业人员被移动的车辆撞倒，造成 1 人死亡。

二十、大唐江苏徐塘发电有限责任公司"10·17"高处坠落事故

（一）事故简述

2012 年 10 月 17 日，杭州天明环保工程有限公司所属浙江信雅达环保工程有限公司在大唐江苏徐塘发电有限责任公司#4炉电除尘器技改工程中，施工人员从电除尘器上部坠入底部灰斗内，造成 1 人死亡。

（二）事故经过

2012 年 10 月 17 日下午，浙江信雅达环保工程有限公司施工人员在江苏徐塘发电有限责任公司#4 炉电除尘器改造现场进行顶部立柱安装工作，在地面施工的鄢××进入顶部作业区与现场作业人员商讨施工事宜，商讨完毕后，现场作业人员继续安装作业。14:30 左右，从事电焊作业的何××等人听到有物体掉落到除尘器斗中的声音，发现是人员坠落，经确认为鄢××，于是立即组织救援，救援中判断其是从 25m 高的顶部钢架上坠落的。18 日 10:00，鄢××因伤势过重，抢救无效死亡。

（三）事故原因

1. 直接原因

施工人员到达除尘器顶部作业现场，逗留期间未将安全带按规定挂在安全绳上，造成失足坠落。

2. 间接原因

（1）施工单位浙江信雅达环保工程有限公司未在危险性较大的施工现场设置安全警示标志，高空作业未能足量装设防护栏杆、挡脚板或防护立网，安全绳数量设置不足。

（2）施工中使用临时人员较多，施工前虽经甲方安全教育、安全交底和笔试考核，但浙江信雅达环保工程有限公司内部安全培训不力，人员安全意识淡薄。

（3）杭州天明环保工程有限公司对其子公司信雅达环保工程有限公司未认真履行安全监管责任，施工现场安全管理松懈，安全隐患排查不力，事故发生时安全员离岗。

（四）防范及整改措施

（1）各相关公司必须认真吸取"10·17"事故教训，按照事故

处理"四不放过"原则，认真分析事故原因，严肃处理有关责任人员，召开全公司管理人员安全事故分析会，举一反三，杜绝类似事故的再次发生。

（2）必须进一步完善各项安全管理规章制度，强化责任意识，完善责任制，认真做到责任明确，落实到位。

（3）强化施工现场安全监护，加强危险部位的安全检查，认真开展安全隐患排查活动，及时消除安全隐患。

（4）在危险性较大的施工现场增设安全警示标志。

（5）高空作业增设护栏杆、挡脚板或防护立网，增加安全绳数量，切实发挥安全设施的防护作用。

二十一、甘肃省电力投资集团金昌发电有限责任公司"10·23"机械伤害事故

（一）事故简述

2012 年 10 月 23 日，甘肃省电力投资集团公司（下称甘肃电投）金昌发电有限责任公司在处理#1 机电动真空破坏门故障时，检修人员被吸入管口，造成 1 人死亡。

（二）事故经过

2012 年 10 月 23 日 16:10，甘肃电投金昌发电有限责任公司运行部值班人员发现#1 机组#1 电动真空破坏门卡死，无法进行远程控制，即通知该公司检修维护部进行检修。16:50，检修维护部检修人员来到现场，确认该门故障属于机械卡死，检修维护部陈副主任决定更换#1 电动真空破坏门，朱×为更换#1 电动真空破坏门的负责人，潘××进行现场监护。18:00 左右，新的电动真空破坏门被拉到了现场，此时朱×前往集控室办理开工手续。18:40 左右，开工手续办理完后，现场人员动手拆除了#1 电动真空破坏门的辅助设备，留下四颗紧固螺丝。

19:00 左右，朱×再次前往集控室通知破坏真空，19:11 左右，运行部主任陈××通知值班人员远程打开#2 电动真空破坏门破坏真空。朱×随即回到现场，此时现场监护人潘××（其为现场职务最高的技术人员）决定将#1 电动真空破坏门拆下，以加快真空破坏的

速度，其他检修人员均未持异议，随即现场检修人员一起将最后的四颗紧固螺丝拆下，并使用倒链将#1电动真空破坏门从管道口吊离，放置在作业平台上。正当检修人员忙于整理拆除设备时，突然听到现场监护人潘××的喊叫声，发现其右臂直至右肩部被吸入了#1电动真空破坏门拆除后暴露的管道口，现场人员立即施救，将其从管道口拉出来。后经调查取证并查阅集控室真空监测记录，其被吸入的持续时间为80s，此时间段管道内的真空负压均在−50kPa。事故发生后，潘××被迅速送往医院救治，后因伤势过重，经抢救无效于20:00死亡。

（三）事故原因

1. 直接原因

甘肃电投金昌发电有限责任公司检修维护部汽化专工潘××严重违反电业安全工作操作规程，在管道内的真空未完全破坏完，管道呈负压状态时，心存侥幸，违章指挥、违章作业擅自决定将#1电动真空破坏门拆除，致使管道内的负压将其本人吸入，直接导致事故的发生。

2. 间接原因

甘肃电投金昌发电有限责任公司检修部现场维护人员对潘××做出的违反电业安全工作操作规程的错误决定，没有及时指出并拒绝执行；公司对做好危险性较大分部分项检修工作的安全管理及防护措施落实不到位，在检修接近尾声时，个别管理者和作业人员人心浮动，麻痹大意，公司层面在过程管控上出现漏洞，反映出企业安全生产主体责任落实不好，是导致事故发生的间接原因。

（四）防范及整改措施

甘肃金昌发电有限责任公司要加强对发电设施运行、检修的安全管理力度，教育检修人员熟知并严格执行安全规程，杜绝习惯性违章，构建长效机制，全面落实企业主体责任，避免类似事故再次发生，确保安全生产。

二十二、中电投中电（福建）电力开发公司牛头山水电站
"11·23"电弧灼伤事故

（一）事故简述

2012年11月23日，中电投中电（福建）电力开发公司宁德牛头山水电站在进行110kV升压站设备检修时，1名作业人员被电弧灼伤，从设备上摔落，于27日死亡。

（二）事故经过

2012年11月23日，牛头山水电站110kV升压站处于部分停电检修状态，负责检修的是承包该水电站运营承包单位——福州开发区展鲲新技术有限公司。从公司提供的资料上看，该公司计划在11月21日8:00至11月28日20:00，对110kV升压站内避雷器、母线、断路器、隔离开关做卫生清扫工作。但由于21日、22日下雨，维护清扫就顺延到23日7:10才开始。按照操作票的要求，相关人员将需要停电检修和卫生清扫的断路器、隔离开关断开，接地隔离开关合上，具体按《福建寿宁牛头山水电有限公司电气倒闸（水力机械）操作票》（2012110062～2012110066）进行。

因在检修、卫生清扫期间检修需要电源，所以当时电站#1发电机自带厂用电，处于发电状态，也就是除#1发电机、#1励磁变、#1主变、16A断路器进线端、#1厂用变以及400V厂用电有电外，其他机组、线路都处于停电状态。11月23日12:00，牛头山水电站运营项目部副经理丁×对有关人员交代工作，"110kV升压站停电工作已经操作完，可以进行站内设备卫生清扫工作"。这时维护班黄班长说，维护班有两人去福州论文答辩，维护班人手比较少，请部门安排人员协助工作。丁副经理认为只是配合工作，又是在停电范围内工作，便指派电站负责值班门卫工作的吴×参加110kV升压站卫生清扫工作，并通知了吴×。于是黄班长与龚××、林×、吴×等人到牛头山水电站，准备做110kV工作。13:40左右，龚××、林×、吴×在中控室办理小修工作票，经运行当班值长曾××签名许可后，他们三人从中控室往110kV升压站走去，走到中控室门厅时，龚××叫林×返回中控室拿110kV升压站大门钥匙，林×把手上

110kV 隔离开关绝缘瓷瓶表面盐密度试验专用擦拭布等递给吴×，龚××和吴×就继续向 110kV 升压站走去，到了升压站门口看见大门没上锁，他们就直接走到 16A 开关盒 16A1 隔离开关附近，龚××查看 16A 开关和 16A1 隔离开关已断开，110kV 母线接地隔离开关已合上，但在 16A 开关和 16A1 隔离开关处没有悬挂"运行中"的红布。龚××就初步判断 16A 开关和 16A1 隔离开关间隔内的设备没有通电（龚××在公安笔录时自述），于是龚××就叫吴×把手中盐密度试验专用布递给他，龚××就到 16A1 隔离开关处做盐密度测试。而林×返回中控室拿钥匙时，因钥匙不在中控室，林×就问中控室值班人员吴××钥匙在哪里，吴××说钥匙不在，于是林×就在中控室找钥匙，这时其看到#1 机组正处在运行中。

从事后调取的 110kV 升压站监控录像中可以看到：监控记录显示时间为 14:05:06（监控显示时间比真实时间快 8min），戴蓝色安全帽的龚××走进来，在 16A 开关 A 相这边看了一下，接着往 16A1 隔离开关走去，到了 14:05:13，戴白色安全帽的吴×也走到 16A 开关 A 相旁看了看，这时龚××往回走，在 16A 开关构架旁龚××将手中的布与吴×盐密度测试专用布交换，此时是 14:05:29，交换完布后龚××往 16A1 隔离开关走去，吴×把布放在 16A 开关构架平面上后往上爬，到了 14:06:02 时吴×爬上了 16A 开关构架，起先是蹲着擦 16A 开关 A 相瓷瓶，到 14:06:13 吴×站起来，监控录像瞬间无信号；而也就在这时龚××听到"砰"一声，赶紧从 16A1 隔离开关操作机构上跳下来，接着就看到吴×躺在地上，龚××赶紧往中控室方向跑去并大声喊"有人触电，赶紧过来"。但由于吴×触电后又从 2.5m 高的 16A 开关构架上摔下来，头部受伤严重，虽经医院全力抢救，终因伤势过重抢救无效于 11 月 27 日 10:00 左右在医院死亡。

（三）事故原因

1. 直接原因

根据福建省安全生产科学研究院的《福建寿宁牛头山水电站"11·23"触电事故技术鉴定报告》、《福建鼎力司法鉴定中心司法鉴定意见》的鉴定结论和调查分析，本次事故的直接原因是：吴×没有资质（无特种作业操作证）在高压设备上操作，作业现场没有按照《电力安全工作操作规程》要求的工作程序进行停电、验电、装设接地线、悬挂标志牌和装设遮栏（围栏）等保护安全的技术措施，致使吴×误入带电区域作业，且在距地面 2.5m 的 16A 开关构架上作业，没有使用安全带，以致造成吴×在被电弧灼伤后从高处坠落，全身大面积电弧烧伤 50%深Ⅱ～浅Ⅱ、重型颅脑外伤形成脑疝，导致其死亡。

2. 间接原因

（1）福州开发区展鲲新技术有限公司，中电（福建）电力开发有限公司项目运营分公司对承接的牛头山水电站运营项目管理混乱，电气设备维护维修作业现场安全管理、防护不到位，监督检查不到位。

（2）福州开发区展鲲新技术有限公司对员工安全教育培训不到位，施工人员缺乏必要的安全知识，自我安全保护意识不强。

（3）项目有关人员工作不认真，未履行安全生产管理职责，违反《电力安全工作规程　发电厂和变电站电气部分》（GB 26860—2011）规定，对工作票填写、签发、许可、管理不到位，间接导致事故发生。

（四）防范及整改措施

（1）福建寿宁牛头山水电站要深刻吸取安全生产责任事故的教训，规范承包经营管理，加强对水电运营项目承包单位督查，强化运营项目生产、运营、维修的安全管理，督促运营公司认真贯彻执行有关安全生产的法律法规、作业标准，落实各项安全生产责任制，进一步建立和完善各项安全生产规章制度，发挥工会组织作用，切实加强职工安全生产宣传教育和培训工作，加强班组建设，落实"一法三卡"，增强从业人员安全防护和自我保护意识，自觉抵制违章指挥、违章作业、违反劳动纪律行为，严密防范生产安全事故的发生。

（2）斜滩镇政府要认真履行属地管理职责，加强安全生产责任落实，切实有效加强辖区内生产经营企业的监督检查，认真落实企业安全生产标准化建设，防止各类事故的发生。

（3）县水电管理部门要认真开展水电站的安全生产检查，督促落实企业安全生产主体责任，切实纠正"三违"行业，督促企业提高全员安全意识，确保生产安全。

二十三、神华国能神头第二发电厂"12·20"机械伤害事故

2012 年 12 月 20 日，朔州市神龙实业有限责任公司下属脱硫环保制剂分公司在神华国能神头第二发电厂修理损坏的石膏库大门时，作业人员被装载机铲斗挤压，造成 1 人死亡。

2013 年

全国发电企业电力生产人身伤亡典型事故汇编（2005—2014 年）

一、山西华光发电有限责任公司"1·11"高处坠落事故

（一）事故简述

2013 年 1 月 11 日，山西艺能电力安装有限公司作业人员在山西华光发电有限责任公司 21.6m 平台作业时，发生高处坠落，造成 1 人死亡。

（二）事故经过

2013 年 1 月 11 日 8:00，山西艺能电力安装有限公司柳林项目部吹灰班副班长岳××在#4 炉 16.5m 平台处的值班室主持召开班前会，安排班组成员宋××、贾永×和石子煤班工人高××、刘××、杨××、贾二×共 7 人去#3 炉 21.6m 平台进行吹灰器检修工作。9:00，贾永×对副班长岳××说："你们先走，我抽根烟随后上去。"岳××和宋××、刘××、高××先后从值班室出发到#3 炉 21.6m 平台处作业场所，接着杨××去厕所，贾二×有事下楼。当岳××等人走到#2 角转弯处时发现#3 炉 21.6m 平台处的网格板因施工被揭开并有围栏设置。于是岳××和宋××、刘××3 人绕道进入作业岗位，并指挥高××也绕道进入作业岗位。

9:20 左右，维修风机工人任××和毋×进入作业现场 0m 地面时，任××突然发现有人从高处坠落。岳××在作业时无意中也看到 0m 地面有人围观，中间有一个人躺着，于是岳××叫宋××赶紧下去，看是不是他们班组的人。随即，岳××和刘××从楼梯上跑下去，经核实此人正是吹灰班工人贾永×。

（三）事故原因

1. 直接原因

山西艺能电力安装有限公司柳林项目部吹灰班员工贾永×在从班前会议室到作业地点的途中不按安全路线行走，这是造成这起事故的直接原因。

2. 间接原因

（1）山西艺能电力安装有限公司柳林项目部吹灰班组对员工安全教育不细致，管理不具体，措施落实不到位。

（2）山西艺能电力安装有限公司柳林项目部对员工要求不严，

教育不力，管理不细。

（3）山西艺能电力安装有限公司教育培训不到位，规章制度不健全，领导不力，监管不严。

（4）华光发电有限责任公司对山西艺能电力安装有限公司柳林项目部执行委托运营合同中有关安全条款监督不力。

（四）防范及整改措施

（1）山西艺能电力安装公司柳林项目部要深刻吸取事故教训，切实引以为戒，立即组织开展所有作业场所安全隐患大排查、大整治，认真查找安全管理方面的漏洞、薄弱环节，建立健全安全生产规章制度，严格落实各项安全管理措施。

（2）山西艺能电力安装有限公司要切实加强组织领导，加大教育培训力度，健全完善各项安全管理制度，强化监督检查，确保安全责任落实。

（3）山西华光发电有限责任公司要举一反三、引以为戒，认真开展安全隐患大排查、大整治，强化对委托单位工程安全管理，建立监督检查机制，加大监督检查力度，确保生产安全和施工安全。

（4）各乡镇、各部门要继续深化安全生产百日专项行动，切实加大排查、整治力度，深入查找安全隐患，不断细化防患措施，推进安全生产隐患防治体系建设，确保全县安全生产工作平稳开展。

二、华电新疆哈密热电有限责任公司"1·14"高处坠落事故

2013 年 1 月 14 日，华电新疆哈密热电有限责任公司运行人员在电梯未到位情况下进入电梯竖井，造成 1 人死亡。

三、华能吉林白山煤矸石电厂"2·10"机械伤害事故

（一）事故简述

2013 年 2 月 10 日，白山市江源区诚信服务有限责任公司劳务派遣人员在华能吉林白山煤矸石电厂清理煤场斗轮机时，卡在轮斗和圆弧衬板之间，发生挤压事故，造成 1 人死亡。

（二）事故经过

2013 年 2 月 10 日 3:50，白山煤矸石发电有限公司燃料部燃运三班（当班时间为 0:00～8:00）启动输煤系统，使用斗轮机取北煤场存煤为原煤仓上煤。6:05 上煤结束，6:11 设备全部停止，随即各段值班员开始清理斗轮机各段卫生、积煤。班长丁×通知将斗轮机悬臂皮带拉好拉线，为防止误操作，将动力电源分闸（动力电源控制开关在斗轮机司机室），并挂"有人工作，禁止合闸"警示牌。巡检长孙××检查确定悬臂皮带拉线已拉好后，组织斗轮机司机曹×、斗轮机监护人员孟×、葛××开始清理斗轮机粘煤。由于工作量很大，班长派值班员冯××（死者）、吕××参加清理。在巡检长孙××的监护下，葛××清理悬臂皮带滚筒粘煤，孟×、冯××、吕××在轮斗旁等待二人清理完滚筒后，共同清理轮斗内冻结的粘煤。6:25左右，冯××突然从吕××手中拿过锤子转身钻入轮斗，瞬间内轮斗转动一下并伴随一声呼喊，随即孟×发现冯××胸部卡在轮斗与圆弧衬板之间，并有血迹。巡检长孙××等人立即将冯××救出，并用对讲机向程控及班长说明情况。6:27 程控员拨打 120。6:29，班长陈×到达现场后观察伤者伤势，发现伤者有脉搏，随即通知人员不要触碰伤者，以免造成二次伤害，并找大衣将伤者盖住以免冻伤。6:50，120 急救人员赶到现场对冯××进行抢救，于 7:20 确认冯××死亡。

（三）事故原因

1. 直接原因

作业人员违规进入轮斗内，造成轮斗失衡转动。

2. 间接原因

现场工作人员未按规定将轮斗落到实处，致使轮斗发生转动；清理斗轮机作业人员安全防范意识差，未考虑到突发情况下的安全防护措施；监护人员监护不到位；对派遣的劳务人员管理不到位；对外包单位安全生产工作监督检查和安全管理不到位。

（四）防范及整改措施

（1）白山市江源区诚信服务有限责任公司要认真吸取事故教训，严格落实安全生产法律法规、标准规程和各项规章制度。要进一步加大安全教育培训工作力度，切实增强劳务派遣人员的安全意识和自我防范能力。同时，对作业现场进行一次彻底的安全检查，立即对存在的安全问题和事故隐患进行整改。

（2）白山煤矸石发电有限公司要进一步落实安全生产责任制，加强对外包单位安全生产工作的监督和管理，建立完善各项安全生产规章制度，严格执行安全生产法律法规、标准规程。要在全厂开展安全生产大检查，认真排查、治理事故隐患，严格落实各项安全保障措施，确保安全生产。

四、华润徐州华鑫发电有限公司"3·28"窒息死亡事故

（一）事故简述

3 月 28 日，徐州鸿运粉磨有限公司在华润徐州华鑫发电有限公司脱硫石膏运输装卸作业过程中，运输车司机被石膏埋在运输车厢中，造成 1 人死亡。

（二）事故经过

2013 年 3 月 28 日，徐州鸿运粉磨有限公司铲车驾驶员郝×在华润徐州华鑫发电有限公司石膏库给货车装载脱硫石膏。13:24，货车驾驶员王××驾驶（苏 CY8861）车辆，来到华润徐州华鑫发电有限公司石膏库装卸区。将车停稳后，从车头顶部跳入车辆货厢内。13:30，郝×驾驶铲车开始给王××驾驶的苏 CY8861 装载脱硫石膏。装载完成约 30min 后，新来排队等待装货的 2 辆自卸车驾驶员发现已经装货完毕的车辆一直在原地停留，驾驶员即上前向铲车驾驶员郝×询问情况，此时郝×才发现王××已不在苏 CY8861 货车驾驶室内。随即 3 人开始寻找王××，3 人在没找到王××的情况下，其中一名驾驶员提议将已装载完毕车辆上的脱硫石膏卸载至地面，看一看王××是否被埋在车辆货厢内。货物卸至地面后 3 人经观察发现该车驾驶员王××和货物混在一起，同时还有一把铁锹。此时郝×立即拨打了 120 急救电话，并向公司汇报了事故情况。120 急救人员赶到现场后立即对王××进行了心肺复苏急救，王××经抢救无效当场死亡。

（三）事故原因

1. 直接原因

徐州鸿运粉磨有限公司铲车驾驶员在装载脱硫石膏期间安全意

识淡薄，未能发现驾驶员在苏 CY8861 车辆货厢内，就开始装载作业，这是造成该事故的直接原因。

2. 间接原因

（1）徐州鸿运粉磨有限公司主要负责人未严格履行安全生产管理职责，没有严格监督、检查本单位安全生产工作。

（2）徐州鸿运粉磨有限公司施工现场管理、安全培训不到位，这是造成该事故的间接原因。

（四）防范及整改措施

这起事故暴露出施工单位对施工人员安全教育培训不到位，施工单位对现场安全管理不力等现象，施工现场安全管理巡查不到位，施工人员安全意识淡薄等问题。为吸取事故教训，防止类似事故发生，事故单位要认真贯彻执行有关法律法规、作业标准和操作规程，加强施工工地人员管理，加强安全教育，强化工人安全意识，加强施工现场安全管理，并及时落实整改，防止事故的再次发生。

五、国电山西太原第一热电厂"4·3"机械伤害事故

（一）事故简述

2013 年 4 月 3 日，河南省八达防腐安装公司在国电山西太原第一热电厂磨煤机定检准备工作中，作业人员未经许可擅自打开运行中的磨煤机人孔门检查清扫器，被卷入磨煤机，造成 1 人死亡。

（二）事故经过

2013 年 4 月 3 日，国电太原第一热电厂锅炉分场磨煤机班按照检修计划，准备进行#11 炉#3 磨煤机定期检修维护工作。12:40，磨煤机班检修人员将#11 炉#3 磨煤机定检工作票 C-05-029 审核签发后，送至五期主控制室。

14:16，发电部运行值班员停运#11 炉#3 磨煤机，准备按工作票布置安全措施。在此期间，#11 炉#1 磨煤机排矸立筒故障，运行巡检员王×到#11 炉#1 磨煤机现场检查故障情况，并配合检修人员进行处理。

14:30，磨煤机班工作负责人阎××打电话至五期主控，询问#11 炉#3 磨煤机安全措施布置情况，单元长王××告知安全措施未做，

不能开工，等待通知。

14:40，#11 炉#1 磨煤机恢复正常，运行巡检员王×对其他四台磨煤机检查后，回到主控汇报#11 炉#1 磨煤机故障处理完毕，开始做#11 炉#3 磨煤机检修措施。

14:50，检修人员通知单元长王××#11 炉#1 磨煤机排矸机驱动链条故障，需停运#11 炉#1 磨煤机处理。王××立即通知运行巡检员王×恢复#11 炉#3 磨煤机备用。5min 后，运行巡检员王×汇报单元长王××，#3 磨煤机已恢复备用，检查无异常。

15:11，单元长令#11 炉值班员周×启动#3 备用磨煤机。15:14，五期主控接到电话"有人卷入#3 磨煤机内"，值班员立即紧停#3 磨煤机，并通知相关人员赶到事发地点，组织施救。

15:25，厂公安保卫部消防人员、职工医院医护人员赶至事发现场。

15:30，发现谷××卡在#3 磨煤机排矸立筒内，立即组织人员对排矸立筒进行切割，对受伤人员施救。

17:45，被困人员救出，经医护人员检查，确认已死亡。

（三）事故原因

1. 直接原因

河南八达作业人员谷××在#11 炉#3 磨煤机定检准备过程中，违反安全规定，在工作票安全措施未执行、未办理工作票开工许可手续、未经许可的情况下，擅自打开#3 磨煤机风道人孔门，上半身探入磨煤机内部对清扫器进行检查，这是造成此次事故的直接原因。

2. 间接原因

（1）河南八达对内部安全管理松懈，安全学习教育流于形式，员工安全意识淡薄，自保意识不强，不能严格执行我厂的安全制度、规定，是造成此次事故的主要原因。

（2）锅炉分场磨煤机班对外委维护队伍管理不严，对擅自进入工作现场的人员未及时发现并制止，是造成此次事故的次要原因。

（3）发电部运行值班员在启动前未再次确认磨煤机状态就启动#11 炉#3 磨煤机，也是造成此次事故的次要原因。

（四）暴露问题

（1）河南八达维护作业人员未核实现场实际情况，未经工作负责人许可擅自进行检修作业，暴露出作业人员存在习惯性违章行为，部分人员安全知识匮乏，自身安全意识淡薄，防范人身风险的自保能力较差，"四不伤害"措施执行严重不到位。

（2）河南八达现场管理负责人有章不循，无视《安规》的明确要求，未经工作负责人许可就安排作业人员进入检修现场，暴露出施工队伍的自身安全管理存在较大漏洞，现场安全管理混乱，安全防控措施执行流于形式。

（3）锅炉分场磨煤机班日常安全管理存在较大差距，对外委维护队伍管理流于形式，安全生产责任落实不到位，执行相关规程要求不深不细。

（4）发电部执行"两票三制"存在漏洞，暴露出发电部日常安全管理不到位，运行值班人员未严格执行安全生产工作规定，执行运行规程相关要求存在薄弱环节。

（5）外委维护队伍安全管理存在漏洞。安全监督体系与安全保障体系未充分发挥有效作用，对外委维护队伍管理不到位，仍存在"以包代管"的思想，未形成有效的闭环管理机制，未将外委维护队伍的安全教育真正纳入职工安全教育序列。

（6）班组日常安全管理存在漏洞，班长日常对员工安全教育力度不够，"两会一活动"流于形式，未在员工中形成自我加压、自觉学习《安规》的意识，未养成自觉遵章守则的良好习惯。

（7）安全隐患排查仅注重设备、环境存在的安全隐患，对员工、外委维护人员安全教育中存在的隐患、安全管理存在的隐患认识不足，排查不到位。

（五）防范及整改措施

（1）立即在全厂范围内开展为期一个月的安全整顿活动。以"反违章、防人身、剖析隐患、夯实基础"为主题，从落实各级人员安全生产责任制入手，深抓责任落实与考核，以开展"反三违"为落脚点，杜绝现场习惯性违章，加大查处、考核力度，进一步增强全员安全生产尤其是人身安全工作危机感、紧迫感和责任感。

（2）全面整顿清理外委维护队伍，重新核查外委单位承包合同、安全协议是否严格按照国电华北电力有限公司《外包工程管理规定》办理，杜绝手续不全的外委维护队伍进入生产现场；重新审核外委工程安全、技术、组织措施，派专人指导外委维护队伍完善"施工三措"，严格履行审查程序；重新规范对外委维护队伍的安全教育、安全交底内容，严格执行"三级安全教育"；重新组织对外委维护队伍作业人员持证上岗、安全资质进行确认。

（3）修订完善全厂各级人员安全生产责任制，重点明确各级人员在外委工作管理中的安全职责，结合安全生产整顿月组织全员学习、掌握本岗位的安全职责；强化安全监督、保障体系中各级人员的安全意识，充分发挥各岗位人员的安全监督与保障作用；严格执行华北电力有限公司《外包工程管理规定》，坚决杜绝"以包代管"。

（4）强化外委施工单位安全管理。真正将外委施工人员安全教育纳入我厂正式员工的教育序列，单独建制的外委维护队伍明确管理部门和负责人，按期开展安全活动并建立台账、记录，安全监察部按期进行监督检查。明确各外委维护队伍安全管理人员，将其纳入我厂安全网管理，与全厂安全网一起定期开展活动并形成长效机制。

（5）认真组织开展"反三违"活动。由安监部牵头组织，生技和各单位抽调管理人员组成现场联查组，定期对生产现场进行拉网式排查：对外委维护队伍作业人员现场考问危险因素分析及控制措施掌握情况、外委维护队伍现场监护人到位情况；现场作业人员行为规范，杜绝现场习惯性违章。加大对现场人员违章的考核力度，由人资部负责对违章责任者直接考核到人，对违章行为真正做到"零容忍"。

（6）切实加强"两票三制"管理。重新梳理我厂在"两票三制"执行中存在的问题，严格落实工作票许可制度；严查"两票三制"执行中的违章现象，对责任人加大考核力度；严格落实工作票开工、间断、终结等环节的工作手续，工作负责人和工作班成员之间严格执行工作交接和安全交底程序，对未履行交底程序的，一经发现按严重违章考核。

（7）加强员工日常安全教育，规范班组"两会一活动"。安全整顿月期间，各部门每日组织班组安全日活动，按照厂部要求组织对事故进行分析，组织员工学习《电业安全工作规程》、《反违章管理标准》等。每日组织一个部门，由安全监察部主持，生产厂长参加，全员开展安全活动，以强化职工自觉学习《安规》的意识，提高班组长组织安全活动的能力。

（8）深入开展安全生产隐患排查。扭转思路，深挖安全管理隐患；组织全员参与"自查身边管理隐患活动"，每位员工至少上报一条发现的管理隐患，统一进行确认分析并制订针对性的防范措施；明确各级管理人员参与班组安全日活动，与员工共同学习《电业安全工作规程》、《反违章工作标准》等内容，提高管理人员的安全意识。

（9）开展安全大整顿工作的同时开展劳动纪律大整顿，强化员工遵章守纪的意识；厂领导在全厂政工例会及生产碰头会宣讲企业发展规划和生产经营形势，稳定队伍；各单位行政正职和书记深入班组，做好每位员工的思想政治工作，及时发现、解决员工关注的问题，使员工以积极、饱满的精神面貌安心工作。

六、华润电力河南登封有限公司"4·10"物体打击事故

（一）事故简述

4月10日，武汉久源电力有限公司在华润电力河南登封有限公司#2机组检修工作中，施工人员在未履行工作票手续情况下，擅自拆除发电机人孔盖板，人孔盖板在发电机内部空气压力作用下冲开，致使施工人员被击中，造成1人死亡。

（二）事故经过

根据检修计划，武汉久源电力有限公司定于4月10日晚上对华润电力河南登封有限公司#2发电机进行修前电气试验。为了给晚上的试验做准备，电气领队范××安排电气检修组组长冯××和临时工张×于10日下午将#2发电机组上边的人孔盖和励磁机拆除。冯××询问范××是否已经办理了相应的工作票。范××将4月3日8:17开出的工作票（工作内容为#2机主变、励磁变、高厂变检修，

与安排冯××等人 4 月 10 日下午所做的工作内容不符）交给了冯××。冯××没有认真核对工作票的具体内容，于 10 日 13:40 带领张×来到 12.6m 平台，并安排张×进行人孔盖拆除作业，冯××则开始拆除励磁机，人孔盖和励磁机分别位于发电机的南、东两侧，两人相隔 1m 左右。张×在去掉固定人孔盖的所有螺丝后，发现人孔盖与汽轮机机体还黏合在一起，张×就向人孔盖上的顶丝孔内拧螺丝，准备将人孔盖顶离发电机机体。14:09 左右，张×正向第二个顶丝孔内拧螺丝时，人孔盖受发电机内部空气压力作用，突然脱离机体，并发出一声巨响，飞出的人孔盖撞到张×头部，将张×推倒，侧卧在发电机南侧约 7m 外的汽机房墙体处，人孔盖穿过彩钢瓦质地的南侧墙体（在南侧墙体上留下直径约60cm的不规则圆洞），飞到约 40m 外的厂内道路上。汽机房南侧墙体上大约 $12m^2$ 的玻璃窗受发电机高压气体冲击脱落，散落在汽机房南侧的草地上。

事故发生后，冯××立即跑过去，查看张×受伤情况，同时在汽机房西侧工作的其他人员以及听到巨响的人员先后赶到事故现场并拨打了 120 急救电话进行救援。14:30，120 急救人员到达现场，经检查张×已当场死亡。

（三）事故原因

1. 直接原因

范××、冯××违章指挥是导致此次事故发生的直接原因。

2. 间接原因

武汉久源从业人员安全意识淡薄，思想麻痹，未按照《电业安全工作规程》严格落实工作票作业制度；项目部安全管理机构缺失，安全培训教育不到位，没有设置现场专责监护人，未及时发现从业人员无工作票作业，这是事故发生的间接原因。

（四）防范及整改措施

（1）武汉久源华润电力项目部要做到举一反三，深刻吸取事故教训，认真贯彻执行安全生产法律法规，建立健全安全生产管理机构，进一步落实安全生产责任制，设立现场专责监护人，建立健全隐患排查、登记、报告、整改制度，加强对职工的安全培训力度，提高职工的安全技术水平和安全意识，严格按照《电业安全工作规程》有关规定进行作业，确保安全。

（2）华润电力要加强对外包检修单位的安全生产监督管理工作，排查事故隐患，严防类似事故再次发生。

（3）市科工委、大冶镇要加强对华润电力的日常安全监管，确保所管行业、所在辖区生产安全。

七、华电哈尔滨哈发电有限公司"4·30"机械伤害事故

（一）事故简述

2013 年 4 月 30 日，哈尔滨哈发电力工贸有限责任公司劳务派遣人员在华电集团哈尔滨发电有限公司因违规作业发生机械伤害事故，造成 1 人死亡。

（二）事故经过

2013 年 4 月 30 日 5:30，华电哈尔滨发电有限公司燃料分场储调二班开始储煤作业，燃料一至五段甲、乙输煤皮带运行。6:50 左右，输煤辅助值班员哈尔滨哈发电力工贸有限责任公司进场劳务人员赵×正在现场从事皮带运行监视工作。7:10 左右，燃料运行一段值班员张××发现一段乙皮带有堵煤现象，便从输煤一段往二段巡视，巡视至输煤二段乙皮带尾部时，发现二段乙皮带堵煤，张××立即拉动二段乙皮带拉线开关，停止二段乙皮带运行，并到二段头部查看，发现辅助值班员赵×双脚朝上头部卡在二段乙皮带落煤斗处，人被皮带滚筒卡住，张××立即拨打 120 急救电话，并汇报企业有关领导。7:39，120 急救人员到达现场，确认赵×已死亡。

（三）事故原因

1. 直接原因

赵×在输煤二段乙皮带运行过程中用抹布擦拭尾部滚筒，被滚筒卷住胳膊将身体带入传送带，头部撞到煤斗处，这是事故发生的直接原因。

2. 间接原因

（1）哈尔滨哈发电力工贸有限责任公司对输煤作业现场安全管理、安全检查不到位，对进场作业人员安全教育不到位，作业人员

违反操作规程。

（2）哈尔滨发电有限公司对进场作业人员安全监管不到位，安全教育不到位，安全检查不到位。

（四）防范及整改措施

（1）哈尔滨哈发电力工贸有限责任公司要深刻吸取此次事故教训，加强安全生产管理，加强安全教育和培训，教育员工严格遵守各项安全规定和操作规程，增强安全意识，提高自我防护能力。

（2）哈尔滨发电有限责任公司要严格落实安全生产责任制和各项规章制度，加强安全管理，特别是要加强对进场劳务人员的监督管理工作，加强作业人员的安全教育，增强从业人员的责任感、安全意识和自我防护能力。加强和完善各种设备和设施的安全防护，确保安全生产。

八、华能江苏南通电厂"5·10"触电事故

（一）事故简述

2013 年 5 月 10 日，河南金鑫防腐保温工程公司在华能江苏南通电厂二期 220kV 升压站进行线路检修时发生触电事故，造成 1 人死亡。

（二）事故经过

2013 年 5 月 10 日上班后，南通电厂电气一班班长包××通知电厂检修综合班安排现场搭设脚手架。9:15，南通电厂检修部综合班脚手管理人员邹××带领金鑫公司作业人员庞×堂、庞×祥、杨××、王××、张×、营××6 人来到现场，南通电厂姚××和邹××对上述 6 人进行了安全交底和风险告知，随后金鑫公司作业人员开始搭设脚手架，邹××一直在现场监护。9:40，包××来到现场，提醒金鑫公司作业人员工作地点两侧线路处于运行状态，并要求作业人员注意控制安全风险。

10:00，庞×祥、张×开始搭设位于通三 4645 线 A 相避雷器和电压互感器之间的一根立杆，张×负责把扶立杆、庞×祥负责绑扎铁丝。在完成立杆与 1.2m 高横杆搭接绑扎后，庞×祥去拿铁丝准备

进行立杆和扫地杆之间的搭接绑扎。10:07，立杆毛竹发生倾斜，触碰相邻间隔的通临 2H11 线（运行状态）C 相出线避雷器均压环顶部连接导线处，导致通临 2H11 线路 C 相接地并跳闸，作业人员张×触电，经确认通临 2H11 线路开关分闸后，现场人员立即对张×进行了现场急救，并联系 120 急救车送往南通市第一人民医院进行抢救，张×经抢救无效死亡。

（三）事故原因

1. 直接原因

脚手架搭设过程中，毛竹竿倾斜触碰相邻间隔 220kV 带电导线触电，这是导致该起事故的直接原因。

2. 间接原因

（1）作业人员安全意识淡薄，违反脚手架搭设操作规定。

（2）施工单位安全组织不严谨，安全检查、安全教育不到位。

（3）现场监护人员对现场动态安全监督不到位，未能及时发现和制止作业人员的违章行为。

（四）防范及整改措施

（1）金鑫公司要层层落实安全生产责任制，强化企业安全生产主体责任意识，完善并落实各项安全生产制度。加强对所属分公司日常安全管理，定期和不定期地对所属分公司进行安全检查，进一步完善对分公司人员的安全教育制度，提高员工安全生产意识和自我保护能力。

（2）南通电厂要全面落实企业安全生产主体责任，认真吸取事故教训，举一反三，全面排查安全生产事故隐患。一是要加强对外包工程的管理，督促外包单位进一步加强安全管理责任的落实；针对各项目的安全风险特点，督促外包单位进一步完善组织措施、技术措施和安全措施。二是加强对外包工程施工监护人员的安全教育，提高现场监管人员的风险辨识能力，增强工作责任心。

（3）事故相关单位要根据工程项目施工作业特点改进作业方式，采用安全系数更高的检维修设备、设施，进一步提高危险性较大场所的本质安全度。

九、国电石咀山发电厂"5·21"坍塌事故

（一）事故简述

2013 年 5 月 21 日，江苏溧阳建设集团有限公司在国电电力石咀山发电厂#2 机组 B 引风机改造施工作业中，进行引风机出口烟道内中心风筒拆除工作时，中心风筒因支撑割除后受力不均，发生垮塌事故，造成 1 人死亡。

（二）事故经过

2013 年 5 月 21 日 17:30 左右，在进行#2 机 B 引风机出口烟道内中心风筒拆除工作时，工作人员将中心风筒中部东侧支撑割除后，中心风筒支撑受力不均，失去平衡，垮塌坠落后砸在当时正处在中心风筒下部工作的阴×背部。21:30 左右，阴×经抢救无效死亡。

（三）事故原因

（1）江苏溧阳建设集团有限公司，未认真贯彻执行国家和宁夏回族自治区有关安全生产的法律法规，安全生产责任落实不到位，未对职工进行"三级"安全培训教育。

（2）江苏溧阳建设集团有限公司董事长吕××，全面负责公司生产经营管理工作，是安全生产第一责任人。安全生产责任落实不到位，企业规章制度不完善，对工人的培训教育不落实。

（3）江苏溧阳建设集团有限公司副总经理陈××，分管公司安全生产工作，没有认真履行职责，对安全工作监管不力。

（4）江苏溧阳建设集团有限公司国电宁夏石咀山发电有限公司#2 炉引风机改造工程项目实施负责人廖××，没有认真履行职责，对安全工作监管不力，作业现场监管不严。

（5）江苏溧阳建设集团有限公司国电宁夏石咀山发电有限公司#2 炉引风机改造工程项目拆除施工现场负责人钱××，现场监护不到位，未及时采取措施消除施工现场安全隐患。

（6）国电宁夏石咀山发电有限公司，对施工单位资质备案情况审查不严，在施工单位未在自治区建设厅备案和项目部未成立及人员尚未配备齐全的情况下，允许施工人员进入施工现场进行施工作业，且未将项目安全施工措施报有关部门备案。

（四）防范及整改措施

（1）严格落实安全生产责任制。江苏溧阳建设集团有限公司要完善企业安全生产责任制，明确安全生产责任，做到各司其职、各负其责，认真履行岗位安全职责，并按规定向自治区建设厅申请资质备案。

（2）建立健全企业安全生产管理制度。江苏溧阳建设集团有限公司要在这起事故中吸取教训，牢固树立安全第一的思想，建立健全企业安全生产管理体系，不断完善和落实企业安全生产管理制度和各岗位操作规程、现场作业规程。

（3）加强安全教育培训工作。江苏溧阳建设集团有限公司要严格落实"三级安全教育"培训工作，提高职工安全意识和自我保护能力，做到有培训、有考试，考试不合格严禁上岗作业，从职工思想上杜绝违章作业的发生，确保安全生产。

（4）加强现场的安全监管力度。江苏溧阳建设集团有限公司要立即配备专职安全管理人员，加大隐患的排查力度，严格落实安全生产责任。

（5）国电宁夏石咀山发电有限公司要制订切实可行的措施，加强对外包工程的管理，严格落实各项安全生产制度；督促监理单位加强外包工程施工现场管理，防止此类事故再次发生。

十、华电陕西瑶池发电有限公司"6·27"高处坠落事故

（一）事故简述

2013 年 6 月 27 日，江苏宜兴市张泽耐火电瓷工程有限公司（以下简称"张泽公司"）在为华电陕西瑶池发电有限公司（以下简称"瑶池公司"）#1 锅炉进行小修作业时，发生高处坠落事故，造成 1 人死亡。

（二）事故经过

2013 年 6 月 27 日 7:30 左右，张泽公司 J 阀技改项目现场负责人宗××带领员工朱××、顾×根、顾×明按照工程进度，在瑶池公司#1 锅炉 B 分离器入口平台上搭设脚手架，准备清除 B 分离器中心旋风筒旁边的一块浇筑料。工作开始后，宗××感觉锅炉灰尘较

大，便安排随后到来的安全员凌××去取口罩。10:00 左右，凌××戴着口罩进入到#1 锅炉 B 分离器平台，宗××等人正在搭设第四层脚手架。凌××将口罩分发给正在搭设脚手架的宗××等人后，让在平台上的朱××到第一层脚手架架板上，自己在平台上帮忙将从 B 分离器人孔处递进的 4m 长的钢管接进来递给朱××（由于 B 分离器入口平台空间狭小，需要将钢管调顺），由朱××再依次往上递。10:30 左右，凌××接到第二根钢管，准备调顺钢管，在向后退的过程中踏空坠落，这时朱××刚将手中的钢管递给顾×明，回头准备接第二根钢管时，不见凌××，意识到出了事，便喊了一声"不好，出事了"。紧接着就听到了钢管掉落的声响，人与钢管一起从 B 分离器平台坠落至#1 锅炉内#2 升降平台处（坠落高度 10m）。宗××、顾×明、顾×根听到朱××喊声后，赶快从脚手架上下来，向瑶池公司及 120 急救中心求助。瑶池公司检修人员接到求助后，迅速将#1 锅炉内的#1 升降平台提升到#2 升降平台，将凌××抢救出来，抬上 120 急救车，送往彬县医院进行抢救，由于伤势严重，凌××于 11:40 经抢救无效死亡。

（三）事故原因

1. 直接原因

分离器入口平台未设临边防护措施，死者凌××非工作班成员，擅自参加作业，且未系安全带，违章作业，不慎踩空坠落，这是事故发生的直接原因。

2. 间接原因

（1）张泽公司 J 阀技改项目施工现场负责人宗××现场作业组织不力，施工安全技术措施不完善，对高处作业场所无临边防护的安全隐患未及时采取有效措施进行整改；且未有效履行工作负责人的监护职责，对凌××的违章作业行为未及时制止。

（2）张泽公司 J 阀技改项目负责人俞××对本项目安全生产管理不到位，各级人员安全责任未落到实处，现场作业组织混乱。

（3）张泽公司安全生产责任制落实不到位，对员工安全教育培训不到位，对作业环境风险认识不够，施工现场安全措施采取不到位。

（4）瑶池公司对外包工队作业过程监管不到位。

（四）防范及整改措施

（1）张泽公司J阀技改项目部要认真贯彻"四不放过"的原则，组织全体从业人员召开专题会议，深刻剖析这起事故发生的原因，从中吸取血的教训，杜绝同类事故再次发生。

（2）张泽公司J阀技改项目部要及时组织开展一次全面生产安全大检查，对发现的问题，要逐一明确整改责任人，逐一明确整改时限，逐一落实整改措施。加大安全投入，将事故隐患彻底消灭在萌芽状态。

（3）张泽公司J阀技改项目部要切实加强对从业人员的安全管理，有针对性地开展安全生产教育培训，强化全员安全生产意识，彻底杜绝违章作业现象。

（4）张泽公司要切实加强项目安全生产管理工作。

（5）瑶池公司要进一步加强对外包施工项目的安全生产统一协调管理工作。

十一、广东省粤电集团湛江电力有限公司"7·2"高处坠落事故

（一）事故简述

2013年7月2日，广州市铭鑫机电设备有限公司（以下简称"广州铭鑫机电公司"）作业人员在广东省粤电集团有限公司湛江电力有限公司（以下简称"湛江电力公司"）检查设备保温损坏情况时，从#1机组除氧水箱上格栅平台坠落，造成1人死亡。

（二）事故经过

2013年7月2日凌晨，第6号台风"温比亚"在广东省湛江市登陆。10:30风力停止后，湛江电力有限公司布置台风恢复及台风损失检查工作。广州市铭鑫机电公司驻湛江电力公司保温项目部经理马××接到湛江电力公司检修部主任伍××的电话通知后，于11:00安排刘××、郭××等4人（两人一组），开始检查台风后保温维护项目的损失情况。

刘××和郭××两人为一组，检查#1、#2机组。在检查过程中，

刘××向郭××建议两人分开检查，由锅炉侧到汽机侧，刘××检查 5m 高的#1 机组，郭××检查#2 机组。14:40 左右，郭××从#2 机组除氧器走到#1 机组除氧器时，发现刘××横躺在#1 机组除氧器水箱下面的地上，郭××呼叫躺在地上的刘××，刘××没有反应。由于郭××没有带手机，就取出刘××的手机报告马××（两人的手机通话记录时间为 14:39），马××听不清楚郭××的报告情况，但感知有事故发生，于是慌忙四处寻找。

过了一会儿，郭××见没有人来接应，他就离开事故现场去找人帮忙。14:50，负责巡查台风后楼宇损失情况的湛江电力公司检修部综合维修分部吴××发现躺在地上的刘××，并将其送到湛江市第一中医院抢救，经抢救无效，刘××于 19:15 死亡。

（三）事故原因

1．直接原因

刘××在检查台风后保温维护项目损失情况过程中，在没有搭设脚手架、高空作业车、梯子、移动平台，没有使用安全带或采取其他可靠的安全措施的情况下，进行高处保温维护工作，造成其不慎从 6.4m 高处坠落负重伤，经抢救无效死亡。这是事故发生的直接原因。

2．间接原因

（1）广州铭鑫机电公司驻湛江电力公司保温项目部安全生产责任制不落实，安全管理制度不健全，疏忽对员工的安全教育和培训工作，对现场作业安全检查管理缺位。

（2）湛江电力有限公司检修部未能认真履行安全生产"属地管理"职责，对外承包作业的安全生产组织协调管理不到位。

（四）防范及整改措施

（1）扎实开展死亡事故警示教育。通过"7·2"事故案例对员工进行安全警示教育，要牢固树立以人为本、安全发展的理念，增强员工安全意识和自我保护意识，提高员工"遵章守规，安全生产"的意识，保障员工在生产劳动中的生命安全。要把经济效益建立在安全生产有可靠保障的基础上，坚持"安全第一、预防为主、综合治理"的方针，全面加强企业安全管理，健全安全生产管理规章制度，完善安全标准和安全操作规程，提高企业安全技术水平，夯实安全生产基础；要落实企业安全生产主体责任，坚持依法依规生产，切实加强安全监管，做到"不安全不生产"。

（2）认真落实安全生产责任制。要加强安全生产管理工作，把安全生产责任制落实到每个岗位，要强化作业场所第一线的动态安全管理，突出抓好生产重要环节和重要部位的安全管理，认真落实安全防护措施，严格执行安全生产操作规程，严肃查处"违章指挥、违章作业、违反劳动纪律"的"三违"行为，有效防范和杜绝"三违"行为，使员工真正做到"三不伤害"（不伤害自己、不伤害他人、不被他人伤害）。

（3）加强安全隐患排查治理工作。隐患排查治理，重在落实安全生产检查制度。必须要认真加强车间、班组的日常安全检查制度，做到不存在"死角"、不留"盲点"，一旦发现安全隐患，马上落实整改责任，一抓到底，及时清除。一时难以落实整改的安全隐患，要加强日常 24 小时监控监管工作，防止伤亡事故发生。

（4）强化单位员工安全培训工作。突出抓好企业作业单位主要负责人和安全生产管理人员、特殊工种人员的安全培训工作，有关人员必须经培训和严格考核，按国家有关规定持证上岗，坚决杜绝无证上岗操作的现象；要严格落实岗前"三级培训"制度，职工必须全部经过培训合格后方能上岗。

（5）认真组织协调作业单位之间的安全生产管理工作。湛江电力公司作业环境比较复杂，外来作业人员多，各类交叉作业多。因此，要加强各作业单位的协调和管理，完善事故报告制度，一旦发生事故，及时做好应急救援工作，并按照法定程序上报。

十二、大唐河北武安发电有限公司"7·7"坍塌事故

（一）事故简述

2013 年 7 月 7 日，大唐河北武安发电有限公司（煤矸石电厂）#1 炉渣仓仓体发生垮塌，导致渣仓下部北侧值班室被压埋，造成外协单位武安市鸿瑞电力工程有限公司 1 人死亡。

（二）事故经过

2013 年 7 月 7 日 4:10，大唐河北武安发电有限公司#1 机组负荷 197MW，压力 15.52MPa，床压 8.04kPa，床温 912℃，气温 541℃，DCS 显示渣仓料位 17.11m（渣仓顶平面高 20m，高料位报警值为 18.5m），#1 炉#2 输渣线掉闸，#2、#4 冷渣机掉闸，派人就地检查发现：#1 炉灰渣仓整体倒塌，渣仓坠落地面向东北方向倾斜并压住放灰操作间，造成渣仓下部放灰操作间内 1 名放灰工被困。

事故发生后，按照事故应急救援预案，值长刘××立即向公司值班领导副总工程师李×报告，并下令将渣仓设备停电，停止渣仓放灰用水，隔离压缩空气。同时，公司值班人员宋×立即拨打 119 和 120 电话求救，并向邯郸市安全监管局和河北省大唐分公司报告；4:30，值长刘××令#1 机开始降负荷，开启事故排渣门降床温；6:35，#1 炉负荷 50MW、主气压 2.8MPa、主气温 444℃、床温 556℃，#1 炉手动 BT；6:46，#1 机 211 开关与系统解列。

大唐河北武安发电有限公司副总经理胡××、袁×等接报后立即赶到现场，了解事故情况并启动事故应急预案，指挥本公司抢险队员与武安市消防、医疗救援队伍共同开展救援。

22:14，被困人员救出，经医疗人员检查已无生命体征。

（三）事故原因

1. 直接原因

垮塌的#1 炉灰渣仓构架设计未按建设单位对灰渣仓构架须按 1.6t/m³ 的要求进行荷载计算，而是按照 0.9t/m³ 计算（对事故后灰渣仓剩余灰渣比重进行实测为 1.474t/m³），且灰渣仓设计仅是按照恒荷载计算，未考虑动载和地震因素及安全系数，导致灰渣仓钢结构承载力严重不足，满足不了实际需要，致使灰渣仓钢结构支撑系统在灰渣仓料位达到 17.11m 时失稳、垮塌（灰渣仓料位高料位报警值为 18.5m）。

2. 间接原因

（1）灰渣仓钢结构在工厂制作中，一是违反《钢结构工程施工规范》的规定，下料、组装的尺寸偏差小于设计和规范要求（允许偏差为±3mm）。由于现场无法接近 A-2 立柱，对相邻的 A-1 柱实际测量立柱的横截面实际为 538mm×491mm、设计为 540mm×495mm；二是违反《钢结构工程施工质量验收规范》要求，立柱焊角设计为 10mm，实际为 8.63mm（允许偏差为 0~3.0mm），导致焊缝承载力下降。这是造成事故发生的主要原因。

（2）监理单位未认真履行《建设监理合同》，未对灰渣仓竣工图纸进行审查，未组织设备到场检查，未及时发现灰渣仓设计和制造缺陷，监理不到位，这是造成事故发生的次要原因。

（3）建设单位对设备制造、监理等单位监督检查不到位，这是造成事故发生的又一原因。

（四）防范及整改措施

（1）相关责任单位要结合正在开展的全国安全生产大检查行动，切实做好自查自纠，提升安全管理水平，彻底消除安全隐患。同时，要坚持"安全第一，预防为主，综合治理"的方针，深刻吸取事故教训，举一反三，坚决防止类似事故再次发生，切实保障人员群众生命财产安全。

（2）大唐河北武安发电有限公司#1 炉灰渣仓重建时，灰渣仓设计、制造厂家要提供校核计算书，由大唐武安发电有限公司邀请具有资质的单位进行复核并组织专家进行会检，确保无误；对#2 炉灰渣镊子钢结构除险加固时，要由有资质的单位制订专门方案并组织专家论证后，对#2 炉灰渣仓钢结构进行分步加固处理。

（3）大唐河北分公司要进一步完善电厂项目建设质量控制体系，强化对监理公司的监督管理，堵塞监督漏洞，既要对工程质量、安全、进度进行监理，也要对设备设计、制造进行监理，防止类似事故发生。

十三、中国华电贵港电厂"7·13"触电事故

（一）事故简述

2013 年 7 月 13 日，中国华电工程集团公司分包单位江苏南通三建集团有限公司在中国华电贵港电厂脱硝技改工程氨区污水池内作业时，1 名作业人员发生触电，另 4 名作业人员因施救不当，相继触电，造成 2 人死亡、3 人受伤。

（二）事故经过

2013 年 7 月 13 日 15:30 左右，分包单位江苏南通三建集团有限公司施工人员黄雁×到液氨存储区内的废水池清理杂物。废水池为带人孔封闭结构，池内当时有 40cm 左右深的废水，有一台潜水泵放在水池中。16:25 左右，监理人员阎××和徐××巡视到水池旁，徐××发现有一人躺在水池中，立即下水拉人，阎××则一边呼救，一边打电话通知总监，随后徐××、黄群×亦倒在水池中。附近的施工人员余××、张××看见有 3 人躺在水池中，判断为触电所致。在周围人员拉掉配电箱闸刀，拉起水池中的潜水泵之后，余××、张××2 人陆续到水池里面抢救，但是发现水池里面依旧带电，随后两人亦倒在水池中。周围的其他员工用放电绳放掉水池中电之后，将 5 人一起救上来。周围人员一边做人工呼吸，一边等待医护人员的到来。17:15，5 人被送往医院，其中黄雁×、徐××2 人经抢救无效死亡。

（三）事故原因

1. 直接原因

（1）施工人员黄雁×、徐××在不具备相应特种作业人员操作资格的情况下，私拉乱接潜水泵电源，在连接电源延长线（三芯电缆）和潜水泵随机电源线（三相四线）时，误将一根相线接至潜水泵保护接地线上，致使潜水泵送电后外壳带电，导致了触电事故发生。

（2）南通三建华电贵港电厂脱硝工程项目部对施工用电管理制度执行不严格，有限空间作业组织技术措施不落实，人员培训不到位。没有相应操作资格的施工人员可随意接拆电源，对施工现场安全监督管理不到位，导致了触电事故发生。

（3）死者黄雁×，安全意识和自我保护意识淡薄，未遵守潜水泵安全操作规程以及相关有限空间安全管理要求，作业过程中不了解、不掌握作业环境存在的危险因素，尤其是废水池内潜水泵排水作业危险因素，在没有监护人员，也没有切断潜水泵电源，并且未了解安全环境状态的情况下，进入有限空间作业，导致了触电事故发生。

（4）死者徐××，伤者张××，余××、黄群×安全意识淡薄，自我保护意识差，缺乏自救互救知识，盲目施救，导致了触电事故伤害扩大。

2. 间接原因

江苏南通三建华电贵港电厂脱硝工程项目部安全管理存在漏洞，岗位操作规程不健全，安全教育培训不到位，监督检查不到位，未能及时发现存在的隐患，导致了触电事故发生。

（四）防范及整改措施

（1）建立日常的安全检查制度，对检查中发现的安全隐患要及时排除、彻底整改，保证作业环境和人员安全，防止类似事故发生。企业应该落实安全主体责任，加强安全管理，切实做到"三落实，两有证、一检验"，即落实管理机构、落实责任人员、落实各项制度，设备有使用证、作业人员有上岗证。

（2）施工单位要认真分析事故原因，吸取事故教训，强化企业内部管理，建章立制，落实安全责任，加强对施工人员的安全教育，使从业人员提高个人素质、增强安全意识，确保安全生产。要进一步健全完善企业各项安全生产规章制度、岗位操作规程，制订有效的施工安全防范措施，严格按照安全技术要求进行施工，杜绝和防止盲目施救、违章指挥和违章操作。

（3）进一步加强安全生产管理，安全生产管理人员要深入施工一线，严格执行和完善各项特殊条件下的安全生产技术措施方案，及时处理解决安全生产方面存在的不足，创造良好的安全生产氛围，实现安全生产。

（4）企业应该建立完善应急救援体系，提高应对突发事故的应急救援能力。一旦发生事故，努力使事故造成的人员伤亡和经济损失降至最低程度。

十四、大唐山西第二热电厂"7·27"触电事故

（一）事故简述

2013年7月27日，大唐山西第二热电厂电气工程部作业人员在检修#10机组6kV A段母线时发生触电事故，造成1人死亡。

（二）事故经过

大唐太原第二热电厂#10 机组于 2013 年 7 月 23 日 13:49 由于电网原因停运，根据山西省调要求，停机备用。

由于 2012 年#10 机组脱硝改造施工时电源接在了 6kV A 段母线，因当时脱硝改造工期紧，所以机组检修时#10 机 6kV A 段母线未进行检修。本次#10 机组停备后，决定利用此次机会对 6kV A 段母线进行检修，检修内容为：对 6kV A 段母线工作电源 10BBA03 开关及间隔、备用电源 10BBA06 开关及间隔、工作电源电压互感器及 10BBA01 间隔、母线电压互感器及 10BBA15 间隔、所有负荷开关及间隔进行小修，对 6kV A 段母线进行清扫，开展继保、高压、仪表试验及电缆检查。

7 月 26 日，电气工程部主任李××通知电气工程部配电班班长崔更×准备在 7 月 27 日进行#10 机 6kV A 段母线检修。崔更×向李××提出：因本次检修时间短、任务重，希望能够派人支援。

7 月 27 日，电气工程部主任李××主持召开早碰头会，根据检修计划安排了#10 机 6kV A 段母线检修工作，啜××作为电气工程部低压班班长参加了早碰头会。李××安排当日无检修工作的啜××支援配电班的#10 机 6kV A 段母线检修工作，并交代电气工程部配电班班长崔更×具体安排啜××的工作。

7 月 27 日 10:00，#10 机 6kV A 段母线检修工作票许可开工。工作负责人：郭×。

7 月 27 日 10:20，电气工程部配电班班长崔更×带领啜××进入到#10 机 6kV 配电室 6kV A 段母线检修现场。崔更×向啜××交代了工作范围、工作中存在的危险点、危险因素及防范措施后，安排配电班人员崔少×带领啜××进行#10 机组 6kV A 段工作电源电压互感器 10BBA01 间隔、工作电源开关 10BBA03 间隔吹扫母线、紧固螺丝的工作。班长崔更×在旁听完崔少×向啜××又一次交代了工作范围、工作中存在的危险点、危险因素及防范措施，确认无误后，离开现场进行其他工作。

11:56，现场检修人员休息时突然听到 6kV B 段母线间隔后部有放电声，11:57 发现啜××在 6kV B 段母线 10BBB03 间隔后部触电，立即采取措施，将其脱离带电设备。现场检修人员立即对其实施心肺复苏法施救，并拨打厂内急救电话与太原市 120 急救电话。

12:05，厂医院医务人员到达现场，立即对啜××实施心肺复苏，进行抢救。12:10，送至厂医院继续抢救。12:20，太原市 120 急救中心医务人员到达厂医院与厂医务人员共同抢救。13:00，啜××经抢救无效死亡。

（三）事故原因

1. 直接原因

啜××技术水平不高、安全意识不强，对作业环境风险辨识能力差。

本次检修工作范围是#10 机 6kV A 段母线，在检修人员休息时，啜××未经任何人同意，独自进入非检修范围的带电设备区域，误入带电 10BBB03 间隔工作，导致触电死亡，这是造成本次事故的直接原因。

2. 间接原因

（1）存在严重违章指挥现象。电气工程部主任李××，安全意识淡薄，安排工作不合理，违规安排不熟悉设备、系统的人员啜××（死者）支援配电班工作，并对可能产生的危险未引起足够重视，未采取必要措施，严重违反了在高压电气设备上进行工作，必须有严肃的纪律约束、严格的工作组织和充分可靠的安全技术措施来保证的要求。

（2）开工前现场安全措施布置不彻底。根据《电力安全工作规程》（发电厂和变电站电气部分）第 6.5.4 条规定："在室内高压设备上工作，应在工作地点两旁及对侧运行设备间隔的遮栏和禁止通行的过道遮栏上悬挂'止步，高压危险！'的标识牌"。但在当日的 6kV A 段母线检修时，通向 6kV B 段后部的两侧通道未作相应遮栏，仅在 6kV B 段工作电源开关 10BBB03 间隔后部悬挂"止步，高压危险！"标识牌，造成同一配电室内带电设备与检修设备未能有效隔离，人员可以在带电设备区域与检修设备区域随意走动，使啜××（死者）轻易进入了带电间隔。

（3）作业过程中监护不到位。配电班班长崔更×、工作负责人郭×、专责监护人崔少×，在不熟悉设备、系统的人员噯××（死者）来支援工作后，虽然履行了安全交底，但也只是流于形式，未能真正重视存在的危险性，未能履行本岗位的安全职责，事故发生前的一段时间内都未履行监护职责，导致噯××（死者）在未经任何人同意下，独自进入带电区域，误入带电间隔触电死亡。

（4）职能部室与车间管理人员未能认真履行安全监管职责。

1）未能及时纠正检修现场组织、管理混乱的问题。本次 6kV 母线检修工作涉及电气工程部 5 个检修班组和 23 名检修人员，班组多、人员多、工作量大、作业地点危险性大，本应引起各单位的高度重视，但现场没有人员进行统一指挥。安监部、设备部、发电部只对作业现场进行了简单巡视，没有做到全过程监控，对作业现场存在的违章现象没有实现全面及时掌控。说明各职能部室和车间管理人员在安全监管工作上存在很大的漏洞，人员安全思想麻痹，存在敷衍了事的心理，未能认真履行安全监管的职责。

2）根据我厂"两票"管理规定：当进行多班组作业时，工作负责人应由车间领导或车间专工及以上人员担任。事故发生当日，电气工程部违反"两票"规定，仅指定配电班专责工郭×作为工作负责人，根本无法起到工作负责人对现场多班组监护协调的作用。工作票流转审批过程中，车间工作票签发人，设备部点检签发人，发电部工作票接收人，值长，工作票许可人，安监部、设备部、发电部对工作票的检查人均未发现并指出工作票存在的问题，对工作票没有进行有效监督。

（四）暴露问题

（1）职工安全培训教育不到位。厂部、车间、班组对职工的安全教育力度不够，使职工没有对现场存在的危险因素保持高度警惕并进行有效辨识，没有按照安全生产规章制度要求开展工作。

（2）相关安全制度不完善。厂部对高电压设备检修人员资格没有进行明确规定，导致车间在安排工作时错误认为非高电压设备检修人员可以协助进行高电压设备的检修工作，并且在没有对人员进行有效培训的情况下即进行危险性大的高电压检修工作。

（3）安全措施布置不到位。发电部运行人员布置安全措施时，管理人员检查安全措施时，没有对6kV母线检修中的危险因素给予足够重视，对存在的危险缺乏必要的认识，布置安全措施仅凭多年来养成的习惯与积累的经验进行，导致安全措施不全面、不到位，失去了应有的保护作用。

（4）工作人员制度执行不严肃、安全职责不清楚。工作负责人未能严格执行《电力安全工作规程》中5.6.2条规定"工作负责人、专责监护人应始终在工作现场，对工作班成员进行监护。工作负责人在全部停电时，可参加工作班工作；部分停电时，只有在安全措施可靠，人员集中在一个工作地点，不致误碰有电部分的情况下，方可参加工作"与我厂"两票"规定"工作负责人应由车间领导或车间专工及以上人员担任"的相关要求。

（5）相关安全管理人员的责任意识与管理水平亟待提高。从此次事故可以看出，职能部室与车间安全管理人员主要存在两种问题：一是责任意识差，存在侥幸心理与"好人主义"，没有认真履行职责；二是安全管理水平不高，没有充分认识到存在的危险因素，并及时发现和纠正违章行为。

（五）防范及整改措施

（1）提高全厂职工安全认识，牢牢坚守安全红线。我厂已在7月29日组织开展了"班组安全日"专题活动，厂领导分片参加并进行了指导。要求全厂各单位要认真吸取"7·27"人身死亡事故的教训，牢固树立"安全第一、生命至上"的安全理念，结合本单位实际，认真学习各项安全规章制度和"两票"管理规定，认真查找安全生产工作中存在的问题并迅速加以整改，从根本上提高安全保障能力。

（2）深入开展安全生产大检查活动，务求取得实效。全厂各单位要按照"全覆盖、零容忍、严执法、重实效"的要求，全面深入地开展安全生产大检查，通过厂部检查、部门检查、职工自查等方式，及时排查各类安全生产隐患和各种安全问题，并采取有力措施从根本上解决安全问题。

（3）切实落实安全生产责任，严格禁止违章指挥、违章作业行为。将安全职责层层落实到每个部门、每个岗位、每个作业环节，要求各岗位人员对岗位安全职责全面掌握并严格落实。同时，进一步加强职工安全培训，使每一名职工对本岗位和所处作业环境中的危险点、危险因素及控制措施做到心中有数，增强职工的"四不伤害"意识，堵塞管理漏洞。

（4）切实履行各职能部室的安全监管职责。安监部、设备部、发电部的各级管理人员要认真履行职责、严格把关，每日必须深入现场对日常工作进行检查抽查；对危险性大的工作进行全过程监控；及时发现和纠正工作中存在的违章违规行为并严肃处理、及时通报；对发现的问题与隐患不整改的，追究相关部门负责人的管理责任。

（5）8 月，在全厂范围内开展"反事故斗争月"活动，重点加强"两票"与反人身事故管理。成立以厂长为组长的"反事故斗争月"活动领导组，制订活动方案，内容主要包括各项规章制度的学习，"两票"执行过程中各单位自查自纠及职能部室检查的内容，生产现场违章检查等。

（6）切实加强安全设施的使用管理，从本质上提高安全保障能力和水平。认真吸取事故教训，对于我厂各类危险性大的工作，加强安全设施的资金保障与投入使用，使安全设施真正发挥保护作用。

十五、云南省火电建设公司曲靖项目部"8·4"物体打击事故

（一）事故简述

2013 年 8 月 4 日，中国能源建设集团有限公司所属云南省火电建设公司（以下简称"火电公司"）分包单位云南思瑞达实业有限公司作业人员在国投曲靖发电有限公司磨煤机内进行检修作业时，磨煤机顶部煤块突然坠落，造成 1 人死亡。

（二）事故经过

2013 年 8 月 4 日 19:55，火电公司锅炉维护班夜班值班负责人温××接班，白班值班负责人告之电厂值长电话通知清理 1C 磨煤机风部贴壁煤。

接班后，20:15 温××打电话询问值长 1C 磨电流是否波动大，值长回复电流波动大，需马上办理工作票清理贴壁煤，温××答复打印机有问题，等班长上来处理好打印机后即办理工作票。接着温××电话通知班长吴××需清理 1C 磨内贴壁煤，吴××报告了火电公司维护项目部副经理谷××。

20:40，班长吴××到锅炉维护班修理好打印机后签发了 1C 磨清理贴壁煤的工作票，工作负责人为温××。

21:20，许可#1 炉 C 磨煤机内部贴壁煤清理，检查磨筒入口段 2m 范围贴壁煤较厚。

21:30，温××到值班室对工作成员进行了交底，要求注意安全，防止落物砸伤人。

21:35，姬××、许关×、许桂×、董××携带工具进磨清煤。

22:38，温××通知夜宵到了，所有人员出磨煤机吃宵夜。

23:36，姬××、许关×、许桂×、董××吃完宵夜后重新进入磨内清煤，许关×先进行挖煤，后换许桂×。

23:46，许桂×接手挖侧面粘煤，作业大约 3min 左右，突然发生顶部大块煤脱落，煤块压到胸颈部，导致物体打击伤害。

23:48，姬××跑回锅炉维护班告知煤块砸到人。温××立即电话汇报了吴××，并要求告诉项目副经理谷××，其他人立即跑到 1C 磨内将煤块移开，将被砸人许桂×抬出磨内。

23:57，谷××、吴××坐车赶到现场，立即将伤者用车送沾益县人民医院医治。0:46，许桂×经抢救无效死亡。

（三）事故原因

1. 直接原因

火电公司清煤作业人员许桂×违反作业规程，未先清理顶部积煤且作业站位与可能发生垮塌的积煤安全距离不足。

2. 间接原因

（1）现场作业人员安全意识差，自我防范能力弱，冒险违规作业。

（2）现场作业安全分析及安全交底可操作性不足，作业中工作负责人监护不力。

（3）现场管理人员接到磨煤机发生严重积煤报告，对安全工作环境的变化未引起重视，未现场查看，未及时采取有效防范措施或停止冒险作业。

（4）高风险有限空间内作业规章制度不完善，现场作业安全管理不到位。

（四）暴露问题

（1）安全生产工作是一个系统工程，既要突出重点，也要把握全面，既要盯紧重要时段、重点人员，更要开展全面经常性工作，立足从实际出发，标本兼治。

（2）项目部未认真履行本单位安全管理职责，对作业人员没有严格管理，对职工安全教育不够，造成职工在作业中安全意识淡薄，工作人员违章作业。

（3）工作票签发人对作业中动态安全工作环境变化风险评估不足，未严格审查工作票安全措施及工作安全分析，不定期检查现场安全设施、措施执行情况及现场作业人员规范作业情况不足，导致作业人员习惯性违章。

（4）现场作业管理不力，工作负责人未认真履行安全监护职责，导致作业人员随意性大、违章作业。

（五）防范及整改措施

（1）云南省火电建设公司曲靖项目部应对已有的规章制度进行修改、完善，特别是按照《工贸企业有限空间作业安全管理与监督暂行规定》（安监总局令第 59 号）完善企业有限空间作业安全管理标准。

（2）云南省火电建设公司曲靖项目部梳理完善制粉系统检修现场三项安全技术措施，细化作业指导书及作业人员安全技术交底等有关受限空间作业防止中毒、窒息、高处坠落、垮塌、触电、物体打击、爆炸的安全管理规定，确保现场作业人员清晰理解，有效执行，并组织培训学习，未经培训合格，不得进入作业。

（3）云南省火电建设公司曲靖项目部应全面认真扎实开展高风险作业评估，制订明确的安全防范措施，强化现场作业监护，并严格监督执行。

（4）云南省火电建设公司曲靖项目部应加强对施工现场的安全

监督，并建立作业班组现场安全管理体系，紧紧抓住现场作业人员管理这个中心，广泛开展"反三违"和"四不伤害"活动，加强职工安全生产法律法规及安全技术知识的培训、教育，杜绝违章作业，纠正习惯性违章行为，努力营造一个安全、和谐的工作氛围。

（5）云南省火电建设公司曲靖项目部结合当前全国开展的集中安全大检查，开展全面彻底的安全检查，对查出的问题要按照"五定"的原则及三个100%的要求进行整改落实。

十六、江苏南通天电供热有限公司"8·14"高处坠落事故

（一）事故简述

2013 年 8 月 14 日，华东工业设备安装股份有限公司在江苏南通天电供热有限公司（以下简称"天电供热公司"）进行热网支架维修时，作业人员从 3.5m 高处坠落，造成 1 人死亡。事故造成直接经济损失约 95 万元。

（二）事故经过

2013 年 8 月 14 日 13:30，嘉润公司张××、顾×、周××、吴××4 名人员由周××驾车来到天电供热公司内进行更换受损的水泥支撑柱施工作业，张××为现场施工临时召集人。到达现场后，周××向天电供热公司仓库借用了两层移动脚手架，并搭设好脚手架（两层高为 3.4m）。其间，周××、吴××给现场施工接上临时电源线，顾×在现场清理易燃的干枯树叶，张××登上移动脚手架，准备切割水泥支撑与供热管的金属连接固定点。因移动脚手架高度不足，张××在邻近的一支撑钢管柱上加焊了一小段角铁，作为临时攀高进行切割作业的踏步（此焊点距地面高度约 4m）。15:10，顾×等现场人员听到一声喊叫，张××从上面坠落，脚擦了脚手架，肩膀和头部先后着地。现场人员周××、吴××两人立即将张××抱上面包车，直接送往南通市第四人民医院抢救。8 月 16 日 4:00 左右，张××因伤势过重经抢救无效死亡。

（三）事故原因

1. 直接原因

施工作业人员未系安全带、未戴安全帽，在高处施工作业时突

然坠落至地面受伤，经抢救无效死亡。

2. 间接原因

（1）施工作业人员安全意识淡薄，在无登高作业证的情况下从事登高作业。

（2）施工单位安全规章制度和安全操作规程不健全，使用未取得登高作业资格证的人员从事登高作业，未履行好企业安全生产职责。

（3）施工现场安全管理不到位，施工前未进行安全交底，现场缺少安全监护人员。

（4）事故相关单位安全管理制度执行不严，未认真履行好安全监管职责。

（四）防范及整改措施

（1）嘉润公司要全面落实好企业安全生产主体责任，把安全生产作为企业发展的一项重要工作来抓，认真吸取该事故教训，举一反三，全面排查安全生产事故隐患，进一步完善施工现场登高作业各项安全防护措施，强化现场作业安全监督力度。严禁使用无登高作业资格证的人员从事该施工安装作业，防止类似生产安全事故再次发生。

（2）天电供热公司要加强外包施工单位安全生产管理，落实好企业安全生产的主体责任，全面排查生产安全事故隐患，强化公司内部员工安全生产管理中责任意识，堵塞外包施工环节中的安全监管漏洞，防止类似安全生产事故发生。

（3）市有关行业监管部门要全面落实安全生产责任制，进一步强化行业内部安全生产监管工作，确保全市电力行业健康、有序、安全发展。

十七、郑州裕中能源有限责任公司"8·14"灼烫事故

（一）事故简述

2013 年 8 月 14 日，中电投河南电力检修工程有限公司检修人员在北京三吉利能源股份有限公司所属郑州裕中能源有限责任公司（以下简称"裕中公司"）处理#3锅炉捞渣机停运故障时，#3锅炉掉渣，烫伤 5 人，造成其中 1 人死亡。

（二）事故经过

2013 年 8 月 13 日 22:35，裕中公司辅助控制室电脑显示#3 捞渣机跳闸，辅控值班员刘×安排宋东×现场察看发现，#3 捞渣机刮板卡一焦块，直径约 0.6m，两个刮板被拉弯，链条脱轨。刘×将此事向值长于××进行汇报，于××立即联系中电投河南电力检修工程公司（#3 机组及公用系统维护单位）锅炉班值班人员王××处理。

8 月 13 日 22:50，值长于××向网调汇报#3 锅炉捞渣机故障停运，需降负荷至 600MW 处理，网调同意。锅炉维护单位山西电建裕中项目部经理程××察看现场后，开始组织抢修人员和施工器具，并将检修人员分为两组，夜班由石××带队，白班由丁××带队，抢修#3 捞渣机。

8 月 13 日 23:38，负荷降至 590MW，投入 B 层微油枪。8 月 14 日 2:50，准备破坏捞渣机水封，退出送、引风机自动，炉膛负压调至+100Pa。8 月 14 日 3:00，投入 B 层 4 支大油枪。8 月 14 日 4:50，许可 GL-2013-08-064 工作票（#3 炉捞渣机临时抢修）。

8 月 14 日 7:30，#3 捞渣机链条复位，试启 10m 后卡住，驱动装置工作压力升高至 26MPa 后停运。8 月 14 日 9:50，检修人员打开#3 捞渣机中部人孔门，开启消防水对捞渣机内部灰渣进行冷却。检修现场有裕中公司维护部副经理宋怀×、中电投项目经理孟××、安全总监韩××，山西电建裕中项目部经理程××，安全员李×。

8 月 14 日 10:00，程××安排检修人员进入捞渣机爬升段（如图 12 所示）进行清渣。进入捞渣机爬升段清渣的人员有：李×、丁××、和××、秦××、霍××、朱××、齐石×、齐得×，共 8 人，其中朱××、齐石×、齐得×3 人在距离出渣口 6.1m 处用消防水枪冲渣口，其余 5 人在距离出渣口 7～8m 处清理捞渣机爬升段积渣。

8 月 14 日 10:30，炉膛落灰，烟灰瞬间从出渣口冒出，致使检修人员朱××、齐石×、齐得×、霍××、和××5 人烫伤。事故发生后，裕中公司迅速安排车辆将受伤 5 人送往医院救治。经过治疗，伤员和××于 8 月 29 日出院，伤员齐得×因病情恶化于 9 月 10 日 4:16 经抢救无效死亡。

图 12 发生事故的#3 捞渣机爬升段

（三）事故原因

1. 直接原因

#3锅炉分包维护单位山西省电力建设三公司阳城检修分公司对现场检修人员劳动防护用品穿戴监督落实不到位，造成部分人员现场作业未佩戴防烫服、呼吸器；未严格执行电业安全工作规程，未严格落实工作票安全措施及工人冒险作业。

2. 间接原因

（1）山西省电力建设三公司阳城检修分公司在抢修操作时对抢修工作的危险性认识不足，制定的安全技术措施不完善，对基层班组工作人员的安全教育不到位，对现场抢修人员的安全交底及人身防范措施交代不彻底。

（2）裕中公司对中电投及#3锅炉分包单位山西电建安全监督管理不到位，对新进人员安全教育培训不够深入，对检修人员劳动防护用品配备及穿戴监管不严格。

（四）防范及整改措施

（1）裕中公司要吸取事故教训，全面排查各类事故隐患，加强对《电业安全工作规程》、《工作票、操作票管理制度》的学习和落实，加强分包队伍的安全技能培训，提高检修人员的安全意识和安全技能。加强劳动防护用品的管理，监督落实劳动防护用品正确使用和佩戴。

（2）裕中公司要加强对外委项目部的安全管理，将外委项目部安全管理纳入公司日常管理及考核中，切实做到外委项目部检修维护全过程可控在控。同时强化管理人员的安全管理责任，严格监督安全技术措施的落实，对重大的、危险性较大的工作或现场抢修工作要制定完善的安全技术方案，并现场监督落实到位。

（3）裕中公司要进一步补充完善现场运行、检修规程、《防止电力生产事故的二十五项重点要求》（有关防止人身伤害措施）及事故应急预案，特别应完善捞渣机异常事故处理预案，提高对异常事故处理能力。

（4）裕中公司注册地在新密，按照属地管理原则，建议地方政府及各相关职能部门依据各自职责，加强监管，确保企业安全生产。

十八、新疆能源化工集团玛依塔斯风电场"8·28"触电事故

（一）事故简述

2013 年 8 月 28 日，新疆能源化工集团玛依塔斯风电场的施工单位甘肃新源电力工程有限公司工作人员擅自带领供货单位大盛微电科技股份有限公司人员进入 35kV 配电室，供货单位人员走错间隔，造成 1 人触电死亡。

（二）事故经过

8 月 22 日，大盛微电所供 35kV Ⅰ段母线桥到货，卸货至 35kV 配电室外西侧空地处。甘肃新源、甘肃华研及塔城分公司工程部人员开箱验货时发现所供母线桥绝缘子断裂变形，验货人员拍照取证后，塔城分公司工程部联系大盛微电要求派人员到现场进行修复处理。

8 月 28 日早晨，大盛微电负责处理母线桥缺陷的工作人员胡××到达现场，并电话联系塔城分公司工程部张××。9:00 左右，张××与大盛微电胡××接洽。9:10，张××电话通知甘肃新源项目负责人孙××：大盛微电厂家人员已到，请安排人员到安泰变生产楼大厅接胡××到升压站内查看损坏设备情况。同时，告知胡××暂在大厅等待并交给胡××白色安全帽一顶，然后张××去食堂就餐。

9:17，甘肃新源工作人员姚××（安全员）在大厅外见到胡××，在未与塔城分公司工程部及运行人员打招呼的情况下，直接将胡××（随身携带行李箱）领进安泰变施工现场。

甘肃新源工作人员姚××不熟悉大盛微电所供设备的存放地点，本应将大盛微电胡××带到 35kVⅠ段母线桥存放地点（35kV 配电室外西侧），却将大盛微电胡××直接带到 35kV 配电室东侧。9:20，姚××强行拉开配电室东侧大门，与胡××先后进入配电室，9:22，姚××离开 35kV 配电室，将大盛微电胡××单独留在配电室内。

9:23，大盛微电胡××误将运行中的 35kVⅡ段母线桥当作其公司所供有缺陷的设备，无视运行区域与施工区域的各项隔离警示装置，在既无工作票又无人监护的情况下，自行搬动配电室内施工区域存放的梯子，爬上运行中的 35kVⅡ段母线桥上，打开母线桥顶盖进入 35kVⅡ段母线桥中，随即触电起火，并导致 35kVⅡ段母线短路，母差保护动作。后胡××经抢救无效死亡。

（三）事故原因

1. 直接原因

甘肃新源安全员姚××不遵守《电力安全工作规程 发电厂和变电站电气部分》（GB 26860—2011）、中电投集团公司《电力生产安全规程》和风电场与甘肃新源签订的安全责任协议书规定，在未经许可且未对大盛微电胡××进行安全教育及施工现场交底的情况下擅自进入安泰变；在不熟悉现场设备存放地点的情况下，强行拉开 35kV 配电室大门，将胡××带入错误的工作地点；两人进入 35kV 配电室后，姚××又擅自离开，丧失监护责任，将胡××留在 35kV 配电室单独工作；大盛微电胡××在既无工作票也无人监护的情况下，无视运行区域与施工区域的各项警示标识，误入运行中的 35kVⅡ段母线桥箱内导致触电事故。上述违章行为是导致本次事故的直接原因。

2. 间接原因

（1）甘肃华研监理部作为安泰变增容扩建工程监理单位，现场安全巡查不到位，特别是反"违章"工作开展不力，致使施工现场习惯性违章时有发生。

（2）北方新科作为玛依塔斯风电场一期和安泰变电站的设备维护单位，巡回检查不到位，没有及时发现并向甲方汇报升压站 35kV 高压室门锁存在的问题。

（3）塔城分公司工程部安全大检查不彻底，没有认真执行塔城分公司下发的安全生产大检查方案要求，未认真执行塔城分公司反"三违"管理制度，隐患排查治理不全面、不认真，安全和技术交底工作不彻底、不仔细。

（4）塔城分公司风电场没有认真执行塔城分公司下发的安全生产大检查方案要求，安全大检查隐患排查不彻底，对升压站大门闭锁管理不到位，设备缺陷管理不到位。

（5）塔城分公司安全生产部安全监督管理不到位，安全大检查开展不深入，对各部门安全大检查监督检查不彻底，检查工作留死角，隐患排查治理工作不细等问题没有得到及时发现和整改治理。

（四）暴露问题

（1）塔城分公司安全生产责任不落实，安全生产保证与监督两个体系不能有效运行，安全生产工作监管不到位。分公司安全监管工作不深入细致，对施工、监理、维保单位履行安全生产职责情况检查、督促、考核不到位，现场监管有缺失，隐患治理不彻底。

（2）塔城分公司安全生产大检查和安全督查工作开展不深入。安全生产大检查和安全督查工作开会强调的多，抓落实的少，表面上开展的多，深入实际的少，安全检查不细致，不深入，不彻底，导致安全管理、施工（生产）现场存在的安全漏洞和隐患不能得到及时发现和消除，隐患治理未能做到责任、措施、时限、资金、预案"五到位"，没有真正落实全覆盖、零容忍、严监督、重实效的总要求。

（3）塔城分公司安全生产规章制度执行不力。未能严格执行安全生产管理制度和反"三违"制度，作业性违章、管理性违章、习惯性违章时有发生，有关部门未能按职责和要求对入场人员进行有效的安全管理和安全技术交底，管理制度执行时紧时松，落实不够。

（4）工程参与单位不能认真履行安全职责。施工、监理、维保等工程参与单位对安全工作重视不够，存在重生产、轻安全思想，不能认真组织开展安全生产培训教育、安全生产隐患排查治理等日常安全管理工作，对入场人员未能进行有效的安全技术交底，工作安排不当，安排不熟悉现场情况的人员从事现场工作，人员安全意识较差，违规违章行为屡禁不止。

（5）施工单位施工现场安全管理不严。危险区域安全监管不到位，进入现场不明人员没能及时发现，安全设施存在缺陷，施工器具没能按要求存放，"三违"现象时有发生，对现场管理存在的问题，未能追根溯源，倒查管理原因。

（五）防范及整改措施

（1）结合安全大检查工作和"查违章、堵漏洞"专项活动，塔城分公司要组织全体人员认真学习安规和管理制度，并进行安规制度考试和四种人（负责人、许可人、签发人、动火签发人）资格考试，合格后方可从事相关岗位工作。

（2）塔城分公司要加强"反违章"工作管理。对生产施工现场进行全面检查，重点查习惯性违章现象，认真分析"反违章"工作中存在的问题，并彻底整改。

（3）塔城分公司要加强对施工单位及设备厂家人员进出生产施工场所的管理，对他们进行安规学习，并进行考试，成绩合格后方能进入生产施工现场工作，工作前严格按照安规的规定，对他们应事先告知作业现场和工作岗位存在的危险因素、防范措施及事故应急措施。

（4）塔城分公司要组织风电场、工程部对生产施工现场进行隐患排查、发现隐患立即进行整改，暂不具备整改条件的完善防护设施，悬挂警示牌，制订整改计划，并登记备案，定期检查，并做好记录。

十九、大唐河南信阳发电公司脱硝改造工程"9·3"高处坠落事故

（一）事故简述

2013 年 9 月 3 日，大唐河南信阳发电公司在#4 炉脱硝工程改造过程中，发电部脱硝专业高级主管王××在现场核对资料时，从拆除的格栅处坠落，造成 1 人死亡。

（二）事故经过

按照施工方案，脱硝改造工程在 9 月 3 日需进行 38m A 侧平台喷氨管道向下延伸的作业。施工方河南火电二公司安排该项作业负责人雷××带领工作班成员侯××，于 9 月 2 日 15:00，在脱硝改造工程 38m A 侧喷氨管道阀门下部格栅平台两侧加装临时隔离遮栏（遮栏高 0.96～1.2m）。

9 月 3 日 9:00，雷××、侯××将该处管道阀门正下方格栅拆除（长 1.5m，宽 0.77m），准备进行喷氨管道吊装工作，因没有携带作业使用的起重葫芦，两名作业人员离开作业点取起重葫芦。同时，该项工作安全监护人员张××在同层东侧固定气瓶，不在该作业点。

9:30 左右，信电公司发电部脱硝专业高级主管王××开完生产早会后，携带脱硝相关资料独自进入#4 炉脱硝改造现场，翻越 38m A 侧喷氨管道阀门处设置的临时隔离遮栏，从拆除格栅后孔洞处不慎坠落，穿破设在 28m 和 16.4m 的两层安全防护网后坠落至 0m 地面。

事故发生后，现场人员立即拨打 120 急救电话，120 救护车于 9:53 到达现场，王××经抢救无效死亡。

（三）事故原因

1. 直接原因

河南火电二公司在拆除格栅后未按规定（安全网国家标准 GB 5725—851.3.5.2）设置合格有效的安全防护措施、警示标志且现场安全管理人员擅离职守，留下安全隐患，导致王××越过隔离遮栏后坠落。

2. 间接原因

（1）河南火电二公司未对施工现场安全进行有效监督，施工作业区域无专人值守、交叉作业人员随意进入施工，封闭式管理规定流于形式。

（2）苏州天河公司专职安全监理人员所提供的监理资格证书不符合要求，未对施工项目实施有效监理，未及时发现和督促作业现场的安全防护措施。

（四）防范及整改措施

（1）各事故责任单位要从这起事故中深刻吸取教训，强化内部管理，进一步健全各项规章制度，要加强对员工的安全培训教育，有效督促员工在作业时正确穿戴劳动防护用品，加大对生产人员危险源辨识知识的教育培训，掌握岗位所需的安全生产知识，提高对危险因素的识别控制能力，增强职工的自律意识和安全防护能力，杜绝违规违章作业，严防因违规违章操作酿成事故。

（2）河南第二火电建设公司要规范施工现场管理，加强对施工现场的监督和检查，强化事故隐患排查治理，切实按照建筑工程有关规范做好施工现场各临边、洞口及危险场所的安全防护措施，确保企业施工现场的安全生产工作。

（3）苏州天河公司要认真履行安全监理职责，加强对施工项目的现场监理；要加大安全检查的力度，及时发现、纠正存在的安全隐患；对安全隐患整改不到位的，要采取果断措施予以处理，绝不允许项目部带着问题和隐患进行施工作业。

二十、新疆石河子国能能源投资有限公司天河分公司"9·17"坍塌事故

（一）事故简述

2013 年 9 月 17 日，新疆石河子国能能源投资有限公司天河分公司（装机容量 2×33 万 kW）作业人员在处理#1 炉#1 脱硫岛 2-2 灰斗积灰时被积灰掩埋，造成 1 人死亡，直接经济损失 85 万元。

（二）事故经过

2013 年 9 月 15 日，天河分公司按计划于 14:10 开始停运#1 炉，16:51，#1 炉停运，#1 脱硫岛于 15:12 退出运行。9 月 16 日，燃料、脱硫分场工作负责人吴××办理一张热力机械工作票。在清灰工作前，分场主任孙×和工作负责人吴××共同交代了工作票的安全措施，安全措施中明确规定"灰位不明，禁止进入灰斗"。9 月 17 日清灰工作开始，清灰人员分为若干组分别对#1 脱硫岛的 6 个灰斗进行清灰工作。检修工焦××、刘××、赵×分在 2-2 灰斗清灰，当灰位清至人孔门以下，在不清楚灰斗内状况下，经三

人商量决定进入灰斗清灰，刘××在搭好平台后，首先由人孔进入灰仓，焦××随后也由人孔进入灰仓，刘××、焦××进入灰仓时未系救生绳，赵×在人孔门处进行监护。在清灰过程中，灰仓侧面贴壁积灰突然垮落，焦××被掉落积灰掩埋，刘××被掉落的积灰推至人孔门。事故发生后，焦××距人孔门较远，被积灰冲倒埋在灰斗中，天河公司燃运、脱硫分场组织人员从充气箱放灰，从人孔门搭板子进行援救，同时通知 120 急救车到现场，继续组织进行救援，18:17 左右，工人卢××进入灰斗，在灰斗内发现焦××，并在仓外人员的帮助下将焦××救出，经医护人员确认焦××系窒息死亡，刘××受伤住院治疗。事故造成直接经济损失 85 万元。

（三）事故原因

1. 直接原因

清仓作业人员对仓内情况不明，在安全防护措施不到位的情况下，擅自进入灰仓进行清理工作，造成 1 名作业人员死亡，1 名作业人员受轻伤。

2. 间接原因

（1）天河分公司规章制度不完善，未制定受限空间作业规程和清仓作业安全操作规程。

（2）安全管理混乱，清仓作业工作票指定负责人未参加清仓作业。

（3）建设项目未履行建设项目安全生产"三同时"手续，燃料、脱硫分场安全防护设施验收人未到现场进行验收。

（4）安全生产培训教育流于形式，现场作业人员对清仓作业危险源辨识不清。对危害性认识不足。

（5）事故发生后，抢险救援组织不力，一名工人擅自进入灰仓施救，未佩戴保险绳，掉入灰斗底部，呼吸道被灰粉呛住，受轻伤。

（四）防范及整改措施

（1）天富热电股份公司、国能能源投资公司和天河分公司党政领导班子要牢固树立以人为本、安全发展的理念，坚持"安全第一、预防为主、综合治理"的方针，认真吸取"9·17"事故教训，加大隐患整改工作力度，对隐患整改工作要不留后患、彻底治理，坚决杜绝违章指挥、违章作业、违反劳动纪律的行为，严密防范各类事故的发生。

（2）尽快制定科学合理的清仓作业规程、受限空间作业和清灰作业安全操作规程。清仓作业必须从上往下顺序清理。要对清灰工艺不合理、不安全的方面进行技术改造。

（3）切实加强安全生产管理工作，完善安全生产规章制度，严格落实各级安全管理责任，重点加强对作业现场监督检查和管理。应尽快充实天河分公司安全生产管理机构人员。

（4）加大管理人员和作业人员的安全教育、培训工作力度，提高管理人员的安全管理水平，增强作业人员防范意识，提高安全技能。要组织职工认真学习作业规程、操作规程和安全专项措施，加大对作业场所危险源辨识的宣传学习力度，对危险源要有充分的防范能力。

（5）加强事故应急救援管理工作，制定完善应急救援预案，确保迅速、有序、稳妥组织施救，严防事故扩大和发生救援事故。

二十一、国电达州发电有限公司#32 锅炉低氮燃烧器改造工程 "9·18" 高处坠落事故

（一）事故简述

2013 年 9 月 18 日，国电达州发电有限公司安全员在开展节前安全检查过程中，当翻越吊装孔处设置的安全围栏时，发生高处坠落事故，造成 1 人死亡。

（二）事故经过

2013 年 9 月 18 日 9:30，国电达州公司安排相关生产部门负责人、安全员及外委单位项目经理和安全员共计 20 人分两个检查组对生产现场进行节前安全大检查。9:40，两组人员对#32 锅炉低氮燃烧器改造工程施工现场进行检查，第一组由国电达州公司安监部主任马××带领江×、张×等 8 人，从#32 锅炉汽包平台 63.7m 层自上而下开始检查，第二组 12 人从 44.2m 层自上而下进行检查。9:55，第一组检查人员自上而下步行至 38m 层（38m 层至 34.2m 层处因施

工需要已进行隔离，张×等5人便返回44.2m层电梯口区域，准备乘坐电梯下行至34.2m处楼梯再进行检查。10:00，检查人员江×擅自翻越#32锅炉#1角处设有禁行标志安全隔离栏杆后，行至38m至34.2m楼梯燃烧器改造吊装孔时（35.5m处），江×不慎从35.5m吊装孔处坠落至12.6m层，受重伤。事故发生后，现场人员立即进行现场紧急救治，同时拨打120急救电话。10:17，东岳乡医院医护人员到达现场后进行抢救治疗。10:45，120急救车到达现场，迅速对伤者进行抢救。11:06，伤者江×经全力抢救无效死亡。

（三）事故原因

1. 直接原因

国电达州发电有限公司设备部通讯主管江×，在进行安全大检查时，擅自翻越#32锅炉#1角处设有禁行标志安全隔离栏杆，不慎从35.5m吊装孔处坠落至12.6m层。

2. 间接原因

（1）国电达州发电有限公司对员工安全生产教育、培训不力，致使员工安全意识差。

（2）烟台龙源电力技术股份有限公司#32锅炉低氮燃烧器改造工程项目部，对施工现场外来人员的安全监管防护不到位。

（四）防范及整改措施

（1）加强领导，落实责任，切实提高对安全生产工作的认识。"9·18"事故的发生暴露出企业安全生产工作责任不落实、管理不力、监控不到位等诸多问题。公司要高度重视，加强领导、落实责任，要以高度的政治责任感和使命感，进一步层层落实安全生产责任制，尤其是要落实主要领导和主要负责人的安全生产责任，将责任层层分解落实到基层，一级督促一级，一级对一级负责，层层抓落实，确保安全生产。

（2）国电达州发电有限公司要深刻吸取"9·18"事故血的教训，认真总结分析事故原因，进一步完善完全管理制度。加强对施工现场的安全监管，加大隐患排查力度，及时发现、纠正不安全行为，防止类似事故发生。

（3）烟台龙源电力技术股份有限公司#32锅炉低氮燃烧器改

造工程项目部要健全机构，配备专职的安全管理人员，制订安全技术措施，要加强对施工现场的安全监管，根据电力工程施工的特点，有针对性地制订施工方案和应急预案，把安全措施落实到实处。

（4）国电达州发电有限公司要加强对施工现场的安全监管，督促施工单位严格按照施工设计、施工方案进行施工，加大隐患排查力度，发现隐患及时通告施工单位，并督促整改落实。

（5）国电达州发电有限公司、烟台龙源电力技术股份有限公司要进一步加大对企业管理人员和从业人员的安全培训教育力度，切实提高企业的安全管理水平和从业人员的安全意识。

二十二、新疆石河子国能能源投资有限公司天河分公司"9·20"坍塌事故

（一）事故简述

2013 年 9 月 20 日，新疆石河子国能能源投资有限公司天河分公司（装机容量 2×33 万 kW）作业人员在处理#1炉#1脱硫岛 2-1 灰斗积灰时被积灰掩埋，造成 1 人死亡。

（二）事故经过

2013 年 9 月 20 日早晨上班后，石河子市国能能源投资有限公司天河分公司燃料脱硫分厂组织人员处理#1炉#1脱硫岛灰 2-1 斗内积灰。工作现场负责人姚××，分配完任务后，各小组即开始工作。事发地点 2-1 脱硫灰工作人员为 5 人，有 3 人进去站在搭的夹板上工作，外面留有 2 人，工作 6～7min 后，副主任姚××在灰斗内检查积灰清理的情况（当时因查看仓内情况，检查时不断在仓内搭建的上下三层夹板间移动，故未挂安全带）。查看后，姚××准备离开，这时上部东侧的积灰滑坡，将姚××带入灰斗内搭设的平台下方，埋压在灰中。事故发生后，灰斗内 3 名工作人员当即实施救援，12:33 左右将姚××的头部扒出灰面，立即进行人工呼吸，随后将姚××救出灰仓，10min 后将姚××抬到厂房外面的地面，此时 120 急救中心医护人员已到达现场，经医护人员近 40min 抢救无效死亡。

（三）事故原因

1. 直接原因

天河分公司燃料脱硫分厂副主任姚××在清仓作业检查过程中因空间狭窄，粉尘浓度大，作业环境恶劣，并且未将安全带系扣在作业平台的构建上。

2. 间接原因

（1）主体责任落实不到位，天河分公司规则制度不完善，未制定受限空间作业制度和清仓作业安全操作规程。

（2）安全生产培训教育流于形式（针对受限空间作业的安全教育内容缺失）。

（3）现场安全监护措施不到位，未制订相应的应急措施，现场监护人员由学员担任，未经过相关的培训，监护能力不高。

（四）防范及整改措施

（1）新疆天富热电股份有限公司、石河子市国能能源投资公司天河分公司党政领导班子要牢固树立以人为本、安全发展的理念，坚持"安全第一、预防为主、综合治理"的方针，认真吸取"9·20"事故教训，加大隐患整改工作力度，对隐患整改工作不留后患，彻底治理，坚决杜绝违章指挥、违章作业、违反劳动纪律的行为，严密防范各类事故的发生。

（2）按照国家相关法律法规要求制定科学合理受限空间作业制度和清灰作业安全操作规程。彻底对清灰工艺不合理、不安全的方面进行技术改造。

（3）切实加强安全生产管理工作，完善安全生产规章制度，严格落实各级安全生产管理责任，重点加强对作业现场监督检查和管理。应尽快充实天河分公司安全生产管理机构人员。

（4）加大管理人员和作业人员的安全教育、培训工作力度，提高管理人员的安全管理水平，增强作业人员防范意识，提高安全技能。要组织职工认真学习作业规章制度、操作规程和安全专项措施，加大对作业场所危险源辨识的宣传学习力度，提高防范事故的能力。

（5）加强事故应急救援管理工作，制定完善应急救援预案，杜绝生产安全事故发生和扩大。

二十三、华能内蒙古上都发电有限责任公司"9·21"高处坠落事故

2013 年 9 月 21 日，福建龙净环保股份有限公司的分包单位江苏扬安集团有限公司在华能内蒙古上都发电有限责任公司进行#1机组脱硫吸收塔的拆除工作时，发生坍塌事故，造成 4 名作业人员从高处坠落死亡。

二十四、中电投黄河水电公司青海拉西瓦水电站"9·29"火灾事故

（一）事故简述

2013 年 9 月 29 日，河南长兴建设集团有限公司在中电投黄河水电公司青海拉西瓦水电站进行坝面保温板补贴工作时，大坝 19 坝段附近坝后保温板起火，造成 2 名乘坐高空作业吊篮的作业人员死亡。

（二）事故经过

2013 年 9 月 29 日下午，金发公司 106 工程处外包队民工安××和肖××在拉西瓦水电站大坝左岸效能区钢栈桥（俗称马道）用电焊机、氧焊机将原来施工期的临时木制悬梯改造为永久钢制悬梯时，长兴公司项目施工队张振×和张伟×正在大坝坝体背侧下游面铺贴外立面保温层。由于金发公司 106 工程处外包队民工安××、肖××在悬梯上焊接护栏时，未采取防护措施，违规进行电焊作业，造成电焊金属熔融物从木板缝隙中溅落到第二层平台，先后三次引发保温材料碎屑起火。因前两次火势较小，经安××、肖××采取措施及时将起火点扑灭，第三次因火势较大，扑救无果，安××、肖××逃离现场。火势进一步蔓延，正在上层吊篮中作业的长兴公司项目施工队张振×、张伟×未能及时逃离现场，造成两人死亡。

（三）事故原因

1. 直接原因

拉西瓦水电站大坝外立面保温铺贴工程和左右岸消能区钢栈桥（马道）维修工程施工存在交叉作业现象，金发公司施工人员违章作业，在施工过程中没有采取任何有效防护措施，违规进行电焊作业，使得电焊金属熔融物溅落到下方平台上的保温材料引发火灾。

2. 间接原因

（1）金发公司和长兴公司在施工过程中没有做好协调处理，交叉作业、安全措施未到位。

（2）水电三局、金发公司、长兴公司和中水东北勘测设计研究有限责任公司拉西瓦工程建设监理部监管工作不到位，对工程项目管理规章制度执行不严，造成工作失职。

（3）长兴公司对废弃的保温材料清理不及时，对存在的安全隐患排查重视不够。

（四）防范及整改措施

（1）加强项目管理，建立健全安全质量管理制度。工程施工业主企业要规范合同管理，制订安全生产措施和责任制，加强安全生产日常管理，严格监督施工单位的现场工作情况。施工总包企业责成分包单位在施工现场可能出现火灾的区域设置灭火器，做到防患于未然。加强工程施工过程中的交叉作业管理，及时排查交叉作业，过程中的安全隐患，并针对查出的问题制定行之有效的整改措施，并加以落实。同时，施工单位要加大对作业人员的安全教育培训，提高其安全意识，增强安全操作技能，特别是对特种作业人员必须严格进行培训，并要求具备特种作业证书，坚决杜绝无证上岗的情况发生，施工企业要落实安全责任制，项目主要负责人、专职安全管理人员必须加强日常安全生产的监督检查，划定易燃、易爆、危险品的存放区域，保持与明火作业面25m的防火间距并严格控制领用材料数量，规范材料堆放，保证安全。

（2）监理单位切实落实履行监理职责。按照建设工程监理规范及《建设工程安全生产管理条例》，工程监理单位要在施工准备阶段严格审查工程总包单位、各分包单位的资质并提出审查建议，同时严格施工阶段的日常管理，对违反国家强制性标准的不安全行为，及时制止并下达整改通知，整改不到位的，立即上报建设单位和安全生产监管部门。

（3）加强对施工现场各类安全隐患的排查整治。一是加强对施工现场火灾隐患的排查整治。对施工现场所有的草衬、泡沫等易燃易爆物品清理出场，并在施工现场配备水桶、灭火器等消防器材。二是凡属一、二、三级动火范围的焊、割作业，未经办理动火审批手续的，不允许施工单位进行焊、割作业。三是加强对施工企业用电线路及设备检查并组织人员对所有施工现场的用电线路进行检查，对老损、老化的线路进行及时更换，对施工现场周边存在的易燃、易爆物品及时清除现场，对超负荷运转的用电设备进行及时休整，坚决杜绝各类危害安全生产行为的发生。

二十五、国电汉川电厂#1机组烟气脱硝工程"10·3"坍塌事故

（一）事故简述

2013 年 10 月 3 日，浙江菲达脱硫工程有限公司的分包单位武汉翼达建设服务有限公司在国电汉川电厂#1炉脱硝建设工程塔吊安装过程中发生坍塌事故，造成 4 人死亡，2 人受伤。

（二）事故经过

2013 年 10 月 3 日 7:30 左右，兰××、周×、丁××、张席×、陈×、张海×、李××来到#1 机组脱硝工程塔吊安装工地，继续前一天塔架升高的塔身第七标准节顶升工作。负责人、班长、安全员兰××安排周×、丁××、张席×、陈×、张海×到塔架上施工，李××因脚痛留在地面挂钩。8:06，塔吊顶升部分（起重臂、平衡臂、塔帽、回转支承总成、顶升节及司机室）发生坍塌，第五、第六、第七标准节被撕裂。兰××、张席×、丁××三人坠地，兰××、张席×两人当场死亡，丁××在送往医院途中死亡；周×被救下塔架时已无生命体征；陈×、张海×被成功救下，因颅脑损伤、头皮裂伤、颜面及全身多处软组织损伤等被送往医院救治。

（三）事故原因

1. 直接原因

安装作业人员违章操作是这次事故发生的直接原因。

（1）在第七标准节的所有顶升行程未顶升完，新顶升标准节与旧标准节未固定的情况下下班，将应完成的工作留作第二天的任务。

（2）下班后，顶升时所吊配重物一直挂在吊钩上持续一整夜。

（3）在没有使起重臂与平衡臂平衡、顶升部分的重心与顶升油缸重合的情况下进行顶升作业，致使起重臂与平衡臂更加不平衡。

（4）在顶升辅板承重销没有完全插入承重挂板的情况下进行顶升作业，致使承重销脱落，导致事故发生。

2．间接原因

（1）武汉翼达建设服务股份有限公司安全管理不到位，制度不落实。塔吊安装中安拆经理监控不到位，对现场情况未及时掌握，出现违章行为未及时纠正。两名安装职工无安装操作资质证件却在现场施工。在公司尚未签订项目合同、安装部尚未对设备在汉川施工进行备案、安全部未介入此项目的情况下，违规进行设备安装。公司未派专业技术人员现场指挥安装。部分安装作业人员在高处施工未使用安全带、劳保鞋等安全防护用品。

（2）项目参与公司多未履行法定手续，项目整体呈现无序状态。总承包方浙江菲达脱硫工程有限公司在组织脱硝工程施工中，没有严格执行国家的法律法规，将安装工程发包给浙江诸安建设集团有限公司。浙江诸安建设集团有限公司又在未与武汉翼达公司完全签订塔吊等设备服务合同的情况下，允许武汉翼达公司进场安装设备，致使多个施工单位现场施工，施工现场管理混乱。

（3）湖北鄂电建设监理有限责任公司管理混乱、监理责任未落实。主要表现为：公司安全生产主体责任不落实，未与项目监理部签订安全生产责任书；总监无注册监理资质、部分监理人员资质过期；在未签订项目合同的情况下违规进场监理；项目部的管理制度不健全、不落实，监理工作秩序混乱，对施工项目的相关手续审查不到位；总监未认真履行监理职责，没有"监理规划"、"监理细则"和"监理月报"，监理日志很不规范、很不全面，重点部位和关键工序及危险性作业的监理记录很少；对施工项目安全生产检查和隐患排查流于形式，尤其是没有把塔吊安装纳入监理工作内容。

（四）防范及整改措施

（1）深入贯彻科学发展观，牢固树立以人为本、安全发展的理念。全市上下要进一步提高思想认识。牢固树立和落实科学发展观，牢记安全生产事关人民生命财产安全，事关改革发展稳定大局，责任重大；坚持"安全第一，预防为主，综合治理"方针，始终把人民生命安全放在首位，大力增强责任意识、忧患意识、担当意识，将安全发展理念入脑、入心、践于行，坚持"底线思维"，切实履责，整体联动，齐抓共管，努力营造人民群众生产、生活的安全环境。

（2）把企业的安全生产主体责任摆在突出位置。参加项目建设相关企业要严格遵守国家法律法规，真正承担起企业的安全生产主体责任。武汉翼达建设服务有限公司要进一步加强经营过程管理，对分公司的经营活动严格管控，严格合同管理、落实各项制度，杜绝违章行为。浙江菲达脱硫工程有限公司、浙江诸安建设集团有限公司要强化法治意识，认真履行法定手续，杜绝无合同保障的经营活动。湖北鄂电建设监理有限责任公司要按规定和要求配足合法监理人员，规范监理程序，切实履行职责，采取有效的方法和措施，制止施工中的不安全行为，确保所监理工程生产安全和质量安全，真正承担起法定的监理职责。

（3）认真落实各级安全责任，构建层次清晰、权责分明的责任体系。全市要按照"党政同责、一岗双责、齐抓共管"的要求，细化责任分解，明确岗位工作职责，强化责任落实。各级各部门要做到守土有责、守土负责、守土尽责，把安全生产责任扛在肩上，将各级党委政府的领导责任、各级主管部门的管理责任、监管部门的监管责任落到实处，形成层次清晰、权责分明、人人身上有责任的工作格局。

（4）进一步加强管理，完善市场机制。各行业主管部门和监管部门要进一步加强电力建设行业、建筑市场管控，着力规范电力建设和建筑市场秩序，严查电力建设和建筑市场的非法违法行为，认真落实《中华人民共和国电力法》、《中华人民共和国建筑法》、《中华人民共和国安全生产法》等法规，各类建设工程的承发包活动必须依法进行，严禁转包和违法分包，督促企业认真履行安全生产工作职责；通过动态监控、检查等措施，有效加强对电力建设行业、建筑市场的管理，建立长效机制，确保各项政策、法规、制度和措施执行到位。

（5）进一步落实政府职能，强化属地安全管理。地方各级政府要认真总结吸取此次事故的教训，理顺发展理念，全面提升安全意识，认真研究辖区安全生产工作，落实安全责任，改进工作机制，充实监管力量，督促相关部门严格履职尽责，强化监管。各级建设主管部门要针对此次事故教训，举一反三，立即开展辖区内建设工地安全隐患大排查，采取有效措施落实企业主体责任，坚决防控各类事故的发生。

二十六、申能吴泾第二发电厂"10·13"高处坠落事故

（一）事故简述

2013 年 10 月 13 日，上海海盛建筑安装有限公司在申能吴泾第二发电厂#2 炉技术改造项目施工中，发生高处坠落事故，造成 1 人死亡。

（二）事故经过

2013 年 10 月 13 日 14:10，上海海盛建筑安装有限公司负责的申能吴泾第二发电厂#2 炉节能技术改造项目施工中，在#2 炉送风机B 消音器处，作业人员梁××在作业过程中发生高处坠落事故。发生事故后，施工单位立即将伤员送至吴泾医院抢救，后转至上海市第五人民医院、华山医院救治。10 月 14 日 21:15，梁××因伤势过重经抢救无效死亡。

（三）事故原因

本次事故是由起重机械引起，经上海市闵行区技监局调查取证，最终认定为一起由特种设备引起的意外事故。

二十七、江苏镇江发电有限公司脱硫改造工程"10·15"高处坠落事故

（一）事故简述

2013 年 10 月 15 日，四川省自贡市龙城建设工程有限公司在江苏镇江发电有限公司三期#5 机组脱硫改造工程施工中，施工人员未将安全带挂在固定架上，发生高处坠落事故，造成 1 人死亡。

（二）事故经过

2013 年 10 月 15 日上午，龙城公司钳工路××在脱硫改造工程#5 机组离地面 11m 的平台上方约 2m 处进行烟道割除工作，8:00 左

右，路××将平台西侧烟道铁板割开后，用力将铁板推向地面，在铁板坠落时，随同铁板一起坠落至地面失去知觉。事故发生后，在场作业的班长李××打电话给龙城公司施工员李×，李×一边打120急救电话一边跑向事发地。随后，李×安排工程车将伤者送到发电公司东门外沿江公路处等待120救护车。120救护车到达后将路××送往镇江市第一人民医院抢救，经抢救无效于18:40死亡。

（三）事故原因

1．直接原因

路××安全意识淡薄，严重违反安全操作规程，在高处临边作业，未将安全带的挂钩挂在结实牢固的构件上，在用力将铁板推向地面时，随同铁板一起坠落。

2．间接原因

（1）龙城公司安全生产管理不到位，未对路××等从业人员进行安全生产培训教育与考核，未确保从业人员具备必要的安全生产知识和岗位安全操作技能；未给项目部配备有资格的安全员，安全生产管理缺失，责任落实不到位。

（2）龙城公司未对高处作业施工人员不按规定使用安全带的习惯性违章行为进行严格管理，也未安排人员进行现场监管。

（四）防范及整改措施

（1）四川省自贡市龙城建设工程有限公司应增强法纪意识，严格按照法律法规履行安全生产职责，认真吸取本次事故教训，健全并严格落实安全生产岗位责任制和各项安全管理制度。加强对工程项目部的安全管理，落实各项安全生产责任。严格执行安全生产检查制度，及时消除生产安全事故隐患。

（2）福建龙净环保股份有限公司应增强安全生产法律意识，加强对分包队伍的安全管理，严格审查分包队伍人员资格，认真落实作业人员安全三级教育和安全技术培训工作，加强对员工的安全培训教育。有关管理人员要学习法律法规，切实抓好生产安全工作，预防和遏制各类生产安全事故的发生。

（3）四川省自贡市龙城建设工程有限公司和福建龙净环保股份有限公司应在事故发生后严格按照有关法规及时准确地向安监部门

和负有安全监管职责的部门报告。

（4）江苏镇江发电有限公司应加强法纪意识，严格按照法律法规履行安全生产职责，将保证安全施工的措施报送建设工程所在地的县级以上地方人民政府建设行政主管部门或者其他有关部门备案，加强对外包单位的安全监管。事故发生后严格按照有关法规及时准确地向安监部门和负有安全监管职责的部门报告。

二十八、华能伊敏电厂"11·1"触电事故

2013 年 11 月 1 日，中能建集团黑龙江火电一公司在华能伊敏电厂#3 机组脱硝改造工程中，施工人员因走错间隔，造成 1 人触电死亡。

二十九、华电宁夏灵武发电有限公司外包服务单位"11·16"车辆伤害事故

（一）事故简述

2013 年 11 月 16 日，银川美嘉苑物业服务有限公司作业人员在华电宁夏灵武发电有限公司煤场巡检时，因装载机发生侧翻，造成 1 人被挤压死亡。

（二）事故经过

2013 年 11 月 16 日 8:00，银川美嘉苑物业服务有限公司煤场项目部丙值（上班时间 15 日 9:00 至 16 日 9:00）人员李×、张×1、张×2、郭×、杨××在华电宁夏灵武发电有限公司燃料分场煤场班带班组长魏××的带领下正常上班。8:10，魏××安排推煤机司机杨××去南煤场例行巡检，处理煤自燃等工作，杨××即驾驶编号为#3 的装载机去南煤场巡检，8:40，魏××见交接班时间即到，甲值（上班时间 16 日 9:00 至 17 日 9:00）接班人员已到岗，但杨××仍未回班组，随即给其拨打手机两次，均无人接听，认为是杨××去煤场推煤，听不到电话，便告知甲值接班组长吴××和司机接班后寻找杨××，自己则到一期煤场和二期煤场通过查看监控录像寻找杨××未果后返回南煤场。9:50，在南煤场进行来煤接卸作业的推煤机司机胡×在煤堆高处发现一装载机在煤场西侧消防通道处侧

翻，立即停车，跑去查看，发现杨××被挤压在侧翻的装载机车顶与煤场挡风抑尘墙墙基之间，随即电话报告带班组长吴××，随后工作人员向华电宁夏灵武发电有限公司和银川美嘉苑物业服务有限公司相关负责人进行报告，并拨打 120 急救电话。10:15，现场施救人员用钢丝绳将推煤机与侧翻的装载机连接，由西向东将装载机拖开 0.5m 将杨××救出。10:30，灵武市 120 救护车到达事故现场对杨××进行急救处理，随即送往灵武市人民医院进行抢救。11:20，杨××终因胸部挤压伤势过重经抢救无效死亡。

（三）事故原因

1. 直接原因

推煤机司机杨××驾驶#3 装载机在对南煤场巡检，对煤炭自燃点实施清理作业过程中，安全意识不强，麻痹大意，导致装载机侧翻。

2. 间接原因

（1）银川美嘉苑物业服务有限公司日常管理、安全教育培训不到位，项目经理、安监员等管理人员未取得安全管理人员资格证，从业人员培训教育工作开展不力，未教育和督促从业人员严格执行安全生产规章制度和安全操作规程。

（2）华电宁夏灵武发电有限公司燃料分场将外包队伍纳入班组管理之中，但现场监管不到位，安全警示标志等安全措施落实不到位。

（四）防范及整改措施

（1）银川美嘉苑物业服务有限公司要以此次事故为教训，高度重视安全生产工作，明确各自的安全生产管理职责，克服麻痹思想，严格落实各项安全管理制度；要认真研究分析事故原因，制定切实可行的防范措施，严肃追究事故相关责任人员的责任，达到惩前毖后的目的；要加大对《中华人民共和国安全生产法》、《中华人民共和国突发事件应对法》、《生产安全事故应急预案管理办法》、《宁夏回族自治区企业厂长（经理）保护职工生命安全健康十条规定》等法律法规规定的宣贯和执行力度，切实提高全员的安全生产意识，全面促进安全生产。

（2）银川美嘉苑物业服务有限公司要加大员工的安全教育培训

力度，全面提高从业人员安全意识和安全操作技能。加大对从业人员特别是新入场人员、劳务工、特种作业人员的培训教育，使教育培训工作既有针对性，又能保持经常性，防止走过场，切实提高从业人员安全生产意识、安全操作技能、应急逃生能力，督促检查从业人员自觉遵守安全技术操作规程,坚决杜绝违章作业和冒险行为。要加强对厂内机动车辆驾驶人员的安全管理、日常安全教育和培训；对厂内机动车辆驾驶人员要建立档案，定期更新，按照主管部门要求对驾驶人员组织安全培训和复训工作,取得资格后方可上岗作业；对安全培训不合格的、未按照要求参加安全复训的人员，不得安排上岗作业。

（3）华电宁夏灵武发电有限公司要切实加强对各外委劳务服务单位、维修服务单位、承包承租单位、施工建设单位的监督管理；要严格督促各单位加强内部安全生产管理工作，加大隐患排查治理力度，有效防范各类事故发生；要督促各单位加强现场安全检查和监督，强化作业过程中安全隐患、违规违章行为的治理力度，加强作业现场高危作业人员的安全监护工作。要进一步健全完善细化安全生产责任制，健全完善隐患排查治理、培训教育、特种作业人员管理、特种设备安全管理、检测检验以及维护保养等安全生产规章制度和操作规程，并在具体岗位、具体工种、具体人员、具体工作中严格落实；要切实加强现场监管和安全防范措施的落实，确保安全生产。

（4）华电宁夏灵武发电有限公司要加强厂内机动车辆和驾驶人员的安全管理工作，确保厂内机动车辆安全运行，减少因机动车辆管理、操作与维修保养不善而引起的伤亡事故，切实保障职工在生产过程中的安全。要建立健全厂内机动车辆安全管理、车辆维护保养制度和操作规程，并认真执行；厂内机动车辆要逐台建立安全技术管理档案；要严格按照相关标准规定加强对厂内机动车辆的日常检查、维护保养，并按照主管部门要求做好安全检验送检工作。

三十、广东粤电长潭发电有限责任公司"12·5"触电事故

（一）事故简述

2013 年 12 月 5 日，广东明煌电力工程公司在广东粤电集团长

潭水电厂#3 机组检修过程中,作业人员对#3 发电机开关进行清扫作业时触电,造成 1 人死亡。

（二）事故经过

2013 年 12 月 5 日,广东粤电长潭发电有限责任公司年终例行设备检修,检修工程由广东粤电集团新丰江发电公司电力检修分公司承担,广东明煌电力工程有限公司分包部分辅助性业务。15:05,检修三分部负责人邓××带领邹××、刘××共 3 人一起到长潭发电有限责任公司厂房水轮机层 10.5kV Ⅱ 段开关室清扫 503 开关,15:11,邹××在对 503 开关上端清抹时发生人身触电,邓××发现后立即用绝缘板将邹××推离带电部分,使其脱离电源,同时拨打 120 急救电话并报告检修分公司项目经理,随后进行人工呼吸施救,15:23,120 急救中心医生赶到并采取现场急救措施,16:05 将邹××送到县人民医院。邹××经抢救无效于 16:45 死亡。

（三）事故原因

1. 直接原因

电气维修工人邹××工作不认真,安全意识淡薄。在处理 5032 刀闸触头并测量接触电阻工作结束后,忘记恢复 5032 刀闸（拉开 5032 刀闸）,致使 503 开关上端带电,在其清扫 503 开关时触碰到上端的带电部分触电死亡。

2. 间接原因

（1）广东粤电新丰江发电有限责任公司电力检修分公司在组织检修项目实施时安全管理工作不到位,安全工作票执行不严格,未按规定由工作负责人收执工作票,执行中,工作票没有安排专人随身携带,而是将工作票统一放置在员工休息室,随意可取。后因#4 机小修已到检修申请时间,12 月 5 日需带负荷试运行,#2 主变和 10.5kV Ⅱ 段母线于 12 月 4 日晚解除安全措施,由检修状态恢复到带电运行状态。4 日下午水检公司机械检修组为了吊起#3 机组尾水闸门,需要将#3 机小修的机械工作票和电气一次工作票一起交回给运行押票,项目负责人直接安排机修工人魏××将放置在员工休息室电气一次工作票交运行中控室,事后也未通知电气检修班负责人邓××。12 月 5 日下午 15:00 邓××在没有告知运行,也没有带工作票的情况下，安排邹××和刘××清扫 503 开关的工作（此时 10.5kV Ⅱ段母线已带电），致使邹××在对 503 开关上端清抹时触电身亡。

（2）广东粤电新丰江发电有限责任公司电力检修分公司检修三分部工程六队负责人邓××，在安排邹××检修 5032 刀闸时，没有对其进行安全风险交底。邹××在处理 5032 刀闸工作结束后，忘记拉开 5032 刀闸，工作结束撤离作业现场时，作为工作面负责人邓××也没有检查核对 5032 刀闸位置，事后也没及时告知运行当值负责人，运行当值在不知 5032 刀闸投入的情况下解除安全措施，对 10.5kV Ⅱ段母线充电，使得 503 开关上端带电，造成人员触电死亡。

（3）广东粤电长潭发电有限责任公司运行当值值长于 12 月 4 日晚解除#2 主变和 10.5kV Ⅱ段母线的安全措施时，不清楚 5032 刀闸已在合闸位置，按照常规操作，安排当值运行班员恢复#2 主变和 10.5kV Ⅱ段母线到带电状态，认为#3 机组还属于检修状态，其相应的安全措施没有改变，恢复#2 主变和 10.5kV Ⅱ段母线带电后没有检查、了解工作面完成情况，思想麻痹大意，安全风险分析不足。

（四）防范及整改措施

（1）广东粤电新丰江发电有限责任公司检修分公司、广东粤电长潭发电有限责任公司要组织全体员工认真总结这次事故发生的原因，举一反三，吸取事故教训，同时，对事故责任人按公司的厂纪、厂规进行严肃教育和经济处罚。

（2）广东粤电新丰江发电有限责任公司公司检修分公司、广东粤电长潭发电有限责任公司要组织全体员工认真学习安全生产的法律、法规，完善安全管理制度，特别是安全工作票管理制度、严肃工作纪律等，增强法制意识和责任意识，严格执行各项安全管理制度和落实各项安全措施，认真履行好各岗位职责。

三十一、国电宝鸡第二发电有限责任公司"12·8"机械伤害事故

（一）事故简述

2013 年 12 月 8 日，凤翔能源有限公司在国电宝鸡第二发电有限责任公司清扫#1 斗轮机尾车料斗下撒煤时，皮带启动，作业人员

被滚筒挤压，造成 1 人死亡。

（二）事故经过

2013 年 12 月 8 日，输煤运行二班当班。9:20 程控启动输煤系统运行，9:23 启动#1 斗轮机运行，10:15 负责清理#1 斗轮机和#3PB 皮带地面卫生的宫××[凤翔宝源能源有限责任公司（以下简称"凤能公司"）雇用临时工]发现#1 斗轮机尾车料斗堵板皮子外翻，撒煤落到地面，告知#1 斗轮机司机郭×。郭×汇报程控值班员，程控值班员任×告知：通过减少取煤量，可以减少撒煤。10:24 在#3PB 平台查看#2 煤场存煤情况的班长左×用对讲机通知程控值班员：输煤系统停运一会儿，将#1 斗轮机移位到另一取煤点取煤。10:30 #1 斗轮机司机郭×汇报：#1 斗轮机移动到位，可以上煤了。程控值班员通知各皮带值班员做好上煤准备。运行班长左×一边检查#3PB 皮带，一边向#1 驱动站方向走去，运行班长左×走到靠近#1 驱动站处用对讲机告知程控值班员，#3PB 皮带检查正常。10:33 左右#3PB 皮带启动后，运行班长左×回头看，突然发现在#3PB 皮带附近#1 斗轮机尾车料斗旁清扫地面的临时工宫××不知去向，立即停运#3PB 皮带并前往检查，发现宫××已被卷入#1 斗轮机尾车改向滚筒。（事故现场平面示意图及事故现场照片如图 13～图 17 所示）

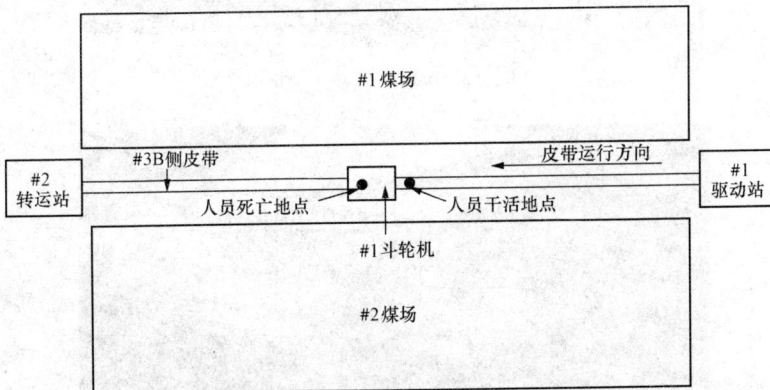

说明：1. #3 B 侧皮带为露天水平布置，长 328m，带速 3.15m/s，带宽 1.4m 皮带离地面高度 1.1m，两侧有护栏。

2. 人员干活地点距人员死亡地点 13.5m。

图 13 "12·8"事故现场平面示意图

图 14　#1 斗轮机

图 15　#1 斗轮机下部

图 16　#3 PB 皮带

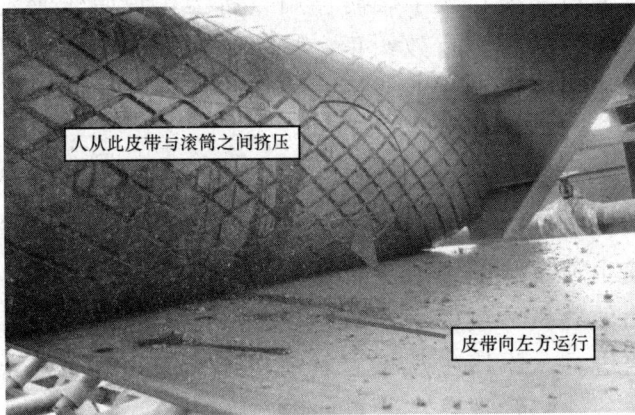

图 17　#3 PB 皮带

运行班长左×立即汇报部门值班干部马×，并会同他人将伤者从皮带上抬下，同时联系公司值班医生赶赴现场施救。11:40，120救护车将宫××送往凤翔县医院进行救治，经全力抢救无效死亡。

（三）事故原因

1. 直接原因

经对现场全面勘察及了解分析，这次人身死亡事故的发生是宫××未经许可擅自爬上临时停运的#3 PB 皮带上，处理#1 斗轮机尾车料斗外翻的堵板皮子，在#3 PB 皮带启动后，被皮带卷入#1 斗轮机尾车改向滚筒挤压致死。

2. 间接原因

（1）凤能公司作为劳务输出单位，未能严格履行合同规定，对派遣清扫地面人员安全教育管理不到位。

（2）宝鸡第二发电有限责任公司（以下简称"宝二公司"）负责煤场和输煤设备的管理和维护工作，对乙方输出人员审查把关及现场作业监管不到位。

（四）暴露问题

（1）外委项目管理存在问题。凤能公司雇用临时工宫××年龄较大，不适合从事电力生产辅助工作；#3 B 侧皮带启动前，现场语音报警，作业人员置若罔闻，说明对从业人员日常安全教育培训不到位；作业人员能擅自爬上临时停用设备上，说明作业人员习惯性违章行为未能及时得到有效纠正；按照公司临时用工管理制度，作业现场未指派专人进行作业监护，安全相关管理制度执行不严肃、不认真。

（2）设备缺陷管理存在问题。作业现场#1 斗轮机尾车料斗堵板皮子外翻，设备缺陷未能及时有效处置，致使缺陷长期存在；当班运行人员发生设备缺陷未能及时通知检修人员进行处理，设备缺陷发现、通知处理执行制度不严肃；设备缺陷处理正常应由检修人员办理工作票进行，不应由从事卫生清扫工作的临时工宫××擅自处理，说明设备缺陷管理存在严重问题。

（五）防范及整改措施

（1）按照《公司外委项目及外来人员安全管理制度》，对外委项目及外来人员安全管理进行专项整顿。认真排查外委项目安全管理及外来人员安全管理相关制度落实情况，重点检查：外委项目资质、资格是否符合要求；安全协议是否签订；组织措施、技术措施、安全措施制定是否正确；入厂安全教育是否到位；人员安规考试是否合格；检查从业工作两交底是否进行；现场安全监护是否到位；人员作业环境及作业行为是否规范。

（2）立即开展安全大检查活动，重点检查：安全生产规章制度是否完善；检查安全教育和培训是否正常开展；设备缺陷和事故隐患是否及时消除，对于暂不能消除的隐患和问题是否制定防范措施，是否限期整改，跟踪落实。

（3）强化安全教育。重新组织员工对《中华人民共和国安全生产法》、《电力安全工作规程》、《中国国电集团安全生产工作规定（2010）》、《中国国电集团安全生产奖惩规定》及公司安全生产管理制度等安全法律、法规、制度学习考试。上岗前必须进行相关安全管理制度学习与考试，对于达不到要求者不得上岗。

（4）重视班组建设，规范班组管理。通过实施公司"关于提升班组建设工作的三年规划及实施细则"，强化班组安全管理。通过公司领导、生产管理部门领导每月至少参加一次下一级部门的安全活动，指导、规范班组安全活动。

（5）强化安全互保意识。公司工会组织继续进行安全互保活动，增强"三不伤害"意识，规范互保行为。

三十二、中电投河北石家庄东方热电股份有限公司热电二厂"12·15"坍塌事故

（一）事故简述

2013 年 12 月 15 日，河北中昌建筑工程有限公司（以下简称"中昌建筑公司"）作业人员在中电投河北石家庄东方热电股份有限公司热电二厂（以下简称"热电二厂"）进行煤仓清煤作业时，因积煤滑落造成 1 人被掩埋死亡。

（二）事故经过

2013 年 12 月 15 日 8:10，热电二厂发电运行分厂主任韩××，在得知夜班期间（0:00～8:00），由于给煤机频繁断煤，造成#4 炉投油运行的情况后，将该情况先后报给了生产技术部主任杨××和生产、安全副厂长张占×。经批准后，韩××通知设备维护分厂锅炉专工张志×，要求清理#4 炉#4 煤仓。张志×在开具清煤检修工作票（计划工作时间为 9:00～20:00）后，通知中昌建筑公司驻热电二厂负责人甄××带人清理煤仓。发电运行分厂班长邢××确认作业现场安全措施完成，带班值长刘×签字后，开始清理煤仓工作。

中昌建筑公司职工赵国×下到#4 煤仓清理积煤，赵双×和张文×在仓外监护。17:10，清煤工作即将结束，在煤仓底部作业的赵国×解开身上安全带上的安全绳，欲沿挂梯向上爬出煤仓。此时与#4 煤仓上部相通的#3 煤仓的存煤突然滑落至#4 煤仓，将赵国×埋至胸部。在煤仓口负责监护的两个人立即下仓手拉手向上拽人，因煤质碎细酥软且湿度大，赵国×继续下沉并被煤粉埋过头顶，当班锅炉运行人员协助随后赶到的消防人员将其救出后送医院经抢救无效死亡。

（三）事故原因

1. 直接原因

中昌建筑公司作业人员赵国×在清理煤仓即将结束准备出仓时，提前解开安全绳，被#3 煤仓突然坍塌滑落的积煤掩埋，是造成这起事故的直接原因。

2. 间接原因

（1）中昌建筑公司安全管理三项制度不健全，重生产，轻安全，对劳务用工管理不严格，对施工作业项目安全检查不到位。

（2）中昌建筑公司在热电二厂煤仓清理作业过程中未对操作人员进行专项安全培训教育，未制定和落实安全技术防范措施，致使作业人员安全意识淡薄，在尚未出仓的情况下擅自提前解开安全带，造成防护措施失效引发事故。

（3）中昌建筑公司对劳务用工管理不严格，从事的项目资质施工范围不明确。

（4）#4煤仓现场作业环境光线较暗，未认识到相邻的#3煤仓存在积煤的重大危险，未及时消除。

（5）热电二厂对外包作业单位及人员安全管理不到位，分工不明晰，在配合煤仓清理作业过程中未安排专人负责指挥及监护，施救措施不当，现场救援效率低。

（四）防范及整改措施

（1）中昌建筑公司要认真吸取事故教训，严格落实企业安全生产主体责任，进一步完善安全生产"三项制度"，有效堵塞管理漏洞。

（2）中昌建筑公司要加强对职工的安全教育和培训，提高作业人员的安全意识，进一步强化进入受限空间、高处作业等特殊作业的安全管理，严格条件确认，杜绝"三违"现象。

（3）中昌建筑公司要进一步做好施工作业前的安全技术交底工作，制订有针对性的安全技术措施和应急预案，认真执行行业安全操作规程，进一步加大对作业现场的安全检查力度。

（4）热电二厂要加大安全投入及专职安全管理人员配备，强化对作业现场尤其是特殊作业环境的安全巡检力度。

（5）热电二厂要加强对全厂外包单位的管理，做到用管结合，明确合同中具体内容、分工及职责，切实落实主体责任；加强对检修清理工作的组织管理、统筹协调和安全监管。

三十三、大唐黑龙江鸡西热电厂"12·20"机械伤害事故

2013 年 12 月 20 日，大唐黑龙江鸡西热电厂燃料部职工在清理

斗轮机时，设备突然启动，被卷入轮斗内，造成 1 人死亡。

三十四、华电内蒙古卓资电厂"12·26"物体打击事故

（一）事故简述

2013 年 12 月 26 日，华电内蒙古卓资电厂在启动#1 机组工作中，运行人员操作"混温联箱进汽手动门"暖管时，其一侧的焊接堵头突然崩开，击中操作人员，造成 1 人死亡。

（二）事故经过

2013 年 12 月 25 日 11:26，卓资公司利用#1 机组调停机会，停机处理#2 中调门抗燃油管裂纹缺陷，19:50 消缺结束，锅炉点火启动机组。20:00 运行，第四班组接班后，#1 机组长张××安排汽机副值班员薛×就地运行各项起机操作任务，李×跟随现场学习。12 月 26 日 0:34，机组人员按照规程规定开始进行投运#1 机气缸、法兰加热装置准备工作，机组长张××在集控室 DCS 操作站远方程控点击开启气缸、法兰加热联箱疏水电动门和法兰集汽联箱疏水电动门，并通过对讲机安排汽机副值班员薛×就地全开联箱疏水手动门和稍开进汽截门一圈进行暖管。0:58，运行人员完成就地操作，在就地等待下一步操作命令时，#1 机法兰加热联箱乙侧堵板崩开，蒸汽冲击波将汽机副值班员薛×冲倒在地，学习人员李×在躲避过程中脸部擦伤。听到响声后，集控人员立即打闸停机，同时派人到现场查看，在#1 机 4.5m 平台西侧发现薛×、李×受伤，紧急将伤者送往卓资县医院救治，薛×因伤势过重医治无效死亡，李×因受惊吓、脸部擦伤留院观察。

（三）事故原因

1. 主要原因

（1）法兰加热装置分别从主蒸汽和再热器冷段抽取两路作为工作汽源（法兰加热装置联箱最高工作压力 0.89MPa），机组主蒸汽额定压力 12.75MPa，至法兰加热联箱管道中未设计减压阀之类的减压设备，只设计一个电动截止阀、一个手动截止阀，在实际运行操作中，生产人员只能凭借个人经验操作，尤其在机组热态启动投运加热装置时，很难控制好联箱压力。

（2）现场检查发现法兰加热装置进汽电动截止阀和手动截止阀均为闸阀，闸阀线性流量特性不稳定，阀门开启 10%～20%，通过的蒸汽流量接近于阀门全开时的蒸汽流量，极易造成联箱超压。

（3）法兰加热装置联箱原设计安装的安全阀型号为 A47H-16C，阀门材质为碳钢，适用于工作温度≤350℃的蒸汽、空气等介质的设备和管道上，在热态机组启动过程中，主汽温度一般在 350℃以上，超温后容易引起安全门卡涩，因此在安全阀选型上存在安全等级较低的问题。

（4）卓资公司联系华电电科院技术人员于 12 月 27 日赶赴事发现场，开展设备检测工作。法兰加热装置联箱规格：$426×16mm，材质：12Cr1MoVA，封头为相同材质的圆型平封头，厚度 16mm。从飞出封头观察外表面凸起明显，断裂面沿周向分布，断口沿封头侧焊缝熔合线开裂。依据《DL/T 869 火力发电厂焊接技术规程》表一规定："封头与筒体焊接采甩 V 形坡口，全熔透焊接"。对事故现场联箱断裂面表面检查可见施工中未采用开坡口全熔透焊接工艺，焊缝熔敷金属最薄处 3mm，接头未焊透降低了焊接接头的机械强度，接头根部形成不良，会产生应力集中点，存在严重焊接质量问题，并属于基建遗留问题，属于Ⅱ类重大安全隐患。

（5）卓资公司生产人员安全防护意识淡薄、自我保护能力较差，操作前未进行危险点分析和严格遵守安全操作规程，本应该由当班汽机副值班员薛×执行操作任务，李×跟班学习但实际却由无操作资格的学习人员李×执行了操作任务，致使法兰加热联箱暖管过程中超压，将乙侧堵板崩开，造成人身伤亡事故。

2. 直接原因

操作人员未严格履行操作规程，在操作过程中进气手动门暖管时开度过大，致使混温联箱压力仅用 26s 就由 0MPa 升高至 1.65MPa，持续 1min，导致混温联箱严重超压将一侧堵头崩开，并造成人员伤亡。

3. 间接原因

内蒙古华伊卓资热电有限公司发电运行部运行四值#1 机组长张××违章指挥，操作漏项，造成人身事故的发生，对本次事故的发生负主要责任。

（四）防范及整改措施

（1）针对法兰加热系统设计缺陷，根据华电电科院专家意见，在法兰加热联箱上管道上增加一个调整门，便于运行中调整，同时在联箱上增加一个安全阀，两个安全门分别按 1.0MPa、1.3MPa 动作值进行整定，确保系统投运安全。

（2）对 1～4 机组所有压力容器、主汽、在热器、高加疏水弯头等容器和管道焊缝进行全面检测效验，制定检测修复方案，完善细化安全、组织、技术措施，对每个施工细节，从焊接、热处理、金属检验、水压试压等各个环节严格把控，杜绝类似事件发生。

（3）组织专业技术人员和外聘专家，结合本次事故，对操作规程不完善的部分进行全面修订、完善和补充，明确运行规程中相关操作要领、操作内容等相关内容，明确操作规程准确性、科学性和可操作性，并及时下发班组学习。

（4）要求各级管理人员严格执行重大操作升级监护制度，每次重大操作前，在集控室召开操作技术交底协调会，对操作中危险点和注意事项安排具体人员监督落实，强化过程安全管控。

（5）举一反三，有针对性地开展安全技术培训，提高各级生产人员"不安全、不工作"意识。

（6）认真吸取本次事故经验教训，全面开展设备隐患排查治理，重点检查可能危及人身安全的设备隐患，将发现的问题落实到责任人，限期整改。

三十五、华能上海石洞口第一发电厂"12·28"物体打击事故

2013 年 12 月 28 日，郑州大方重工有限责任公司雇用郑州华通物流汽车运输公司在华能上海石洞口第一发电厂内运送钢材过程中，运输公司作业人员松绑钢筋时，钢筋发生倾覆，造成 1 人死亡。

2014 年

全国发电企业电力生产人身伤亡典型事故汇编（2005—2014年）

一、山东中华发电有限公司菏泽发电厂"1·3"人身伤亡事故

2014年1月3日，山东中华发电有限公司菏泽发电厂在燃料接卸过程中发生一起人身伤亡事故，造成一名燃料运行值班人员死亡。

二、辽宁能港发电有限公司"2·6"死亡事故

（一）事故简述

2014年2月6日，辽宁能港发电有限公司#1炉乙侧粉煤仓发生爆燃事故，造成1人严重烧伤，经送医院抢救无效于次日死亡，事故直接经济损失80万元。

（二）事故经过

2014年2月6日6:00，辽宁能港发电有限公司#1炉三值人员得当值值长令，对节日停备的#1炉实施备用启动。11:02，#1炉司炉监盘时听到外面有响声，并通过监控录像发现厂房内有烟，随即安排#1炉副司炉刘×去现场巡视检查，刘×来到19段输煤皮带后发现甲侧粉仓发生爆燃，随即打电话通知#1炉司炉，司炉紧急停止甲侧制粉系统。此后，当班锅炉班长郑×，陪同当值值长梁×到达19段输煤皮带进行核查，发现甲侧煤粉仓有一个防爆门动作，郑×将动作防爆门手动复位。11:49，乙侧煤粉仓发生爆燃，19段现场清洁人员随即听见有人大呼"救命"，发现旋风筒下粉管筛网检查平台下方甲乙输煤皮带之间处，受害人身上着火，立即将其拖至19段输煤值班室（在拖拽过程中受害人还能站立和行走），用灭火器将其身上明火扑灭，并通知司炉19段有人烧伤。此时受害人意识清醒，救援人员询问其事件经过时，受害人交代事发当时其正在下粉管筛网检查平台检查筛网堵塞情况，爆炸发生后从下粉管筛网检查平台跳至平台下方。

当班人员得知有人烧伤，紧急送来3桶纯净水倒在受害人身上降温，同时拨打120急救电话。约30min后，120救护车到达现场将受害人送往医院进行救治。

2月7日22:30，在准备对刘×实施喉管切开手术时，刘×突发

心脏衰竭死亡。

事故直接经济损失 80 万元。

（三）事故原因

1. 直接原因

（1）辽宁能港当前掺烧的劣质煤（褐煤）挥发份含量在 37.52%～49.14%之间，与其掺烧的中高热值燃煤挥发份含量也在 30.42%～40.4%之间，按照 80%与 20%混配比例核算，混配后的燃煤挥发份含量在 36.1%～47.39%之间，高于 25%。

（2）从 1 月 30 日 08:40 停机到 2 月 6 日 06:45 锅炉点火，#1 炉停炉时间长达 1 周时间，虽然在停炉过程中运行人员将煤粉仓粉位降至"零"位以下，但由于粉仓构造原因，此时煤粉仓内部仍有部分煤粉存留，但有关部门对其可能带来的危险性估计不足，并没有对煤粉仓实施人工清粉或者采取向煤粉仓注入惰性气体（如二氧化碳气体）的举措。由于辽宁能港两台机组运行时间已达 23 年，设备老化严重，煤粉仓密封性较差，漏入空气的可能性较大，煤粉与空气接触发生氧化反应，导致煤粉温度升高又加剧了氧化反应，当氧化温度达到自燃点时，煤粉仓内存留的煤粉发生自燃（煤粉挥发份含量越高，其自燃点越低）。

（3）锅炉在启动过程中以及机组并列后带初负荷期间，由于磨煤机给煤量较低，造成煤粉粒度较低且在 200μm 以下运行的可能性大大增加。同时，由于在启炉过程中，对磨煤机采取的是热风干燥，使得煤粉中氧含量偏高且高于 19%。

（4）辽宁能港每个煤粉仓内含有 3 个温度监视测点，由于测点较少且受布置位置限制，难免存在监视盲区，造成运行人员不能及时发现险情，进而做出相应及时准确的运行调整，往往是险情扩大后温度监视测点才有所显现，此时再采取有关措施已于事无补。

（5）辽宁能港在实施大比例掺烧褐煤后，对于制粉系统频繁发生爆燃事件，虽然制定并采取了一系列的整改措施，但对有关制粉系统运行规程修改相对滞后，如原规程规定"经常检查下粉管的小筛子，发现有杂物和积粉及时清除"，但在实施大比例掺烧褐煤，锅炉制粉系统频繁发生爆燃后，就应对此项规定做出相应调整（同类型电厂在实施大比例掺烧褐煤后已明确规定，严禁在制粉系统运行中对下粉管筛网进行检查），而此次事故造成人员烧伤的直接原因就是受害人在制粉系统运行中且煤粉仓存在明显安全隐患的情况下对筛网进行了正面开孔检查，进而造成大量高温煤粉、烟气从该处急剧膨胀而出，产生强大的冲击波造成受害人严重烧伤。

2. 间接原因

辽宁能港在实施大比例掺烧褐煤后，对于制粉系统频繁发生爆燃事件，其危险因素估计不足，重视不够，没有请专业技术机构进行评估，形成科学完善的安全措施；该企业设备陈旧，安全投入不足，安全保障条件大打折扣。这是此起事故发生的管理原因。

（四）防范及整改措施

（1）褐煤属易燃易爆煤种，辽宁能港锅炉设计煤种为烟煤，掺烧褐煤对储煤、磨煤的防爆要求较高。要充分考虑煤场储存、装卸、制粉系统、燃烧及炉本体运行可能出现的问题，特别是制粉系统的爆炸，将直接造成设备损坏和人身伤害。因此，应邀请辽宁电科院等有资质的机构、专家对大比例掺烧褐煤工作进行专项安全评估，从运行和检修两个方面，全面查找问题，制定有针对性的整改措施，把规范的防火防爆要求有机地融入其中。

（2）对煤粉仓进行彻底整治，对漏风点进行及时有效消除，切实提升煤粉仓严密性，对煤粉仓内壁进行定期检修，确保其完整光滑，尽可能消除仓内煤粉流动死区。储煤、给煤、制粉系统等处安装的氧量表、温度表、负压表、压差表等表计，应按规定定期检查检验，保证准确可靠。同时，合理增加煤粉仓温度测点，确保温度更具代表性、运行监视无盲区。

（3）按照有关规定要求，同时结合大比例掺烧褐煤背景，对有关运行规程进行及时修编，严禁在制粉系统运行中或设备存在险情的情况下对下粉管筛网等危险部位进行检查，严禁运行中开启人孔、更换防爆门膜板等会引起破坏系统严密性的作业；机组长时间停机备用或检修期间必须对煤粉仓实施烧空举措，并进行人工彻底清理，在机组短时停机备用期间，同样必须对煤粉仓实施烧空举措，若不采取人工彻底清理，必须实施向煤粉仓注入惰性气体举措；应定期对煤粉仓实施降粉位运行，并严禁煤粉仓长期在低粉位运行。

（4）定期对煤粉细度进行检测，根据煤粉粒度情况及时对磨煤机出口粗分离器挡板进行调整，确保煤粉粒度范围在合理范围运行。

（5）设备及系统的启动和停止过程中最易发生爆炸，须加强检查和监视并严格按规程操作。定期对运行和检修维护人员进行培训，使其熟练掌握燃用褐煤的安全技术措施和有关运行参数限值，不断提升自我防护意识。同时，当发现煤粉仓内出现煤粉自燃或燃烧时，应立即进行惰化或灭火，并停止其周围的所有作业，除负责灭火的消防人员外，无关人员应全部撤出。

（6）在易燃、易爆系统周围应设置必要的消防水系统，配备灭火器材。消防水系统的水源必须充足，水压合格。并定期对消防系统和灭火器材进行检查和试验，保证其随时好用。同时，制粉系统应设置足够数量的防爆卸压装置，且动作压力合适，并在防爆装置旁设置警示牌，防爆装置排放口应避开人行通道、设备、电缆桥架等。应对防爆装置进行定期检查和维护。

（7）储煤、给煤和制粉系统的任何封闭空间都有煤粉浓度超标积存可燃气体的可能，应给以足够的重视；对重点部分增加危险点和紧急逃生标识。

三、哈尔滨热电有限责任公司"2·21"触电事故

（一）事故简述

2014年2月21日，哈尔滨热电有限责任公司（以下简称"哈热公司"）2名运行人员在进行#7机组电动给水泵电机测绝缘工作中，误触带电部位引发弧光短路，造成2人死亡。

（二）事故经过

2014年2月21日13:30，哈热公司集控运行值班员对#7机组电动给水泵电机定期测绝缘时，发现绝缘不合格。检修于当日 16

时 35 分消缺完毕。集控运行一值单元长孙××安排运行副值班员王××（男，43 岁，1992 年 10 月入厂参加工作，牡丹江电力技校热能动力专业毕业，2012 年 2 月至今担任集控运行副值班员，以前从事 100MW 机组司炉、300MW 机组巡检等职，本次作业监护人）、运行副值班员王×（男，39 岁，1994 年 12 月入厂参加工作，复转武警军人，牡丹江电力技校热能动力专业毕业，2013 年 4 月至今担任集控运行副值班员，以前从事 100MW 机组司机、300MW 机组巡检等职，本次作业操作人）两人复测#7 机组电动给水泵电机绝缘。16:37 左右，两人携带操作任务票前往 6kV 配电室工作。

16:47，集控室发现#7 机组跳闸，首出为"发电机跳闸"。随即主值班员牛××到现场检查，发现#7 机组 6kV 配电室有烟雾冒出，立即汇报单元长。牛××进入母线室发现 1 人倒地。与此同时，运行巡检发现#8 炉 12.6m 电梯口 1 人倒地，经查看为王×。现场立即进行应急处置，拨打 120 急救电话，17:10，120 急救车到达现场，确认王××已经死亡，随后将伤者王×送医院治疗。王×于 18:00 被送达医院，当时意识清醒，诊断为三度 80% 烧伤。2 月 23 日 9:10，王×因肺部感染、呼吸困难，经抢救无效死亡。

（三）事故原因

1. 直接原因

作业人员严重违章，不按规定在指定位置进行测量绝缘工作、作业前未验电，作业过程中误触带电部位，引发事故。

2. 间接原因

（1）运行管理工作有疏漏，运行规程对测绝缘工作指导性不强，测绝缘工作未执行电气操作票，当班安排操作任务时忽视安全措施和注意事项交代。

（2）安全教育培训工作不到位，员工安全意识薄弱，"四不伤害"技能掌握和运用不足。

（3）反措落实不力，制定的防止人身伤害事故措施未得到有效执行。

（四）暴露问题

（1）人员遵章守纪意识不强。企业集控运行人员均接受过相应安全规程制度培训，2013 年 4 月进行的许可人安全培训考试中，作业人员对有关测绝缘工作考题均做了正确解答，但实际工作中还是忽视安全，违章作业，酿成事故。

（2）安全责任制落实不到位。作业人员未按要求履行危险点分析、对照确认等安全职责，操作监护制度执行不严。当班单元长对作业人员缺乏指导，未认真交代作业危险点、安全措施和注意事项。分场负责人及管理人员对现场作业缺乏检查指导，未有效监督制止违章作业，安全把关不严。企业管理部门及有关领导监督检查安全工作不到位，红线意识不强，管理考核偏弱。

（3）运行基础管理工作不扎实。"两票三制"执行有漏洞，测绝缘工作不使用电气操作票、班前会"两交清"不明确、运行交接班工作组织不力。反措落实工作不严格，分场制定的反事故措施中明确规定 6kV 电机测量绝缘位置为开关柜后侧下柜门内（负荷电缆间隔），但该项反措未得到严格执行，运行人员图省事，在开关柜前小车间隔内测量负荷设备绝缘。班组安全活动效果不佳，对以往人身事故通报学习不深入，吸取教训、事故防范做法不实。

（4）安全教育培训效果不佳。员工对规程制度和岗位安全技能的学习积极性不高、理解不深，自主安全意识不强。分场、班组存在安全培训内容针对性不强、工作流于形式和以考代培现象。对岗位操作技术、风险辨识防范、反事故措施等的培训工作不系统、不深入，管理部门对分场、班组安全教育培训工作缺乏检查指导，考核不严。

（5）反违章工作不深入。企业领导对反违章工作重视不够，督促检查不力；职能部门反违章工作不深入、不到位；运行分场 2013年以来无违章处罚，反违章工作管理松懈、考核不严；班组自查自纠违章工作不认真，员工存在图省事、怕麻烦和侥幸心理，对违章作业危害认识不清。一系列反违章工作的漏洞和不作为，致使严重违章作业得不到有效根治。

（6）隐患排查治理不彻底。对安评整改工作重视不够，整改计划落实不到位，安评专家提出的"电气测量绝缘工作未执行操作票"问题未得到整改，对其他问题整改的系统性、主动性也存在不足，治本不力。安全检查工作不深入、不细致，闭环管理不严，工作效能不高，导致安全基础工作弱化，薄弱环节滋生，事故防范能力下降。

（五）防范及整改措施

（1）严格落实责任制。全面贯彻党中央、国务院近期安全生产系列指示精神，深入落实集团公司部署要求，完善"党政同责、一岗双责、齐抓共管"的安全生产责任体系和问责机制，强化红线意识。各级领导要把保障员工生命安全作为第一职责和首要任务，从思想认识、组织管理、现场监督等方面，认真反思履职情况，下大力气解决工作不到位和责任制不落实问题。

（2）深化反违章工作。以查电力安规、"两票三制"执行为着力点，以电气作业、高处作业、有限空间作业、临时用电、输煤系统作业、脱硫脱硝技改等风险较大作业为着眼点，推动企业开展违章自查自纠，促进形成全员反违章机制，加大力度有效查禁作业性违章和冒险蛮干行为，防范遏制人身伤害事故。

（3）强化安全教育培训。全面梳理完善企业安全培训管理体系和运作机制，落实好归口部门和各级责任人，确保安全教育培训工作有效实施。强化培训的针对性、严肃性，对于不合格人员要认真执行有关下岗学习要求，切实提高员工"四不伤害"技能。重点加强班组长和主要岗位检修运行人员安全教育培训，提升其组织安全生产的能力和水平。生产人员调换岗位或晋级，必须经安监部门安全考试合格，否则一律禁止上岗。

（4）狠抓班组基础管理。班组是安全生产工作的最终落脚点。企业领导和有关职能部门管理人员要沉下身子、深入班组，了解生产一线实际情况，靠前指导和解决存在问题，从规程制度配备掌握、班前班后会、安全日活动、"两交清"等基础环节抓起，督促指导班组尽快补齐管理短板，推动安全生产制度措施在一线得到有效执行。

（5）加强隐患排查治理。巩固安全性评价和去年集中安全生产大检查工作成果，对已查出的安全隐患或问题，特别是管理上存在的问题，要按照计划抓紧落实整改，不留后患。严格落实集团公司春检"四查、四突出"部署要求，按照"全覆盖、零容忍、严监管、重实效"原则，在春检中，对隐患排查治理工作再布置、再要求，从制度、管理、培训、设备、现场等各层面，全面排查治理安全生产隐患和薄弱环节。要把隐患当成事故对待，采取隐患排查整改责任倒查机制，切实保证效果，杜绝事故发生。

四、湖北华电襄阳发电有限公司"2·26"物体打击事故

（一）事故简述

2014 年 2 月 26 日，华电郑州机械设计研究院有限公司分包单位江苏兴港建设集团有限公司在湖北华电襄阳电厂脱硫系统烟囱防腐改造施工过程中，进行切割破碎混凝土块时，发生混凝土块失稳滑落，造成 2 人死亡，直接经济损失 180 万元。

（二）事故经过

2014 年 2 月 26 日 8:00，江苏兴港公司土建班班长（拆除班组负责人）杨英×带领 9 名工人到#3 烟囱内筒 15m 渣土堆积的平台上对切割拆除的混凝土块进行二次破碎。首先，杨英×进行了工作分工和安全技术交底，烟囱内安排 4 个人，分别是 3 个风镐工（党鹏×、张××、党耀×）对切割下来的混凝土块进行二次破碎，1 个气割工（杨冬×）对二次破碎后的混凝土内的钢筋进行切割；烟囱外面安排 5 人，分别是 2 个吊篮维修工、2 个清理工和 1 个地面安全监护工。

工作安排和技术交底后，各组按照分工开始工作，杨英×到烟囱外面转了一会后进到烟囱内。为了保证安全，施工现场设置了三根安全绳，第一根安全绳一端固定在吊篮上，另一端固定在对面烟道的横梁上，党鹏×、张××、党耀×三人的安全带挂在第一根安全绳上；第二根安全绳一端固定在倒链（手拉葫芦）上，另一端固定在第一块混凝土的钢筋上，杨英×的安全带挂在第二根安全绳上；第三根安全绳的两端分别固定在第一块混凝土两端的钢筋上，杨冬×的安全带固定在第三根安全绳上。杨英×从烟囱外进入内筒作业现场后，党鹏×、张××、党耀×三名风镐工已将压在第一块混凝土块下面的第二块混凝土块中间切割处的混凝土破碎完了，杨冬×

正在对破碎后的混凝土块内的钢筋进行切割，杨英×就站在杨冬×身边指挥，杨冬×在切到上一层钢筋还剩 7、8 根钢筋时（混凝土厚度是 35cm，块内有两层钢筋，切割时都是先切下面一层钢筋，再切上面一层钢筋），杨英×担心钢筋切割完后有危险，就让党鹏×、张××、党耀×三名风镐工把工具拿到第一块混凝土上面，然后站到安全的地方去。话刚说罢，9:35 左右，烟囱内筒施工作业面的混凝土切块突然发生坍塌，将张××、党耀×两人压在第一块混凝土下面，杨英×和杨冬×被挤在狭小的混凝土块间的空隙中。

当时正在烟囱外面进行吊篮检修的杨×（杨英×之子）听到烟囱内发出"咕咚"一阵巨响后，意识到里面出了事，就顺着吊篮护栏直接爬上内筒壁，看到里面全塌了，就喊杨英×，只听到杨英×答应，没有看到人，一着急就从内壁上直接跳下去，边喊边循着声音向杨英×爬去，在攀爬的过程中看到了张××，就喊张××的名字，没有应答，杨×就去救杨英×，看到杨英×、党鹏×、杨冬×三个人在一起，由于党鹏×受伤轻微，自己爬了上来，然后杨×、党鹏×两人把绳子从上面放下，杨英×在下面帮助杨冬×系好绳子，两人在上面拉，先把杨冬×救了上来，然后再用绳子把杨英×拉上来。杨英×被救上来后立即给郑州院项目部王赞×打电话说："出事了，赶快救人！"王赞×说："我就在现场。"王赞×接完电话后，看到王欣×在现场，就让王欣×拨打"119"、"120"电话求救，王赞×就回项目部把车开到#3 烟囱施工洞口准备运伤者。杨英×这时没有看到张××、党耀×两人，就问党鹏×和杨×"看到张××和党耀×没有？"杨×说"张××在下面压着"。杨英×顺着杨×手指的方向攀爬下去，看到张××被压在混凝土下面一动不动，党耀×被压在混凝土的另一头下面，大声喊他们的名字都没有回应。9:55，消防官兵赶到事故现场，杨英×等人就协助消防官兵展开救援。10:20 左右，120 救护车赶到，将受伤的杨冬×送往医院。

由于事故现场空间狭小，救援十分困难，23:20 张××被救出，经 120 救护人员检查确认已无生命体征。2 月 27 日 4:30 左右，党耀×被救出，经 120 救护人员检查确认也已无生命体征。事故直接经济损失 180 万元。

（三）事故原因

1. 直接原因

施工作业人员在对烟囱内筒拆除的较大混凝土块进行二次破碎切割时，作业面交错堆积的混凝土块失稳发生坍塌，导致作业面 5 名作业人员坠落筒底，2 名作业人员被滑落的较大混凝土块砸中。

2. 间接原因

（1）郑州设计院有限公司施工组织机构不健全。郑州设计院承接襄阳发电公司#3 烟囱防腐改造工程，成立了项目经理部，公司法定代表人委托王剑×为项目经理，但王剑×没有到位履职，并私自委托王赞×代其行使项目经理职责。

（2）郑州设计院有限公司施工方案编制、审核、审批程序违规。襄阳发电公司#3 烟囱内筒拆除工程属危险性较大的分部分项工程，专项施工方案编制完毕后应当由总承包单位组织技术、安全、质量专业技术人员进行审核，审核合格后由总承包单位技术负责人签字，最后报项目总监理工程师审核签字。超过一定规模的危险性较大分部分项工程，还应当组织专家对专项方案进行论证。郑州设计院项目部编制的《施工组织设计》、《施工安全措施》、《电动吊篮安装及拆除方案》、《混合烟道及原烟囱内筒拆除方案》、《渣土清运方案》均由项目部安全员张俊培编制，由项目部总工程师王欣×审核，再由项目部现场负责人王赞×审批，违反了住建部《危险性较大的分部分项工程安全管理办法》的相关规定。

（3）郑州设计院有限公司烟囱内筒拆除方案及施工安全技术措施存在缺陷。该方案对 35m 以下混凝土结构的内筒拆除没有制定具体的施工安全技术措施，在风镐打不动时改为电动锯切割，且没有明确限定混凝土切块的规格，导致混凝土切块过大，无法清运，施工作业中拆除班组先将 65 型挖掘机吊到#5 烟道进入烟囱内筒与#5 烟道口，换用破碎锤进行机械破碎，效果不好，后用钢丝绳套住混凝土块，用 80 型挖掘机机械臂往外拉，效果也不明显，最后冒险采用人工进入内筒用风镐进行二次破碎、切割作业，且二次切割破碎作业没有编制施工方案和安全技术措施。

（4）郑州设计院有限公司施工现场安全管理不到位。郑州设计院作为工程总承包单位应对施工现场的安全负总责。对施工作业人员安全防护不到位，安全绳使用不当；在安全隐患没有消除的情况下，对江苏兴港公司安排人员冒险进入烟囱内筒作业，随意改变拆除方法等冒险蛮干行为没有发现和制止。

（5）江苏兴港公司施工组织机构不健全。江苏兴港公司委托施×为襄阳发电公司#3 烟囱防腐改造承包工程项目经理，但施×长期不在项目部履职，安排没有任何资质的丁××为现场负责人行使项目负责人职责。

（6）江苏兴港公司施工方案和安全技术措施落实不到位。拆除班组没有认真落实各项施工方案和安全技术措施，作业人员安全绳使用不当，把安全绳固定在同一作业面的混凝土块的钢筋上，起不到安全保护作用；在拆除作业中随意改变拆除方法，随意使用破拆设备；渣土清运不及时，导致内筒渣土堆积高达 15m。

（7）江苏兴港公司安全意识淡薄、违规冒险作业。拆除班组作业人员安全意识淡薄，冒险蛮干。在拆除 35m 以下混凝土结构烟囱内筒时，随意设定混凝土切块规格，小的切块 2m×4m，大的切块 4m×6m，大大超出原拆除方案 0.3m×0.3m 的切块标准，导致切下的混凝土块无法破碎和清运。在第二次破碎和清运混凝土切块时，曾冒险将 65 型挖掘机吊到 15m 高的#5 烟道破碎内筒混凝土切块，用 80 型挖掘机机械臂吊拉混凝土切块，在无明显效果的情况下，又冒险安排作业人员进入烟囱内筒，上到由渣土堆积而成 15m 高的作业面，用风镐和气割枪破碎、切割混凝土块。

（8）江苏兴港公司现场安全管理不到位。210m 高大烟囱拆除属于危险性较大的分部分项工程。在拆除作业时，施工单位应指定专职安全员和技术人员在现场监督，发现不按方案施工时要立即整改，发现有危及人身安全紧急情况时，应立即组织作业人员撤离。但江苏兴港公司项目部没有安排专人对施工现场进行监督、监护，导致不按方案施工和违规冒险作业行为无人发现和制止。

（9）环宇监理公司对施工组织设计、施工安全技术措施、混合烟道及原烟囱内筒拆除方案、渣土清运方案、吊篮安装及拆除方案的编制、审核、审批程序违规没有发现和纠正，并审查签字同意。

（10）环宇监理公司对拆除班组渣土没有及时清运、混凝土切块标准过大、安全绳使用不当等不按照方案施工的安全隐患没有发现和制止。

（11）环宇监理公司对作业人员将 65 型挖掘机吊到 15m 高的#5烟道破碎内筒混凝土块、安排作业人员进入内筒对较大混凝土块进行二次破碎、切割等违规冒险作业行为没有发现和纠正。

（12）环宇监理公司对郑州设计院项目部经理王剑×和兴港公司项目经理施×长期不在项目部履职、私自授权让无相应资质的人员担任项目负责人等问题没有发现和提出整改。

（13）环宇监理公司未对施工单位组织管理体系和安全管理机构及其相关人员的资质资格进行审查。

（14）襄阳发电公司对外包单位安全管理不到位。公司虽然安排了专人负责外包单位施工现场的安全管理，但安全管理工作不深入、不细致。没有发现施工单位不按方案施工和工人违规冒险作业行为。对郑州设计院和江苏兴港公司项目部经理不到位履职的问题发现后没有追究。

（15）襄阳发电公司安全教育培训制度不落实。公司虽然制定了外包工程及临时用工安全管理规定，要求公司相关部门对外包单位临时用工人员入厂前要进行安全教育培训。但公司相关部门对外包单位临时用工人员只进行简单的技术交底和安全知识考试后就同意进厂作业，使安全教育培训流于形式。

（五）防范及整改措施

（1）要切实强化企业安全生产主体责任的落实。各施工单位要深刻吸取湖北华电襄阳发电有限公司#3 烟囱改造工程"2·26"坍塌事故教训，痛定思痛，举一反三，严格落实企业的安全生产主体责任，坚决贯彻执行安全生产和建筑施工方面的法律法规，严格执行各项安全管理制度和操作规程，建立健全安全管理机构和安全责任体系，加强安全教育培训，加强现场安全管理，坚决防止各类事故的发生。

（2）要进一步加大对外包单位的管理。襄阳发电公司要组织外包单位的安全管理人员和施工作业人员的全员教育培训，切实提高员工的安全意识和操作技能，加强对外包单位施工现场的安全管理，坚决杜绝违章指挥、违规作业和违反劳动纪律的行为。

（3）要深刻吸取事故教训，切实提高防范事故意识。各施工企业要建立健全事故警示教育制度，定期开展警示教育活动，并将事故警示教育纳入企业安全管理的日常工作。要对照此次事故暴露出的问题进行排查治理，严查事故隐患，防范同类事故的发生。

五、海南昌江核电现场 PX 厂房"3·4"触电事故

（一）事故简述

2014 年 3 月 4 日，中国核工业二三建设有限公司分包单位安徽省颍上八里河建筑安装有限公司作业人员在中核集团海南昌江核电站工作现场整理电缆作业时，擅自开启 6kV 已送电的干式变压器后盖板，发生触电事故，造成 1 人死亡，直接经济损失约 90 万元。

（二）事故经过

2014 年 3 月 4 日上午，安徽省颍上八里河建筑安装有限公司海南昌江核电项目部员工雷×和其班组另外三名员工张×、陈×、星××，根据当天工作安排，到 PX122 房间和 112 泵坑进行电缆整理工作。8:15，四人前往 PX622 房间取当天工作要使用的工具，发现该房间的高压配电盘柜上方有三条也需要整理的电缆。于是，他们便临时决定先把这三根电缆整理好（将电缆拆下放入高压配电盘柜上方天花板下方的电缆桥架中）。

8:35，陈×将梯子放在配电盘柜正面，然后和张×先后顺着梯子爬上电缆桥架上整理电缆，星××站在下面一直扶着梯子配合他们两个工作。雷×当时看到那三条电缆被配电盘柜内的一根控制线挡住，不便于将电缆整理和放置到桥架内，为了尽快将电缆整理好、放回桥架内，在未经有关人员的允许、监督、断电的情况下就擅自用螺丝刀将配电盘柜后挡板拆除，然后进入柜内欲将控制线一端拆掉时，身体右侧接触到了柜内的变压器内接线柱，随即发

生触电事故。

事故发生时，星××、张×和陈×都背对着雷×工作，而且 PX622 房间里面噪声很大，没有注意到雷×在做什么。8:50，星×× 到房间门口取斜口钳返回时，发现配电盘柜后面冒烟并伴有滋滋声响，于是向张×、陈×喊"冒烟了"，就马上跑到外面电话告知班长张星×，张星×立即联系切断配电盘柜电源，然后上报给项目部安全助理梁××，梁××立即组织救援人员及救援车辆赶往现场。9:00，救援车辆将雷×送往昌江县人民医院抢救，10:50，雷×经医护人员抢救无效死亡。

（三）事故原因

1. 直接原因

雷×安全意识淡薄，严重违规违章作业。在 PX622 房间配电盘柜前后挡板均贴有明显"带电设备、注意安全"警示标识，盘柜周围设有隔离警戒线且未经有关人员的允许、监督、断电的情况下，为了工作便利，擅自用螺丝刀拆除盘柜后方挡板进入盘柜内，接触到柜内 6000V 变压器接线柱触电死亡。

2. 间接原因

（1）八里河建筑安装有限公司海南昌江核电项目部安全教育培训工作不到位，教育流于形式，导致员工安全意识淡薄，造成员工对危险场所和违规违章作业行为的漠视，冒险作业。

（2）八里河建筑安装有限公司海南昌江核电项目部现场安全管理不到位，造成员工违规违章操作无人制止和纠正。

（3）八里河建筑安装有限公司海南昌江核电项目部对施工班组技术交底不到位，现场安全生产监督不力。

（四）防范及整改措施

（1）要牢固树立科学发展安全发展理念，牢牢坚守"发展决不能以牺牲人的生命为代价"的这条红线。认真贯彻"安全第一，预防为主，综合治理"的方针，加大安全生产工作力度，加强日常安全生产隐患排查治理，强化生产一线安全监管，增加安全管理人员，加大对各生产现场的安全检查，及时发现和制止违章违规作业。

（2）进一步建立和完善各项规章制度和各岗位、各工种的安全操作规程，要教育员工树立牢固的安全理念，深化员工安全教育和岗位业务培训，提高全体员工的安全意识和自我保护能力。

（3）要采取措施加大对"三违"（违章作业、违章指挥、违反劳动纪律）的查处力度，要将员工的遵章守纪情况及安全管理人员的查处违章情况直接与经济收入挂钩，通过严厉查处"三违"，规范职工操作行为。

（4）要加强对员工安全再教育，要把"3·4"触电事故作为公司内部安全管理的典型事故案例学习内容，让员工了解事故经过和事故预防措施，吸取事故教训，提高和增强职工安全意识，自觉规范安全行为。

（5）中国核工业第二三建设有限公司要通过"3·4"触电事故教训，加大宣传教育力度，加强对其外包的各个项目进行监督管理，定期或不定期组织对该项目部生产一线的各个环节、部位、岗位进行检查，对存在的各种安全隐患要督促其切实做到早发现、早治理、发现一宗，治理一宗，确保治理工作落实到位。

六、河南华润电力古城有限公司"3·20"原煤仓坍塌事故

（一）事故简述

2014 年 3 月 19 日，华润电力检修（河南）有限公司工作人员在河南华润电力古城有限公司#8 原煤仓开展疏通作业时，发生一起坍塌事故，造成 1 人死亡，直接经济损失 100 余万元。

（二）事故经过

2014 年 3 月 19 日中午，华润电力检修（河南）有限公司古城项目部专责杨××接到通知，要求对#8 原煤仓贴壁煤清理疏通作业，陈宏×登录办理了工作票。

19 日下午，由杨××组织开始对#8 原煤仓贴壁煤进行清理疏通作业。杨××与运行班长张×打开#8 原煤仓南侧的进煤口，把软梯和安全绳放入原煤仓，杨××自己先下到原煤仓中检查了一下仓内的情况，仓壁周围积煤很严重，约有 100t 左右。随后，杨××又往仓内拉了一个 22V 的安全灯照明，然后对 3 名清仓人员郑××、吴

二×、吴联×介绍了仓内情况，交代了作业注意事项及防护措施。17:00 左右，经检查悬梯固定牢固，安全绳、安全带使用规范，3 名清仓人员进入原煤仓开始作业。杨××和输煤运行班长张×在原煤仓口监护，利用对讲机与仓内保持联系。20:00 左右，3 人从原煤仓内上来休息，吃了食物后再下到仓内继续作业。

21:30 左右，大部分倾斜积煤已经清除，作业负责人郑××为加快进度，使用捅煤棍捅贴靠在仓壁上的煤。22:00 左右，积煤突然坍塌，郑××随同塌落下来的原煤一起坠落，被埋入煤堆。此时，郑××的作业位置在原煤仓的北侧。仓内的吴二×、吴联×见此情况，一边大声呼救，一边开始奋力挖煤抢救郑××。煤仓上面的杨××立即向专工陈×汇报，并指挥抢救。陈×接到电话，迅速赶到现场，组织厂内工作人员参加抢救，同时向公司领导汇报现场情况，公司领导、项目部经理先后赶到现场指挥救援。由于原煤仓内情况复杂，救援困难。至 3 月 20 日 3:50，救援人员从 22.5m 原煤仓割口处抬出被埋人员郑××，经 120 抢救无效死亡。事故直接经济损失 100 余万元。

（三）事故原因

1. 直接原因

（1）用于保护作业人员郑××人身安全的安全绳在郑××进行清理积煤作业时处于松弛状态，没有处于紧张状态，安全绳没有起到应有的保护作用。

（2）郑××安全知识缺乏，对作业过程中可能产生的危险估计不足，自我防范意识不够。

2. 间接原因

（1）华润电力检修（河南）有限公司古城项目部制定的《#8 原煤仓疏通清理方案》存在严重缺陷，未采取依次从东西南北四个方向上的进煤口进入原煤仓进行清理作业，仅安排疏通清理作业人员从 L1A2 南侧原煤仓进煤口进入原煤仓进行疏通清理作业（由于原煤仓仓体面积大，工作人员要清理仓体北侧积煤，就必须拖着安全绳从积煤顶部绕到北侧），由于作业范围大，致使安全绳不能时时处于紧张状态，安全绳起不到应有的保护作用。

（2）华润电力检修（河南）有限公司在组织进行清理原煤仓危险作业过程中安全技术交底不到位、现场安全监护人员没有检查到安全绳不能起到保护作用的情况。

（3）华润电力检修（河南）有限公司对从业人员的安全生产教育、培训工作不扎实，从业人员郑××安全生产基本常识欠缺、防范意识差。

（四）防范及整改措施

（1）华润电力古城有限公司，要加大安全生产投入，对原煤仓及其他设备设施进行技术改造，彻底解决锅炉原煤仓堵煤等问题，整体提高发电设备本质安全水平。

（2）华润电力检修（河南）有限公司，要按照有关法法律法规要求，更加扎实地加强对从业人员的安全教育和培训工作，切实提高从业人员的安全素质，真正解决从业人员安全生产意识差，安全防范不到位等问题。

（3）华润电力检修（河南）有限公司，要严格落实安全生产责任制，逐级逐层建立健全安全生产责任制，尤其对高危岗位和有限空间作业，要严格执行《工贸企业有限空间作业安全管理与监督暂行规定》等有关规定，必须严密制定工作方案和应急预案，组织专家对方案和预案进行论证，确认工作方案和应急预案可行，并经公司领导审核同意后方可组织实施；要严格管理，确保责任制的落实。

（4）华润电力检修（河南）有限公司，要加强安全和技术骨干的培养、培训工作，要关心安全和技术骨干的生活和学习，为安全和技术骨干创造拴心留人环境，确实让安全和技术骨干留得住、会工作，切实发挥安全和技术在安全生产中的主力军作用，最大限度减少事故发生。

七、华能辛店电厂"3·25"厂内交通事故

2014年3月25日，华能辛店发电有限公司装载机械驾驶员郎××在驾驶装载机械由二期煤场前往三期煤场途中，自南向北方向行经U形弯右转弯下坡时，因未确保安全，车辆侧翻入路沟内，致

使郎××受伤，经送医院抢救无效于当日死亡、车辆损坏。

八、华能威海发电有限责任公司"4·5"物体打击事故

（一）事故简述

2014 年 4 月 5 日，哈尔滨亚源电力有限公司在对华能威海发电有限责任公司#5 机组发电机温度信号引出接线装置改造过程中，发生一起物体打击事故，造成 1 人死亡，直接经济损失 71.3 万元。

（二）事故经过

华能威海发电有限责任公司#5 机组 C 级检修于 3 月 26 日正式开工。

4 月 4 日上午，亚源电力公司技术服务人员吴××、李宇×来到华能威海公司办理了现场工作证，与华能威海公司检修部热控四班技术人员徐××和检修组长、工作负责人刘×一起对#5 机组发电机温度信号引出接线装置改造工作中危险点和安全措施进行了沟通分析，提出了安全措施，开具了《热机工作票》（编号：W120RJ2014010058）。运行部集控值长姜××对《热机工作票》安全措施进行了审核，并批准了工作时间。下午，安全措施执行人、运行部单元长许×和刘×对《热机工作票》安全措施执行情况进行了检查后，许×签发了许可开工指令。

4 月 5 日 8:45，吴××、李宇×和刘×、马×、李龙×组成的温度信号引出接线装置改造工作班来到#5 机组发电机作业现场。吴××、李宇×开始轮流拆卸发电机西南角的温度信号引出接线装置板法兰，陆续将 28 个 M16×70 的螺栓全部拆除。9:37，吴××在用顶丝顶开接线装置板法兰时，接线装置板法兰突然冲出，吴××被接线装置板法兰冲击至 11.8m 外的墙边。华能威海公司人员张×发现后，立即拨打了 120 急救电话。9:50 左右，急救中心医护人员赶至现场，立即将吴××送往医院。11:23，吴××因多轴系损伤、胸挫裂伤，经抢救无效死亡。事故直接经济损失 71.3 万元。

事故现场照片及示意图如图 18、图 19 所示。

（三）事故原因

1. 直接原因

从业人员违规拆卸接线装置板法兰，致使发电机内部压力（224kPa）突然释放，造成接线装置板法兰飞出。

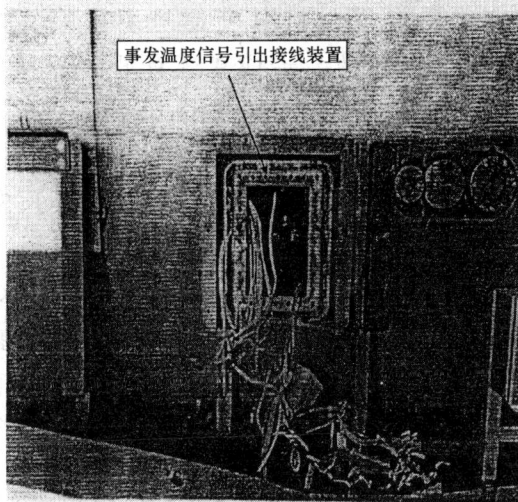

事发温度信号引出接线装置

（一）

温度信号引出接线装置法

（二）

（三）

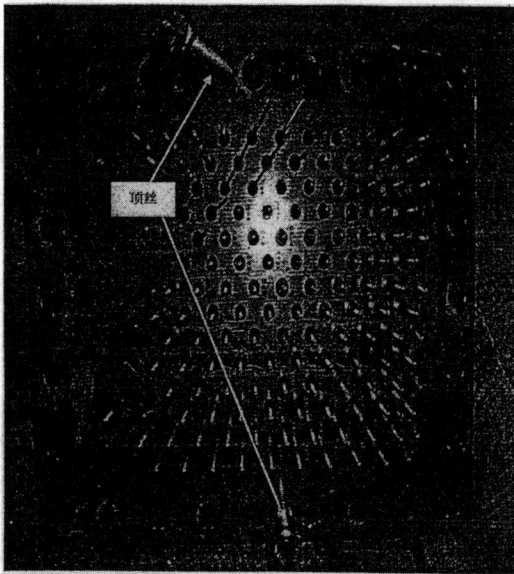

（四）

图 18　事故现场照片

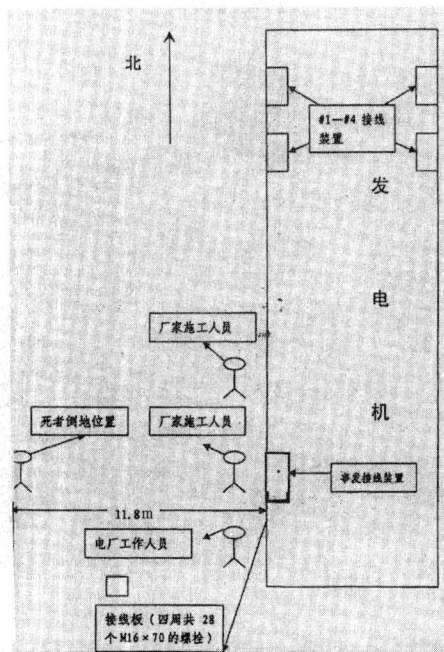

图 19 #5 发电机温度接线装置事故现场示意图

注：#5 机组发电机长 12.214m，宽 4m，高 8.278m。

2. 间接原因

亚源电力公司未落实企业安全生产主体责任，制定的《发电机温度信号接线装置改造安全操作规程》不完善，未向从业人员告知发电机温度信号引出接线装置改造工作岗位存在的危险因素和防范措施，现场工作人员未能有效辨识发电机内空气压力危险因素，未向华能威海公司详细交代发电机温度信号引出接线装置改造工艺要求，导致制定的安全措施不全面。

（四）防范及整改措施

（1）亚源电力公司要认真吸取此次事故教训，认真落实企业安全生产主体责任，完善安全操作规程，落实外出施工作业安全技术交底各项规定。要加强员工的安全生产技能培训教育，进一步提高员工的技能水平和安全意识。要对事故暴露出来的问题，认真组织整改，确保安全措施完备。

（2）华能威海公司要加强对外来作业单位和作业人员的现场管理，深入细致地掌握外来作业单位的工作流程，加强各项风险分析预控，全面辨识工作现场存在的风险，杜绝"三违"现象，切实避免各类伤亡事故。整改及对相关责任人处理的情况报威海市安全生产监督管理局备案。

九、大唐安徽虎山电厂"4·25"机械伤害事故

2014 年 4 月 25 日，大唐安徽虎山电厂维修部作业人员在对#2炉空预器进行清扫时，被预热器主电机靠背轮缠住，造成 1 人死亡。

十、黑龙江齐齐哈尔富拉尔基热电厂"4·27"坍塌事故

（一）事故简述

2014 年 4 月 27 日，华电能源股份有限公司富拉尔基热电厂发生一起坍塌事故，造成 1 人死亡，直接经济损失 75 万元。

（二）事故经过

2014 年 4 月 27 日 13:45 左右，华电能源股份有限公司富拉尔基热电厂锅炉检修车间副主任于××、安全员田××一同到#6 炉#1除尘器现场查看清灰进度。当时，作业组人员已离开现场。为加快清灰作业进度，13:50，于××、田××在未经审批情况下，进入罐内进行清灰作业，田××作业，于××在烟道出口处向内进行监护，清灰作业层位于罐内约 16m 高处。

14:15，田××在使用电镐对其左侧烟道壁由下至上进行清灰过程中，左侧壁剩余灰块突然塌落，砸在田××头部左侧。被砸后田××趴在作业层跳板上，于××上前呼叫，见无反应，随后喊其他人一同救援，并叫人拨打 120 急救电话。14:30，120 医护人员到达现场施救，14:35，田××经现场抢救无效死亡，医院诊断死亡原因为重度颅脑损伤。事故直接经济损失 75 万元。

（三）事故原因

1. 直接原因

华电能源股份有限公司富拉尔基热电厂锅炉检修车间安全员田

××安全意识淡薄，未履行岗位职责，违反华电能源股份有限公司富拉尔基热电厂《受限空间作业安全管理规定》的要求，在没有进行审批的前提下擅自进入受限空间作业。

2. 间接原因

（1）华电能源股份有限公司富拉尔基热电厂锅炉检修车间副主任于××没有履行岗位职责，未遵守进入受限空间的规定。

（2）华电能源股份有限公司富拉尔基热电厂各级安全教育培训工作不到位，员工安全意识薄弱，"四不伤害"技能掌握和运用不足。

（3）华电能源股份有限公司富拉尔基热电厂各级安全措施落实不力，进入受限空间作业需要审批制度未得到有效执行。

（四）暴露问题

华电能源股份有限公司富拉尔基热电厂现场作业存在各级安全管理人员岗位职责执行不到位、受限空间作业审批制度执行不严，进入受限空间作业人员安全意识淡薄、防范意识不强。

（五）防范及整改措施

（1）华电能源股份有限公司富拉尔基热电厂要深刻吸取此次事故的教训，强化红线意识，以"四不放过"的原则处理此次事故，将国务院关于《进一步加强企业安全生产工作的通知》（国发〔2010〕23号）落到实处，有效防范和坚决遏制事故的发生。同时要求企业内部召开"4·27"安全生产事故通报会，并以事故为例，举一反三，采取"零容忍、全覆盖"的方式，按照国家有关规定，迅速开展企业内部安全生产大检查，全面排查治理各类安全生产隐患，全力确保生产安全。

（2）华电能源股份有限公司富拉尔基热电厂要进一步严格执行相关法律、法规、规章、标准以及上级机关、主管部门有关的决定；进一步落实安全生产主体责任和岗位责任，加强安全管理机构建设；进一步补充和完善各岗位安全操作规程，加强受限空间作业现场的安全管理，不断提升安全管理水平。

（3）华电能源股份有限公司富拉尔基热电厂要进一步强化日常安全检查，加大企业隐患排查治理的力度，对查出的问题要按照隐患排查治理"五落实"的要求整改；进一步加强完善受限空间设备、设施的安全检查和配套完善，确保设备设施的配置更加符合实际工作的要求。

（4）华电能源股份有限公司富拉尔基热电厂要以事故为例，加大全员培训的力度。一是要保证从业人员具备必要的安全生产知识；二是要熟悉本岗位安全生产规章制度和安全操作规程，杜绝违章作业；三是保证掌握本岗位的安全操作技能和事故防范措施及应急常识。

（5）华电能源股份有限公司富拉尔基热电厂要进一步加大安全专项资金的投入力度，保证安全资金的使用全部用于改善企业安全生产管理现状，配齐配足必要的应急救援物资和器材。

（6）华电能源股份有限公司富拉尔基热电厂要进一步完善应急救援体系建设，修订完善企业安全生产事故救援预案，重点是加强作业现场处置方案的演练，提高从业人员安全生产事故防范意识和突发安全生产事故的应急处置能力。

十一、华电宁夏灵武发电有限公司"4·30"高处坠落事故

（一）事故简述

2014 年 4 月 30 日，华电宁夏灵武发电有限公司（以下简称灵武发电公司）#3 机组扩大性小修项目工程，项目各方（共 6 人）进入炉内准备对炉右水冷壁减薄及燃烧优化改造情况共同进行检查时，入口处炉膛检修平台（施工起重机械，属特种设备）通道跳板发生塌落，造成 4 人从炉内约 42m 标高处坠落，2 人经抢救无效死亡，2 人受伤，直接经济损失 260 余万元。

（二）事故经过

2014 年 4 月 30 日 10:40 左右，灵武发电公司生产技术部锅炉专工杜××，锅炉检修队本体班姜×、王×、肖×及中节环公司项目分包单位——郑州立达公司项目经理刘××，山东电建三公司项目劳务分包单位——山东莱建公司项目经理吕××共 6 人，从锅炉右侧水冷壁换管处割开的孔洞（标高约 42m）进入锅炉内炉膛检修平台（吕××最先进入、姜×随后进入，其他 4 人陆续进入），准备

检查炉右水冷壁减薄及燃烧优化改造情况。

约 10:40，当最后一人（肖×）刚进入炉膛检修平台时，炉膛检修平台跳板发生塌落，导致王×、刘××、杜××、肖×4 人从平台上坠落，落至 17m 平台脚手架，将脚手架板砸坏 7 块，形成 2.6m×1.7m 大小的孔洞，并继续向下坠落，其中杜××、王×落至约 8.6m 处临时检修平台，刘××、肖×落至约 6.5m 处临时检修平台。

事故发生时，吕××、姜×本能抓住炉膛检修平台栏杆自救，两人从进入锅炉内炉膛检修平台时的水冷壁孔洞爬出，姜×立即拨打 120 急救电话，并打电话汇报灵武发电公司主要领导。

事故发生后，灵武发电公司立即启动人身伤亡事故应急预案，开展现场施救。10:42，灵武发电公司组织本单位及山东电建三公司、中节环公司共 10 余人共同进行施救。11:00，救护车陆续到达现场，将 4 人分别送往就近医院进行抢救。11:40，王×、刘××经抢救无效死亡，杜××、肖×经急救后脱离生命危险。事故直接经济损失 260 余万元。

（三）事故原因

1. 直接原因

（1）山东电建三公司在搭设（安装）炉膛检修平台中未按设计要求安装，存在严重缺陷，使炉膛检修平台承载能力下降（如图 20 所示）。

（2）项目各方 6 名工作（检查）人员进入#3 锅炉内部进行受热面检查时，未佩戴安全带和防坠器等防护用品。

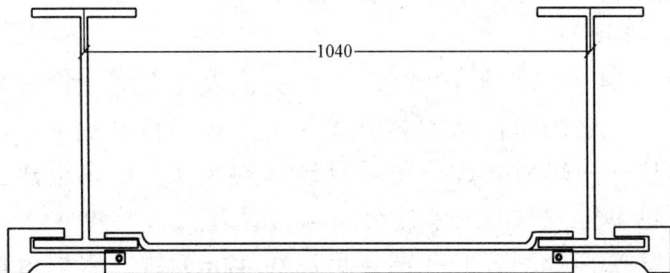

（一）

（二）

（三）

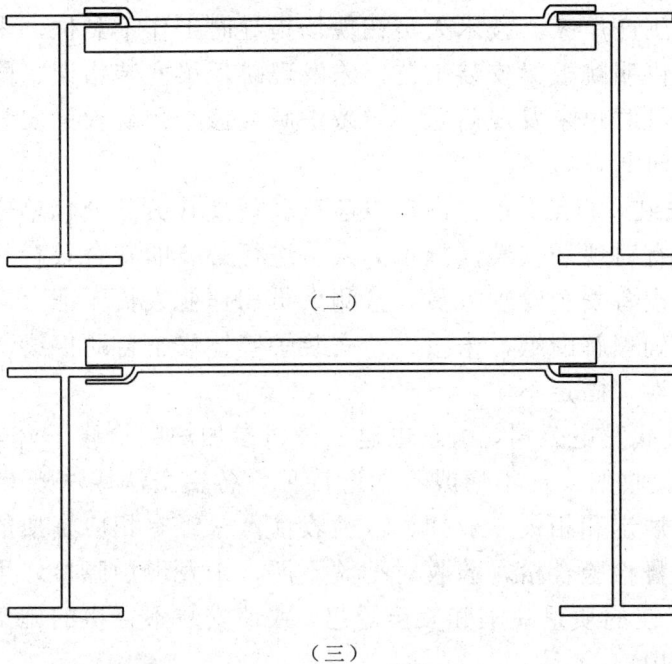

图 20　跳板梁安装位置正、误对比示意图

（一）跳板梁正确安装示意图；（二）跳板梁位置错误安装示意图；

（三）跳板梁位置错误且装反情况安装示意图

（3）炉膛检修平台 A 梁、跳板拉筋等处变形，使炉膛检修平台承载能力下降；事发时，6 名工作人员进入#3 锅炉内部后，在炉膛检修平台上站立比较集中，超过炉膛检修平台承载能力后发生塌落。

2. 间接原因

（1）炉膛检修平台监督管理缺失。

1）山东电建三公司在安装炉膛检修平台时，未按照《中华人民共和国特种设备安全法》的规定向当地设区的市级质监部门进行施工安装前书面告知，安装完毕后未出具自检合格证明，也未向施工（使用）单位进行安全使用说明。

2）炉膛检修平台缺少组装图、安装作业指导书、质量验收标准，设备生产厂家提供的炉膛检修平台使用说明书中，缺少详细的安装技术要求和组装图纸，对跳板梁安装工艺标准描述不清晰。江苏能建公司（生产厂家）技术人员在现场指导时工作不到位，未向现场施工人员讲明跳板梁安装工艺，未发现跳板梁安装错误、固定不牢问题，验收时也未发现问题，导致炉膛检修平台跳板梁安装错误没有得到及时纠正。

3）安装（施工）单位山东电建三公司及其劳务分包单位山东莱建公司没有对现场安装（施工）人员进行必要的安全教育和技能培训，特种设备安全管理人员、检测人员和作业人员无证上岗；安装人员未正确理解图纸，未按设计安装炉膛检修平台跳板梁，实际安装位置错误，固定不牢。

4）灵武发电公司、山东电建三公司参加炉膛检修平台安装（施工）质量验收的人员不懂或不知道特种设备安全法律法规（含标准、规程）的规定和相关专业知识，验收前，未经有相应资质的检验检测机构监督检验合格，验收时把关不严，未发现炉膛检修平台安装（施工）存在的质量缺陷和安全隐患，致使安装不合格的施工起重机械投入使用。

5）中节环公司及其项目工程分包单位郑州立达公司使用未经检验合格和无登记标志的特种设备（炉膛检修平台）；未建立炉膛检修平台岗位责任、隐患治理、应急救援等安全管理制度和操作规程，炉膛检修平台操作人员未取得相关特种设备作业人员资格证（仅一人有桥门式起重机的作业证，与操作的炉膛检修平台不对应），无证上岗；且未按规定对其使用的炉膛检修平台进行日常管理，对炉膛检修平台 A 梁、跳板拉筋等处变形没有及时进行检查和维修保养。

（2）企业安全生产主体责任落实不到位。

1）灵武发电公司对施工单位和施工人员的资质审查把关不严，施工各方的项目负责人和安全生产管理人员均未取得相关部门颁发的资格证书；未督促施工单位编制安全措施或作业指导书；对山东电建三公司和中节环公司分包项目工程的问题没有及时发现和制止；对#3 机组检修工程的安全生产工作统一协调和管理不到位。

2）各施工单位未按规定编制项目工程安全措施或作业指导书；未建立安全生产责任制、安全管理制度和操作规程；安全教育培训不到位，作业人员自我保护意识差，登高作业（架子工）等特种作业人员均未取得有关部门颁发的特种作业人员资格证；现场安全监督检查不到位，现场存在的问题和隐患没有得到及时发现并整改。

3）工作票管理不严格，项目各方 6 名工作（检查）人员进入#3锅炉内部进行受热面检查时，受热面检查工作票没有及时办理成员变更手续，也未进行安全技术交底及签字。

4）受限空间等危险作业管理存在漏洞，进入受限空间作业没有人员登记管理，没有现场监护人进行监督管理，高处作业人员未按要求采取安全防护措施。

（四）防范及整改措施

（1）各事故企业（单位）要严格执行《中华人民共和国特种设备安全法》、《建设工程安全生产管理条例》等法律法规的规定和要求，进一步落实企业安全生产主体责任，特别是要落实企业主要负责人（含项目经理）安全生产第一责任人的责任，切实加强对起重机械的日常管理。要严格遵守各项安全管理规章制度，执行各项安全操作规程，落实各项安全技术措施，杜绝违章指挥、违章作业和违反劳动纪律行为，有效预防和减少各类事故的发生。

（2）灵武发电公司要认真履行建设工程项目（含检修项目）安全监管职责，加强对电力建设施工中外包工程项目各项工作的统一协调管理，严禁工程项目违规分包、转包、以包代管行为，并针对起重机械的特点，制定安全技术措施，做好安全技术交底和施工现场安全管理的监督检查，及时发现和制止违章行为，做到安全管理和监督不留死角。今后安装和使用炉膛检修平台时，应严格遵守电业安全工作规程、电力建设安全规程及施工升降机安全规则的规定，并及时组织有关人员学习上述规程和规定。

（3）山东电建三公司、山东莱建公司、中节环公司及郑州立达公司等施工单位要强化对特种设备作业人员的安全培训和管理，加强员工遵章守纪和自我防护意识，不断提高员工的整体素质。对起重机械的操作人员及相关管理人员要严格按照国家有关特种设备的规定做到持证上岗。江苏能建公司要切实做好售后服务工作，做到想用户之想、急用户所急，密切配合用户做好炉膛检修平台安装、维修、使用和报检等各项工作，确保特种设备安全运行。

（4）坚守安全生产"红线"，落实"党政同责、一岗双责、齐抓共管"要求，加强电力行业安全监管，落实各级安全生产责任制，把保护人的生命安全作为头等大事、第一位职责来抓，保证各项安全生产措施要求落到实处、见到实效。

（5）立即开展电厂检修、环保技改工程专项安全大检查。各电力企业要以"保人身安全"为目标，对照"安规"、作业环境本质安全管理相关规定、作业指导书等要求，对正在进行的和即将开展的检修和环保技改工程进行一次全面深入地安全大检查和隐患排查治理，重点检查炉膛检修平台、各类脚手架的安装和使用情况，高处作业、起重作业、受限空间作业、交叉作业、动火作业情况，安全用电情况，"两票"执行情况，以及外包工程对上述作业的落实情况等。对查处的各类问题要实行"零容忍"，切实消除影响人身安全的各类隐患，坚决杜绝人身伤亡事故的发生。

十二、大唐安阳发电厂兴源物资有限责任公司"5·20"坍塌事故

（一）事故简述

2014年5月20日，山东三佳钢板仓开发有限公司（以下简称"山东三佳公司"）在大唐安阳发电厂（以下简称"安阳电厂"）厂区安阳兴源物资有限责任公司（以下简称"兴源公司"）#6干灰库内进行清灰作业时，发生一起坍塌事故，造成2人死亡、1人受伤，直接经济损失约98.5万元。

（二）事故经过

2014年5月5日，兴源公司与山东三佳公司签订了"干灰库清灰维修工作"的合同和安全协议，双方共同完成了对施工作业"三措一案"（组织措施、技术措施、安全措施和工程施工方案）的审批。兴源公司于5月16日、19日分两次对山东三佳公司作业人员培训，考试合格后，为其办理了准入手续，签发了工作票据等作业前的相关手续。

5月20日，兴源公司负责人对山东三佳公司作业人员进行了安全技术交底，监督其劳保用品配备到位后，于16:30左右开始作业。

山东三佳公司在承包兴源公司#6 干灰库清灰作业中，按施工要求每3 人一组，每组 10min 进行施工作业，当第三组施工人员进入灰库作业大约 5min 时发生煤灰坍塌事故。

事故发生后，山东三佳公司项目负责人张××在 5.5m 高平台上发现干灰突然从步道散落下来，并伴有人呼救，急忙赶到作业平台人孔口，发现有两个人小腿并排卡在人孔口内，其他部位埋在干灰仓内。张××立即组织人员施救，并电话通知兴源公司，兴源公司得知后，立即组织人员进行现场救援，随后赶到的救护车将三名作业人员送往医院进行抢救。18:20 左右，伤者吴××经医院抢救无效死亡；伤者周××经医院 8 天抢救，于 5 月 28 日 8:00 左右死亡；伤者胡××经医院检查无碍。事故直接经济损失约 98.5 万元。

（三）事故原因

1. 直接原因

山东三佳公司项目负责人张××违反《施工方案》、《技术措施》等有关规定，应指挥作业人员从库顶进入，自上而下进行逐层清灰，在施工装备（绞车、锁绳器）不到位的情况下，张××违章指挥作业人员吴××、周××和胡××从 11.5m 处人孔口进入干灰库进行清灰作业。

2. 间接原因

（1）山东三佳公司在项目前期培训阶段，未告知作业人员项目施工过程中存在干灰坍塌的可能性。

（2）现场指挥人员未按照拟订的施工方案要求，违章指挥作业人员从 11.5m 处人孔口进入灰库进行作业；施工前期未按拟订的检修技术措施配备相应的安全防护用品及施工装备（绞车和锁绳器）。

（3）山东三佳公司人员配备及管理存在较大缺陷，在 5 月 16 日入厂培训后，山东三佳公司擅自将负责技术的人员调离，致使该项作业在无专监技术人员的情况下进行，为事故的发生埋下隐患。

（4）山东三佳公司安全管理人员未履行安全生产监管职责，及时制止和纠正违章指挥、违章操作、违反劳动纪律的行为。

（5）受限空间安全作业票中危险因素识别不全面，作业部门安全主管未辨识出该作业可能出现的坍塌风险，未针对坍塌危害因素制定相应的安全措施。

（6）安阳兴源公司在项目作业前对山东三佳公司的"三措一案"进行了审核，但现场监督管理人员未严格落实"三措一案"相关安全技术措施，对作业过程中违反施工方案，从灰库11.5m处人孔口进入库内作业的方式未予及时制止（正确方式应从库顶部真空释放阀进入），对本次事故的发生负有相应的管理责任。

（7）兴源公司对现场监督管理人员管理不到位，导致监督管理人员监管过程中存在较大疏漏，负有管理责任。

（四）防范及整改措施

（1）山东三佳公司通过此次事故，进行深刻反省，将安全生产纳入公司管理第一位，建立健全安全生产各项规章制度，对员工的安全生产教育要做到常态化、经常化，提高安全操作技术水平，增加防护能力，确保自身和他人的安全，杜绝违章指挥、违章作业，防止安全生产事故的发生。

（2）兴源公司应分析事故发生的原因，总结经验教训，将安全生产教育落实到每个班组、每个人，不能流于形式。

（3）兴源公司应加强外包项目的管理，把安全生产工作放在第一位，规范从业人员资格，认真贯彻执行安全生产法律法规和规章制度，进一步健全完善安全生产责任，从严落实安全生产各项措施，强化安全生产教育培训工作，提高安全生产监管能力。

（4）兴源公司应通过此次事故，加强对外包单位执行劳动保障法律法规的监督，规范劳动用工行为，按要求为劳动者办理社保手续，足额缴纳社会保险费用，确保劳动者的人身权益不受侵害。

十三、宁夏大坝发电有限责任公司#2锅炉燃烧器改造工程"6·6"高处坠落事故

（一）事故简述

2014年6月6日，北京巴布科克·威尔科克斯有限公司在承揽的宁夏大坝发电有限责任公司#2锅炉燃烧器改造工程施工中，发生一起因施工人员为走捷径违章翻越隔离围栏导致的高处坠落事故，造成 1 人死亡，直接经济损失约 80 万元。

（二）事故经过

2014 年 6 月 6 日 10:10 左右，北京巴布科克·威尔科克斯有限公司在承揽的大坝电厂#2 锅炉燃烧器改造安装工程施工时，现场负责人艾××安排姚××、林××等 4 人对 33m 南侧楼梯平台进行拆除移位为风箱安装做准备工作。

工作过程中首先在楼梯平台装设了钢质围栏并悬挂了"禁止通行"、"当心坠落"标识牌，在南侧至北侧过道装设了围栏又悬挂了标识牌。安全隔离措施设置完成并确认后，开始拆除了南侧过道的格栅板一块，姚××准备将拆下的格栅板加固在钢质围栏处。

10:05，林××站在楼梯平台围栏处准备翻越栏杆被姚××发现并制止，随后姚××转身继续工作，林××为走捷径，不听劝阻违章擅自翻越隔离围栏，从拆开的孔洞掉至 18m 燃油伴热管道上。事故发生后现场施工负责人通过电话向大坝电厂领导汇报，公司领导随即赶赴现场并拨打"120"医院急救电话将林××送往医院抢救，但由于伤势过重，林××经抢救无效死亡。事故造成直接经济损失约 80 万元。

（三）事故原因

1. 直接原因

（1）林××不遵守劳动纪律，为走捷径不听劝阻违章翻越通道口隔离栏杆，在通过行走平台时从已拆除格栅的洞口坠入下方发生事故。

（2）施工单位在施工平台下方无平面防护措施，导致死者从高空直接坠至 18m 燃油伴热管道上摔伤经抢救无效死亡。

2. 间接原因

（1）施工企业对从业人员安全教育培训不到位，无安全培训计划和培训内容，无入厂和"三级"安全培训资料，职工安全意识淡薄，不熟悉工作环境，风险防范能力差。

（2）现场安全隐患管控措施不到位，作业场所无拆除设施禁止通行警示、警告、禁止通行标识牌，通道口未采取完全封闭措施，现场无专人看护。

（3）施工企业安全管理制度执行不力，项目部对施工班组管理失控，致使员工违规、违章行为未得到有效制止，企业安全检查考核记录不全。

（4）监理单位对事故隐患排查、治理和防控不到位，未组织安全管理人员、工程技术人员审核施工安全方案排查事故隐患，未建立隐患信息档案，并按照职责分工实施监控治理。

（四）防范及整改措施

（1）北京巴布科克·威尔科克斯有限公司要深刻汲取"6·6"生产安全事故教训，切实落实企业安全生产主体责任，做好企业职工的安全培训教育工作，提高安全管理水平和风险防范意识，杜绝"三违"现象的发生。要对施工现场安全生产工作进行全面检查，制订有效的安全防范措施，坚决遏制各类生产安全事故发生。始终把反违章、杜绝违章作为安全生产的主题，确保生产安全。

（2）武汉市华润电力工程技术有限公司要深刻吸取此次生产安全事故教训，加强对职工的安全教育培训力度，认真履行安全管理职责，及时发现隐患并排查整改。

（3）宁夏兴电工程监理有限责任公司要深刻汲取"6·6"生产安全事故教训，建立健全安全生产保障和监督体系，对危险作业的安全技术措施重新进行审理，全方位地做好施工现场安全生产检查工作，确保各项规章制度和措施落到实处，杜绝生产安全事故发生。

（4）宁夏大坝发电有限责任公司要深刻汲取此次生产安全事故教训，加大外包施工单位安全管理，确保外包单位施工安全。

十四、河南省新乡豫新发电有限责任公司"6·24"高处坠落事故

（一）事故简述

2014 年 6 月 24 日，由河南省工业防腐蚀工程有限公司承接的新乡豫新发电有限责任公司#7 炉 A 级检修炉膛内脚手架搭拆项目在施工时，发生一起高处坠落事故，造成 1 人死亡、1 人受伤，直接经济损失约 92 万元。

（二）事故经过

2014 年 6 月 23 日 17:00 左右，河南省工业防腐公司驻新乡豫新发电有限责任公司现场负责人闫××为赶#7 炉 A 级检修炉膛内脚手架拆除工程进度，在未通知业主和监理公司的情况下，私自增加并安排无证临时施工人员 11 人到#7 炉进行脚手架拆除施工，并将拆下来的钢架板和钢管通过炉内升降平台向下运输。在施工过程中，作业人员为施工移动方便多数未固定安全带。

6 月 24 日 1:20 左右，当该施工队将升降平台上堆放的已拆下来的 299 块钢架板和 41 根钢管准备运往二楼平台时，突然一声巨响，升降平台西北角垮塌。当时升降平台上载有四人，苗××和张建×在升降平台的南边安全通道上，张树×和邢××在平台的西北边。垮塌发生瞬间，张树×和邢××随塌落的钢架板和钢管等自 32m 高的升降平台坠落至炉底 13.5m 高的脚手架平台上，而苗××和张建×因正确使用安全带且升降平台垮塌时抓住临近的钢丝绳而未随之坠落。事故发生后，现场负责人闫××迅速召集人员清点人数，一面让协助管理员苗××电话通知在外地的项目负责人史××，一面带人赶往炉底营救坠落人员，其间拨打了"120"急救电话。在炉底，闫××发现坠落的两人，一人意识清醒，能够回话，另一人已经不能回应。闫××在四五位工友的帮助下先将意识清醒的邢××从炉内抬出送上等候在炉外的救护车，大约用时 20min，第一辆救护车将邢××送往医院进行抢救。因张树×被坠落的钢架板、钢管等杂物压在下面，"120"救护人员拨打"119"报警电话请求救援，在消防大队的帮助下将张树×从塌落物下救出，随即送往医院抢救。6 月 24 日 3:50，张树×经抢救无效死亡，邢××经全力抢救，脱离生命危险。事故直接经济损失约 92 万元。

（三）事故原因

1. 直接原因

施工单位工业防腐公司现场违章指挥，超载使用升降平台，将拆除的钢架板违章集中超标准（炉膛升降平台厂家说明书规定升降平台最大设计荷载 4000kg，局部载荷 ≤200kg/m²）堆放在炉膛内升降平台上，致使升降平台垮塌，升降平台垮塌时共载重

6786.1kg（包括 299 块钢架板、41 根钢管和 4 名施工人员），是最大荷载量的 169.65％；施工人员（张树×，邢××）安全意识淡薄，违章作业，安全防护不到位，未正确使用安全带是引起这次事故的直接原因。

2. 间接原因

工业防腐公司安全管理缺失及安全防护措施不到位，安全教育培训不到位，擅自使用无证人员进行登高作业，未能及时发现员工高处作业未使用安全带等事故隐患。

（四）防范及整改措施

（1）河南省工业防腐公司要认真吸取本次事故的沉痛教训，立即开展公司全面的安全生产大检查，认真查找和解决安全管理工作中的漏洞。

（2）河南省工业防腐公司要加强安全生产教育培训和安全交底工作，不断提升全体从业人员的安全意识和安全技能，特种作业人员必须做到持证上岗。

（3）河南省工业防腐公司要加强对施工现场管理，坚决杜绝违章、违规、冒险作业，确保安全施工。

（4）新乡豫新发电有限责任公司要加大对外包工程队伍的监管力度，严格落实安全生产相关法律法规，强化安全监管，杜绝安全生产事故的再次发生。要认真落实外协队伍从业人员的三级安全培训制度，强化从业人员的安全防范意识。

（5）中电投河南电力检修工程有限公司（监理单位）要加大现场施工作业安全检查，对容易发生安全事故的部位要进行重点监控，及时发现并纠正施工过程中的违法、违规、违章行为，彻底排除各类事故隐患，防止类似事故的再次发生。

十五、国电内蒙古元宝山发电有限责任公司"7·20"高处坠落事故

（一）事故简述

2014 年 7 月 20 日，国电内蒙古元宝山发电有限责任公司在进行#4 机组 A 凝结水泵检修作业中发生一起高处坠落事故，一名与当前作业无关的人员擅自进入安全硬隔离区域，不慎从吊装口（位于汽机厂房三层，标高 13m）坠落至#4 机组-4m 凝结水泵泵坑，造成 1 人死亡。

（二）事故经过

2014 年 7 月 20 日 8:30 左右，国电内蒙古元宝山发电有限责任公司汽机分公司水泵班吊装#4 机组 A 凝结水泵机械密封，将汽轮机运转平台北侧吊装口打开后，将围栏重新进行封闭（此围栏为 7 月 19 日下午检修时安装，并悬挂了"禁止进入"安全标识牌）。8:45 左右，电气分公司电机班班长董××到达班组。9:10 左右，董××去检查#2 机组灰库搅拌器电机途中，遇到汽机分公司水泵班班长郑××，得知汽机水泵班正在进行#4 机组 A 凝结水泵检修工作。9:34，董××对#2 机组循环水泵轴承进行检查后离开。

9:52 左右，董××到达#4 机组汽轮机厂房四层（标高 28m）处。9:55，董××擅自进入#4 机组汽轮机运转平台北侧有警告标识的安全硬隔离区域内，不慎从吊装口（位于汽机厂房三层，标高 13m）坠落至#4 机组-4m 凝结水泵泵坑。

事故发生后，#4 机组 A 凝结水泵现场作业人员李×立即拨打"120"急救电话，另一名作业人员王××通知汽机分公司经理许××，许××接到信息后将现场情况向生产副总经理胡××进行汇报。胡××立刻赶往现场组织抢救。随后，董××被救护车送至医院，后经抢救无效于 10:20 死亡。

事故现场照片如图 21 所示。

（一）

（二）

（三）

（四）

图 21　事故现场照片

（三）事故原因

1. 直接原因

当事人电气分公司电机班董××作为班长，个人风险意识不强，安全防护意识薄弱，对生产现场危险因素认识不够，无视安全硬隔离围栏和警告标识，擅自进入#4 机组汽轮机运转平台北侧有警告标识的安全硬隔离区域内，在吊装口处发生高处坠落。

2. 间接原因

（1）元宝山发电有限责任公司安全教育培训不到位，部分员工风险意识薄弱，存在侥幸心理，工作随意性较大。

（2）反违章工作开展得不扎实，安全基础不牢固，习惯性违章时有发生，部分员工"自保、互保"意识不强。

（3）安全设施不完备。汽机分公司水泵班在 13m 吊装口设置的封闭围栏不牢固，人员可轻易挪动围栏进入吊装口区域，且围栏距吊装口较远，易造成即使进入也安全的错觉。利用滤油纸制作的"禁止进入"警示标识不规范、不明显。

（4）作业风险分析不全面。汽机分公司水泵班的#4 机组 A 凝结水泵检修工作票的"风险分析"和检修施工作业方案《#4 机组 A 凝结水泵检修文件包》内"危险点分析"事项中，都未对 13m 平台吊装口拆除盖板后防止人员坠落进行分析，并提出安全可靠的预防措施。

（四）暴露问题

（1）元宝山发电有限责任公司安全生产教育不力，部分员工安全生产意识薄弱，员工安全生产素质亟待提高。实际工作中对员工安全意识的教育培训和强化做得不够。

（2）部分员工安全风险辨识能力较差，自我防护意识不强，部分人员存在图省事、怕麻烦的懒惰心理，随意性较大。

（3）劳动安全互保活动开展得不扎实，部分员工"自保、互保"意识不强。

（4）安全生产管理不到位。安全生产保证体系未能充分发挥"管生产必须管安全"的作用，安全监督管理体系工作开展不力。安全管理存在标准不高，要求不严，落实不到位的情况。

（五）防范及整改措施

（1）组织人员对现场井、坑、孔洞封堵情况进行全面检查，不符合项立即组织整改。对固定防护栏杆的高度及脚部护板的完善情况进行检查整改。制定下发临边作业、洞口处作业搭设围栏的规定，明确临时防护遮栏标准，对临时防护遮栏的安装实施验收制度。检修期间需将栏杆拆除时，严格履行审批程序，做好临时防止高处坠落的安全措施，并在检修结束时将栏杆立即装回。

（2）加强警示标志管理，进一步完善现场警示标志的设置，严禁使用非标准警示标志牌。

（3）加强上岗到位管理，严格落实各项安全检查制度，做到检查有记录，落实整改有专人负责。工作负责人必须始终在工作现场认真履行监护职责，通过监督检查，确保检修工作票安全措施全面、风险控制措施有效执行。严格落实各级安全监管人的监管责任，严禁出现空岗、漏岗现象，及时发现作业现场存在的安全隐患，并督促整改。

（4）按照《安全生产法》、《生产经营单位安全培训规定》的要求，做好员工"三级"安全教育培训工作，对工作岗位调整或离岗三个月以上重新上岗人员，重新接受分公司和班组安全培训，使其详细了解作业场所和工作岗位存在的危险因素、防范措施及事故应急措施，提高识险避险能力。制定下发关于班组安全教育培训和安全日活动的指导意见，监督各单位规范开展安全教育培训和安全日活动。

（5）为认真吸取事故教训，元宝山发电有限责任公司从 7 月 30 日起至 11 月 6 日，开展为期 100 天的百日安全生产大检查专项工作，组织一线员工开展安全承诺及"珍爱生命 杜绝违章"签名活动，在大检查期间还将开展查领导、查思想、查管理、查规章制度、查隐患的"五查"活动，公司领导分工组织生产系统进行联合检查，深入开展隐患排查和违章治理。在大检查期间，公司领导班子成员深入各分公司与职工进行面对面座谈交流，统一思想，增强反违章的自觉性和主动性，共同研究解决目前存在的安全生产问题。公司还组织各班组利用班前会、安全日活动，深入开展"麻痹大意、懒惰情绪、图省事、怕麻烦、差不多、凭感觉"等不安全思想的讨论活动，针对此次事故，认真分析、自我反省，深刻查找问题、谈体会、吸取教训，切实提高员工安全意识和自我防护能力。

（6）强化反违章工作监督管理。落实安全生产保证体系和安全生产监督体系的责任，按照"全覆盖、零容忍、硬考核、严查处"的总体要求，严肃查处各类违章行为。进一步落实安全互保工作，不断提高自主安全水平。

（7）加强安全文化建设。切实提高对建设安全文化必要性的认识，丰富安全文化内容，进一步深入开展"我要安全"活动，提高员工安全意识和自我保护能力，努力形成"人人讲安全，人人懂安全、人人保安全"的良好氛围，杜绝事故的发生，确保企业安全生产。

（8）加强外包工程安全管理。目前#4 机组脱硝、脱硫增容、电除尘器改造等环保项目正在进行中，#3 机组脱硝等环保改造项目土建工程也已相继开工，公司将全面落实业主主体责任，进一步加强外包工程管理。强化对施工项目部及施工队伍的监督，并监督监理公司履行职能，严格执行外包工程准入制度，严把资质审核关，加强特种作业人员及特种设备操作人员证件审查，确保相关人员持证上岗。施工前逐级进行安全交底，并监督所有安全技术措施和人身防护用品有效落实。加强对重点区域、重点环节、关键部位的监控，做到无监护、不开工，不符合要求的坚决停工。

十六、上海外高桥第二发电有限公司"7·24"机械伤害事故

（一）事故简述

2014 年 7 月 24 日，上海申澄仓储有限公司员工（以下简称"申澄公司"）在上海外高桥第二发电有限公司输煤转运站内发生一起机械伤害事故，造成上海懂友机电安装有限公司（以下简称"懂友公司"）1 名工人死亡。

（二）事故经过

2014 年 7 月 24 日 6:20 左右，懂友公司清扫负责人蒋××安排庄××、贵××、胡××、余××4 人负责#2 碎煤楼的清扫作业，其中庄××为现场带班负责人。6:35 左右，#2 碎煤楼的输煤系统

11D 皮带输送机开始进行燃料煤加仓作业。7:00 左右，加仓结束，巡视人员邓付英拔掉 11D 皮带输送机的就地箱熔丝，准备安排清扫作业。

7:06 左右，负责清扫皮带输送机尾部掉落在坑内碎煤的庄××和贵××进入楼内准备清扫，胡××和余××留在车间外清理地沟内煤泥。庄××进入碎煤楼后，拿了铲子走到 11D 皮带输送机尾部，在皮带输送机断电后因惯性尚在惰转下，钻进防护网，被皮带卷入尾部滚筒挤压，贵××发现后马上走近查看，看到庄××弯曲躺倒在滚筒下方坑内，没有动静，皮带输送机已经停止转动，就马上跑出碎煤楼叫人，有关人员接报后马上赶到现场，并拨打了"110"报警电话和"120"急救电话，急救人员到达现场后确认庄××已经死亡。

（三）事故原因

1. 直接原因

庄××违反清扫工作安全规定，在皮带输送机尚未停止转动的情况下，钻进防护罩内清扫，被卷入挤压死亡。

2. 间接原因

（1）皮带输送机的防护罩安装有间隙，体型较小的工人弯身可以穿过，存在事故隐患。申澄公司未能有效督促、指导懂友公司加强事故隐患排查治理工作，懂友公司未及时发现、报告和消除该事故隐患。

（2）申澄公司对外包单位人员安全教育培训不到位，安全管理规章制度规定执行不到位。

（四）防范及整改措施

（1）申澄公司要落实以下整改防范措施：

1）要进一步落实安全生产主体责任，加强对外包单位事故隐患排查治理工作的指导、督促，加强生产作业现场的安全检查和管理，及时发现和消除安全防护缺陷等各类隐患。

2）要进一步加强从业人员安全教育和培训和安全交底工作，并加强作业现场管理，及时发现和制止各类违章作业行为，确保各项安全规章制度和操作规程得到严格落实和执行。

（2）懂友公司要落实以下整改防范措施：

1）要加强对作业现场经常性的事故隐患排查治理工作，发现存在的事故隐患及时报告、整改，将事故隐患解决在萌芽状态。

2）要进一步加强从业人员的安全教育和培训工作，增强和提高从业人员的安全生产意识和安全操作技能，避免类似事故的再次发生。

十七、青海桥头铝电股份有限公司"8·13"机械伤害事故

2014 年 8 月 13 日，福建龙净环保股份有限公司在青海省投资集团所属青海桥头铝电股份有限公司#1 电除尘改造项目施工中，发生塔吊倾翻的机械伤害事故，造成 1 人死亡。

十八、河北衡水恒兴发电有限责任公司"8·19"机械伤害事故

（一）事故简述

2014 年 8 月 19 日，河北衡水恒兴发电有限责任公司燃料部运行一班在进行 B 路翻车机卸车作业时发生一起机械伤害事故，造成 1 人受伤。

（二）事故经过

2014 年 8 月 19 日 19:30，河北衡水恒兴发电有限责任公司燃料部运行一班进行 B 路翻车机卸车作业，共 57 节重车。运行值班员付××在 B 路翻车机进行挂钩工作。

22:20，付××在第 44 节空车迁车挂钩作业时，没有按照摘、挂钩操作规定在迁车台正钩后按"确认"按钮再进行迁车作业，而是违章先按"确认"按钮进行迁车及送车作业，致使其车皮在空车线行走时跟车行走并进行正钩作业，在行走中未观察到与 43 节前车距离，未能及时将右手掌从钩头处撤出，在 43、44 两空车车钩对接时右手被挤断。

付××随即跑至 A 路翻车机处呼救，翻车机主值班员立即停止作业、报告班长，并立即启动人身伤害事故应急预案，拨打"120"急救电话，同时利用现场急救药箱止血带对其进行止血，随后将付××送往医院救治。后经医院救治，付××脱离生命危险。

（三）事故原因

1. 直接原因

运行值班员付××违反翻车机摘、挂钩运行操作规定——在迁车台正钩后按"确认"按钮再进行迁车及送空车作业。而是违章先按"确认"按钮进行迁车及送车作业，车皮在空车线行走时跟车行走并进行正钩作业。

2. 间接原因

（1）河北衡水恒兴发电有限责任公司安全管理不到位，作业人员安全意识淡薄。

（2）河北衡水恒兴发电有限责任公司安全培训不到位，作业人员安全素质不高，对工作中的危险点分析及预控措施落实不到位。

（四）防范及整改措施

（1）开展"反三违"专项治理。河北衡水恒兴发电有限责任公司各部门深入排查违章作业、违章指挥、违反劳动纪律的不安全行为，从思想、制度、管理、落实各方面认真查找安全隐患，坚决遏制人身伤害事故的发生。反违章专项整治活动实行部门管理人员包班组负责制，每个班组都要落实一名部门管理人员专门负责检查、督导反违章整治活动。管理人员要深入班组内部、生产现场，检查班组管理和作业过程中存在的违章现象，进一步规范各岗位人员的作业行为，全面消除班组人员违章作业、违章操作行为。专项整治期间，班组发生的违章考核，一并考核包班组管理人员。

（2）全面开展安全警示教育活动。立即对事故情况进行内部通报，各部门组织事故学习，传达到每一名员工。用血的事实警示员工，深刻认识违章的危害性，吸取事故的惨痛教训，切实提高全员遵章守制意识。警示教育和事故通报学习，不能仅仅通过安全活动日进行，要利用班前会、班后会、专题会等多种形式进行学习，每一名员工都要反思发言，每个人的发言都要记录在案，真正做到警钟长鸣、深刻警醒。部门主任及管理人员要亲自到每一个班组参加指导事故学习。

（3）燃料部组织安全大讨论。燃料部组织全体人员进行事故学习大讨论，分析此次事故的违章点及危害，深层次反思事故产生的根源，从部门负责人到一线员工，逐级、逐班、逐人组织开展讨论，提高思想认识。每人要写出事故反思，制定防范措施。

（4）加强翻车机摘、挂钩作业监管，研究实施摘、挂钩作业安全技术措施。安排燃料部加强翻车机作业监督工作，严格遵守翻车机作业操作规程，当前燃料部管理人员要分班全过程监督翻车机摘、挂钩作业。针对此次事故暴露出的问题，对翻车机摘、挂钩作业程序进行技术改进。

（5）组织危险点分析和预控措施再学习、再培训。生产各部门将前阶段总结的各部门、班组的危险点及预防措施安排专项培训、学习和考试，学习要有重点，培训要有记录，考试要有成绩，岗位风险知识和安全技能要有提高，使各岗位人员熟知本岗位工作过程中的危险点及其危害，严格落实反事故安全、组织、技术措施。

十九、宁夏中宁发电有限责任公司"8·23"高处坠落事故

（一）事故简述

2014 年 8 月 23 日，宁夏中宁发电有限责任公司#1 机组低氮燃烧器改造项目施工过程中发生一起高处坠落事故，造成 1 人死亡，直接经济损失 76 万元。

（二）事故经过

2014 年 8 月 23 日 19:30，陕西建工安装集团有限公司正在进行宁夏中宁发电有限责任公司#1 机组低氮燃烧器改造项目施工工作。施工班长刘××安排施工人员白××、唐××安装#1 机组锅炉进风气动控制阀线路管道。20:00，2 人到达施工现场做好了作业前的准备工作后，白××在未系安全带的情况下，从 6 层电梯口（标高31.8m）拐角处翻越临时固定的护栏（此段护栏于当日 16:30 搬运风箱垫铁时割除，于 19:00 做了临时固定，待设备搬运结束后做最终修复）到外侧钢梁上，对控制线管进行焊接固定作业。20:10 左右，作业完成，白××手抓临时固定的护栏翻越返回时，护栏脱落，白

××从 31.8m 处坠落。唐××看到后，边喊"小白、小白"边顺着楼梯往下找，找到 0m 时，发现白××掉在 0m 电梯口旁边。

事故发生后，唐××拨打了 120 急救电话，项目经理李××接到报告赶到现场后，用车拉着白××赶往医院，在石空镇十字路口与 120 急救车相遇，随即将白××转至 120 急救车拉至医院。21:20，医生宣布白××经抢救无效死亡。事故直接经济损失 76 万元。

（三）事故原因

1. 直接原因

陕西建工安装集团有限公司施工现场安全设施有缺陷，防护栏杆绑扎不牢固，安装工白××抓护栏横杆翻越时坠落地面。

2. 间接原因

（1）陕西建工安装集团有限公司安全培训不到位，打击"三违"行为力度不够；职工安全意识淡薄，不能严格遵守操作规程，高空作业未系安全带，对作业现场存在的危险、风险因素辨识不足，存在侥幸心理。

（2）陕西建工安装集团有限公司安全管理不到位，不能严格执行危险性作业办票制度，未对高处作业应采取的安全措施进行确认，对现场违章行为没有及时制止和纠正，没有专人现场监护。

（3）宁夏中宁发电有限责任公司未对陕西建工安装集团有限公司进行安全生产工作统一协调管理，现场监管不到位。

（四）防范及整改措施

（1）陕西建工安装集团有限公司应认真贯彻落实国家有关安全生产的法律、法规、规范、标准，坚持"安全第一、预防为主、综合治理"的方针。

（2）陕西建工安装集团有限公司应深化现场安全管理，严厉打击"违章指挥、违规操作、违反劳动纪律"行为，及时发现并消除各类安全隐患。

（3）陕西建工安装集团有限公司应制定、完善、落实各类危险作业安全管理制度、操作规程、作业票证，按照"谁审批、谁负责"、"谁签字、谁负责"的原则，严格执行危险作业许可审批手续，要对作业现场所采取的安全防范措施、个人防护用品的佩戴及应急救援措施进行严格把关。

（4）陕西建工安装集团有限公司应强化安全生产教育培训，尤其是班组的日常安全教育、对作业现场的危险因素辨识和作业中的遵章守纪教育，使从业人员熟悉和掌握安全生产知识，增强职工安全意识，切实使每名职工能够熟悉本岗位的安全生产操作规程，掌握本岗位的安全操作技能。

（5）宁夏中宁发电有限责任公司要依法落实企业安全生产主体责任，并将责任分解、延伸，落实到每个岗位。

（6）宁夏中宁发电有限责任公司要认真吸取事故教训，立即开展对本单位及外包施工单位的安全生产大检查，全面排查和消除各类事故隐患。

（7）宁夏中宁发电有限责任公司要加强对外包施工单位的安全管理，严把外包队伍和施工人员入场关，强化作业现场安全监管，杜绝以包代管。

（8）建议行业主管部门工业和商务局，属地管理责任单位工监园区管委会安环部、石空镇人民政府，认真履行直接监管责任和属地管理责任，督促企业认真落实安全生产主体责任，防范事故再次发生。

二十、国电宝鸡发电有限责任公司"8·25"触电事故

（一）事故简述

2014 年 8 月 25 日，国电宝鸡发电有限责任公司发生一起人身触电死亡事故，造成 1 人死亡。

（二）事故经过

2014 年 8 月 25 日 7:55，国电宝鸡发电有限责任公司运行人员发现#5 机除尘 A 变压器温控仪故障，通知检修人员处理。10:37，变配电班刘×开具工作票，16:20，办理开工手续。

19:40，变配电班刘×（工作负责人）和钟×到现场开始工作。由于该变压器温控器和 4 个冷却风机共用一个 16A 空气开关（接线图如图 22 所示），初步判断某个冷却风机故障造成空气开关跳闸，温控器面板电源失去。

L(取自变压器低压侧C相)　　　　　　　　　N(取自变压器低压侧零排)

QF(16A)

温控器

冷却风扇1
～

冷却风扇2
～

冷却风扇3
～

冷却风扇4
～

（一）

L(取自变压器低压侧C相)　　　　　　　　　N(取自变压器低压侧零排)

QF1(3A)

温控器

QF2(3A)　　　冷却风扇1
～

QF3(3A)　　　冷却风扇2
～

QF4(3A)　　　冷却风扇3
～

QF5(3A)　　　冷却风扇4
～

（二）

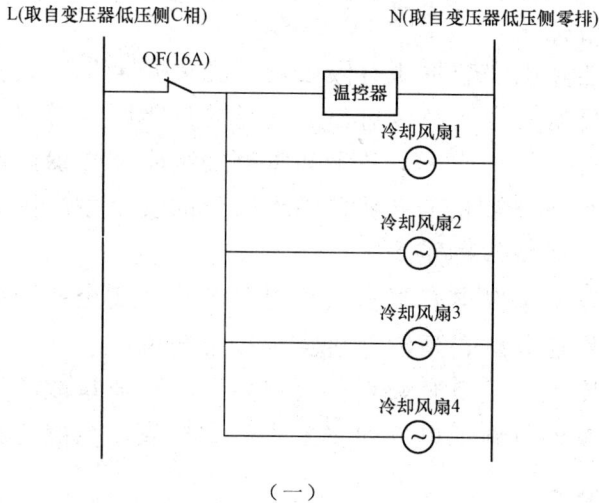

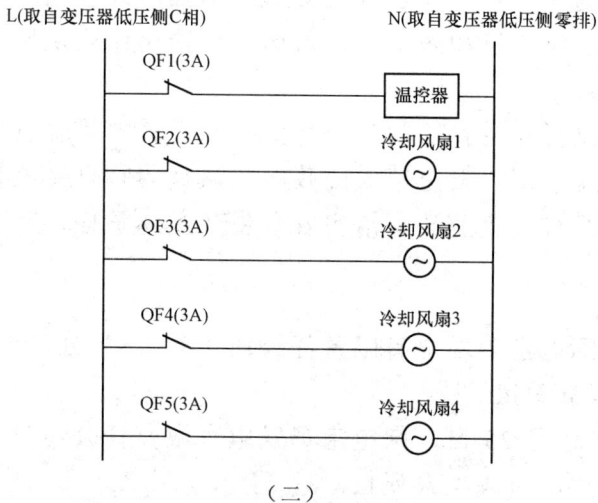

图 22　变压器冷却风机接线图

（一）#5 炉除尘 A 变冷却风机电源接线原理图（改前）；

（二）#5 炉除尘 A 变冷却风机电源接线原理图（改后）

　　为便于今后检修和故障判断，将 4 台冷却风机电源改为由 4 个
3A 空开分别控制。工作中进一步确认，一台冷却风机风扇卡死且电
机线圈开路。21:20 左右，刘×回班组找风机备品，离开时向钟×交
代让其休息等待。

22:10，刘×回到配电室，发现钟×趴倒在地，面部周围有血迹，左手拿一根导线，身下压有一根导线。刘×判断其触电，立即切断电源并打电话呼救，随后同赶到现场的运行人员轮流用心肺复苏法进行抢救。22:23，公司值班医生和救护车到达现场进行急救，并随即送往医院，经医院抢救后，确认钟×已无生命体征，诊断死亡。事故现场示意图、照片如图23～图25所示。

（三）事故原因

1. 直接原因

当事人钟×违章作业，违反先接线后送电的作业程序，在取电试验过程中，身体接触导线带电部分形成回路，发生触电。

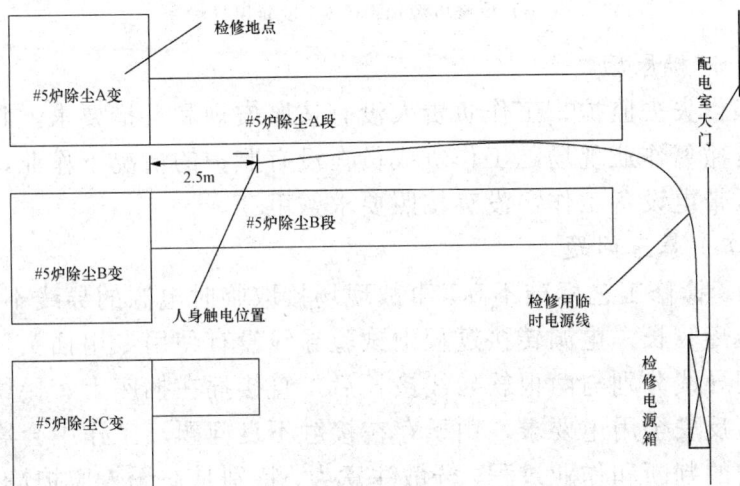

图 23　事故现场及试验导线示意图

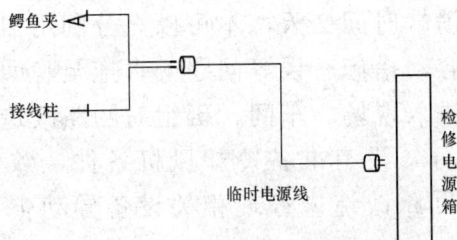

图 24　试验导线示意图

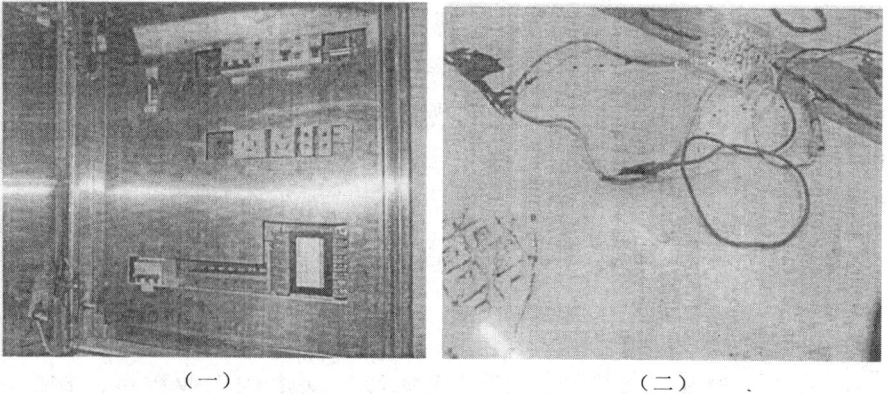

（一）　　　　　　　　　　（二）

图 25　检修电源箱及试验导线照片

（一）检修电源箱；（二）试验用导线

2. 间接原因

工作失去监护，工作负责人没有按照安规和反措要求，将工作班成员撤离作业现场，工作班成员在没有监护的情况下作业，并且在低压带电设备工作，没有按照要求戴手套。

（四）暴露问题

（1）检修工艺标准不高。事故现场接取临时电源的导线不规范。由于距离较长，电源转接过程中试验导线没有使用专用插头，而是两根硬导线分别与两根软导线接长后，直接插在插座上。接线方式严重违反安全用电要求，由于存在接触不良问题，工作中会影响工作人员的判断和作业过程，分散注意力，特别是在无人监护情况下，存在严重安全隐患。

（2）检修组织管理有差距。除尘 A 变温控器缺陷于当日早晨发现，工作票计划消缺时间 2 天，本可以充分利用白天进行。但因检修提出的工作内容、措施有误等问题一直拖至晚间进行工作，作业人员于 19:40 才进入现场。车间、班组对回路改造的安全措施及工作准备考虑不充分，没有准备冷却风机备件，致使工作负责人长时间离开现场。回路改造未办理相关设备异动申请手续，工作随意性强。

（3）安全教育有待加强。工作负责人安全意识不高，办理工作票不细致，设备名称、编号有误，两次被运行人员退回。作业人员遵章守纪意识不强，对低压带电作业可能导致危害认识不深，主观上存在侥幸心理，思想麻痹大意，没有对此采取必要措施。

（4）安全关爱意识不够。班组对员工情绪、状态以及个人问题关心不够，在安排布置任务时，没有充分考虑员工的思想动态，采取措施。事故前，钟×婚姻状况发生了变化。事故当日，钟×计划在转天早晨休班返回市区，对当天任务急于完成，最终导致事故发生。

（五）防范及整改措施

（1）严格执行规章制度。认真落实《电业安全工作规程》，严格执行现场监护工作要求。工作间断时，工作人员必须从现场撤出；工作时确保各类安全措施、防护用品落实到位，严格按规定作业程序开展工作。加大反违章查处力度，牢固树立"违章就是事故"的理念，对不认真执行监护制度，不穿戴安全防护用品，未落实安全措施等违章行为，要坚决查处。

（2）加强检修组织和工艺管理。要按照检修任务加强协调组织，严格工作票签审把关，提高工作票在开工前做好人力和备品配件准备工作，条件不具备时不要开工，尽量缩短检修时间。大力推行检修作业质量标准化，并把工器具、试验器具、临时线使用等纳入质量标准化重要内容，严格按标准执行。对破损、不规范、不符合安全技术要求的，要严禁使用，并及时清理出现场。现场检修电源箱、电动工器具未配置漏电保护器的，要尽快完善。严格规范用电接线方式，禁止用导线直接在插座上取电。

（3）加强员工安全互保。认真落实集团公司《安全生产联系制度》有关内容，贯彻"以人为本"理念。安排工作时，要充分尊重人的生物节律，关注员工情绪状态，尽量避开夜间工作。夜间安排检修工作时，要加强监护或安排得力工作负责人，不安排情绪不稳的员工从事危险性工作，班长和工作票签发人要认真把关。工作组成员工作前，要相互检查安全保护用品是否穿戴齐全、规范，工器具是否完好，共同确认安全隔离措施是否到位。工作中要相互提醒，相互监督。

（4）提高员工安全意识。各单位要对照本次事故暴露问题，认真排查现场安全管理漏洞，加强员工安全教育和技术培训，要利用班前会、班后会和安全日活动，对事故案例进行警示教育，克服侥幸心理，认真做好危险源点分析和事故预想，切实提高人员安全技能水平。

二十一、江苏南热发电有限责任公司"9·27"高处坠落事故

（一）事故简述

2014 年 9 月 27 日，在江苏南热发电有限责任公司#1 机组作业区，江苏海德节能科技有限公司承建的加装#1 炉低温省煤器施工现场，作业人员在进行烟道导流板安装作业时发生高处坠落事故，造成 2 人死亡、1 人受伤、直接经济损失约 366 万元。

（二）事故经过

2014 年 9 月 27 日 23:20 左右，陈××个体施工队作业人员张××、邓××和其他 3 名工人准备将焊接好的导流板搬到烟道内，由于导流板较重，他们无法搬动。这时，另一名作业人员邵××到烟道内取电焊条从旁边经过，张××等人就请邵××帮忙抬一下，在经得邵××同意后，张××、邓××、邵××站在导流板南侧，另外 3 人站在导流板的北侧，一起向烟道内搬运导流板，当张××、邓××、邵××3 人途经烟道底板上部分被割离的钢板时（此处烟道底板的部分钢板已于前一天从烟道底板上割离，但未及时运走），被割离的钢板部位无法承载所受的重量，突然坍塌，张××、邓××、邵××随坍塌的钢板向下坠落。其中，张××、邓××坠落到地面（高度约为16.7m），邵××由于在坠落过程中拉拽到挂在旁边的电焊枪焊把线，改变方向后坠落到 13.7m 钢格网平台上。在事故救援中，现场工友发现张××、邓××都躺在水泥地面上，其中邓××还能"哼"，张××没有反应，邵××腿部受伤，随即拨打了 120 急救电话。随后，120 救护车将 3 人送往医院进行抢救，其中张××经抢救无效死亡，邓××因伤势较重，于 9 月 29 日 5:30 经抢救无效死亡，邵××经医院救治，于 10 月 3 日出院。事故直接经济损失 366 万元。

（三）事故原因

1. 直接原因

杂工张××、邓××、邵××在#1 锅炉烟道底板上搬运导流板

时,经过烟道底板上已被割离但未采取有效安全防护措施的钢板处,被割离的部分钢板无法承受其重量,突然坍塌脱离烟道底板坠落,致张××、邓××坠落地面而死亡,邵××受伤。

2. 间接原因

（1）赵××在不具备建设工程相关资质的情况下,联合他人借用其他单位资质非法承接工程;作为施工经理,对作业施工现场安全管理缺失,在明知部分钢板已从烟道底板上割离且未能及时运走的情况下,未在现场采取设置防护围栏、警示标志等安全防护措施,也未对施工作业人员进行安全技术交底,盲目组织施工。

（2）陈××在不具备建设工程相关资质的情况下,通过欺骗手段借用其他单位资质非法承接工程;作为现场经理,施工现场管理严重缺失,在明知部分钢板已从烟道底板上割离且未采取设置防护围栏、警示标志等安全防护措施的情况下,未能及时组织作业人员消除现场存在的安全隐患。同时,组织安排的施工管理人员也不具备相应的建设工程管理资格。而且,在事故发生后补办施工合同,存在妨碍事故调查的行为。

（3）海德公司作为 EPC 总承包单位,在业主方不知情的情况下,擅自变更施工承包队伍,并把加装#1 炉低温省煤器工程施工项目发包给无资质的个体施工队;未安排有资质的管理人员对加装#1 炉低温省煤器工程施工现场进行管理,致使施工现场安全管理缺失。

（4）天泽电力技术服务公司未能严格履行监理职责,对施工单位及项目管理人员资质审查不严,对施工现场存在部分钢板已从底板上割离,未采取设置防护围栏、警示标志等安全防护措施的情况没能及时发现。

（5）南热公司涉及项目工程的有关监督管理人员,对 EPC 总承包单位私自变更施工分包队伍的行为未能及时发现,对施工现场安全监督管理不到位。

（四）防范及整改措施

（1）海德公司要严格遵守法律规定和合同规定,履行 EPC 总承包的职责,严禁非法发包施工项目,落实各项安全管理制度和安全技术方案，加强员工安全教育并督促员工认真执行各项安全生产规章制度和操作规程；要制定有效的现场安全管理和安全防护措施，加强施工现场的安全检查，对作业现场的安全隐患要及时发现并排除，杜绝类似事故再次发生。

（2）天泽电力技术服务公司要认真履行工程项目现场安全监理职责，按照国家和行业的规范要求严格执行各项管理制度；要严格按照工程监理规范的要求，加强施工现场的工程安全监理，防止类似事故再次发生。

（3）南热公司要认真履行工程建设单位职责，严格执行安全生产的有关法律法规，进一步完善各项安全生产责任制，督促和要求施工单位制定切实可行的安全施工方案，落实各项安全防护措施；要加强对施工队伍的教育管理，强化现场安全监督，发现安全隐患及时进行整改，杜绝各类事故发生。

二十二、中电投阜新发电有限公司"9·28"窒息死亡事故

2014 年 9 月 28 日，福建龙净环保股份有限公司在中电投阜新发电有限公司厂外进行#2 细灰库清理作业中，作业人员落入积灰中，造成 2 人死亡。

二十三、江苏省徐州铜山华润电力有限公司"10·2"物体打击事故

（一）事故简述

2014 年 10 月 2 日，江苏省徐州铜山华润电力有限公司发生一起物体打击事故，造成 2 人死亡，直接经济损失约 140 万元。

（二）事故经过

江苏省徐州徐州铜山华润电力有限公司计划于 2014 年开始进行#5 烟囱改造施工工程。河南四建股份有限公司为施工单位，河南华强工程劳务有限公司为河南四建股份有限公司提供建筑劳务分包，淮南天泽电力技术服务有限责任公司为工程监理单位。

2014 年 10 月 1 日 18:00，河南华强工程劳务有限公司徐州项目负责人史国××安排夜班的付××、史伟×、宋××、常××等 11 名

工人在烟囱 159m 工作面进行施工,对#5 烟囱原有钢内筒进行拆除,切割钢板并用卷扬机把切割钢板吊送至地面。宋××、常××等 3 人在 159m 工作平台上主要负责分配吊篮与切割工作。

10 月 2 日 6:15 左右,烟囱顶部的卷扬机桅杆吊架突然掉落,砸到 159m 工作面上的施工人员常××、宋××身上,致 2 人当场死亡。事故直接经济损失约 140 万元。

（三）事故原因

1. 直接原因

桅杆架焊接在混凝土烟囱壁顶端的预埋铁上,其焊缝开裂是导致桅杆架失稳造成事故发生的直接原因。

2. 间接原因

（1）河南四建股份有限公司未对物料垂直运输的起重系统进行专业设计,无起重系统组件的结构说明,凭经验自制桅杆架,导致桅杆架结构不合理,稳定性不够。

（2）河南华强工程劳务有限公司现场人员安全管理不到位。

（3）淮南天泽电力技术服务有限责任公司未认真履行监理职责,未及时发现和消除安全隐患。

（四）暴露问题

责任单位对施工现场安全管理不到位、施工人员安全教育培训不到位,施工人员违反操作规程作业,施工人员安全意识淡薄。

（五）防范及整改措施

责任单位要认真贯彻执行有关法律法规、作业标准和操作规程,加强施工人员安全教育培训,强化施工人员安全意识,加强施工现场安全管理,加强事故隐患排查,落实整改措施,及时消除事故隐患,防止事故的发生。

二十四、中电投吉林松花江热电公司"11·15"高处坠落事故

2014 年 11 月 15 日,中电投集团公司吉林省吉林市松花江热电公司工作人员在检查一期供汽管线膨胀节（距地面约 3m 高）漏汽缺陷时,膨胀节突然爆破,作业人员被气流冲出,发生坠落事故,造成 1 人死亡、1 人轻伤。

二十五、沈阳华润热电有限责任公司"11·29"机械伤害事故

2014 年 11 月 29 日，沈海科技开发有限公司在沈阳华润热电有限责任公司输煤皮带运行工作中，作业人员从燃料输煤皮带四段尾部地面不慎跌入下层皮带上，带入转向滚筒中，造成 1 人死亡。

二十六、广西富川瑶族自治县光明水利电业有限公司"12·30"触电事故

2014 年 12 月 30 日，广西富川瑶族自治县光明水利电业有限公司员工俸××（男、34 岁，恭城发电公司劳务派遣工）在进行站内 #1 主变喷油漆工作任务过程中，挂设三相短路接地线时没有挂设在变压器停电间隔内，却挂设到旁边高压带电间隔开关线路处，造成人身触电死亡。

附　录

附录一

中华人民共和国国务院令

第 493 号

《生产安全事故报告和调查处理条例》已经 2007 年 3 月 28 日国务院第 172 次常务会议通过，现予公布，自 2007 年 6 月 1 日起施行。

总理　温家宝

二〇〇七年四月九日

生产安全事故报告和调查处理条例

第一章　总　则

第一条　为了规范生产安全事故的报告和调查处理，落实生产安全事故责任追究制度，防止和减少生产安全事故，根据《中华人民共和国安全生产法》和有关法律，制定本条例。

第二条　生产经营活动中发生的造成人身伤亡或者直接经济损失的生产安全事故的报告和调查处理，适用本条例；环境污染事故、核设施事故、国防科研生产事故的报告和调查处理不适用本条例。

第三条　根据生产安全事故（以下简称事故）造成的人员伤亡或者直接经济损失，事故一般分为以下等级：

（一）特别重大事故，是指造成 30 人以上死亡，或者 100 人以上重伤（包括急性工业中毒，下同），或者 1 亿元以上直接经济损失的事故；

（二）重大事故，是指造成 10 人以上 30 人以下死亡，或者 50 人以上 100 人以下重伤，或者 5000 万元以上 1 亿元以下直接经济损失的事故；

（三）较大事故，是指造成 3 人以上 10 人以下死亡，或者 10 人以上 50 人以下重伤，或者 1000 万元以上 5000 万元以下直接经济损失的事故；

（四）一般事故，是指造成 3 人以下死亡，或者 10 人以下重伤，或者 1000 万元以下直接经济损失的事故。

国务院安全生产监督管理部门可以会同国务院有关部门，制定事故等级划分的补充性规定。

本条第一款所称的"以上"包括本数，所称的"以下"不包括本数。

第四条　事故报告应当及时、准确、完整，任何单位和个人对事故不得迟报、漏报、谎报或者瞒报。

事故调查处理应当坚持实事求是、尊重科学的原则，及时、准确地查清事故经过、事故原因和事故损失，查明事故性质，认定事故责任，总结事故教训，提出整改措施，并对事故责任者依法追究责任。

第五条　县级以上人民政府应当依照本条例的规定，严格履行职责，及时、准确地完成事故调查处理工作。

事故发生地有关地方人民政府应当支持、配合上级人民政府或者有关部门的事故调查处理工作，并提供必要的便利条件。

参加事故调查处理的部门和单位应当互相配合，提高事故调查处理工作的效率。

第六条　工会依法参加事故调查处理，有权向有关部门提出处理意见。

第七条　任何单位和个人不得阻挠和干涉对事故的报告和依法调查处理。

第八条　对事故报告和调查处理中的违法行为，任何单位和个人有权向安全生产监督管理部门、监察机关或者其他有关部门举报，接到举报的部门应当依法及时处理。

第二章　事　故　报　告

第九条　事故发生后，事故现场有关人员应当立即向本单位负责人报告；单位负责人接到报告后，应当于1小时内向事故发生地县级以上人民政府安全生产监督管理部门和负有安全生产监督管理职责的有关部门报告。

情况紧急时，事故现场有关人员可以直接向事故发生地县级以上人民政府安全生产监督管理部门和负有安全生产监督管理职责的有关部门报告。

第十条 安全生产监督管理部门和负有安全生产监督管理职责的有关部门接到事故报告后，应当依照下列规定上报事故情况，并通知公安机关、劳动保障行政部门、工会和人民检察院：

（一）特别重大事故、重大事故逐级上报至国务院安全生产监督管理部门和负有安全生产监督管理职责的有关部门；

（二）较大事故逐级上报至省、自治区、直辖市人民政府安全生产监督管理部门和负有安全生产监督管理职责的有关部门；

（三）一般事故上报至设区的市级人民政府安全生产监督管理部门和负有安全生产监督管理职责的有关部门。

安全生产监督管理部门和负有安全生产监督管理职责的有关部门依照前款规定上报事故情况，应当同时报告本级人民政府。国务院安全生产监督管理部门和负有安全生产监督管理职责的有关部门以及省级人民政府接到发生特别重大事故、重大事故的报告后，应当立即报告国务院。

必要时，安全生产监督管理部门和负有安全生产监督管理职责的有关部门可以越级上报事故情况。

第十一条 安全生产监督管理部门和负有安全生产监督管理职责的有关部门逐级上报事故情况，每级上报的时间不得超过2小时。

第十二条 报告事故应当包括下列内容：

（一）事故发生单位概况；

（二）事故发生的时间、地点以及事故现场情况；

（三）事故的简要经过；

（四）事故已经造成或者可能造成的伤亡人数（包括下落不明的人数）和初步估计的直接经济损失；

（五）已经采取的措施；

（六）其他应当报告的情况。

第十三条 事故报告后出现新情况的，应当及时补报。

自事故发生之日起 30 日内，事故造成的伤亡人数发生变化的，应当及时补报。道路交通事故、火灾事故自发生之日起 7 日内，事故造成的伤亡人数发生变化的，应当及时补报。

第十四条 事故发生单位负责人接到事故报告后，应当立即启动事故相应应急预案，或者采取有效措施，组织抢救，防止事故扩大，减少人员伤亡和财产损失。

第十五条 事故发生地有关地方人民政府、安全生产监督管理部门和负有安全生产监督管理职责的有关部门接到事故报告后，其负责人应当立即赶赴事故现场，组织事故救援。

第十六条 事故发生后，有关单位和人员应当妥善保护事故现场以及相关证据，任何单位和个人不得破坏事故现场、毁灭相关证据。

因抢救人员、防止事故扩大以及疏通交通等原因，需要移动事故现场物件的，应当做出标志，绘制现场简图并做出书面记录，妥善保存现场重要痕迹、物证。

第十七条 事故发生地公安机关根据事故的情况，对涉嫌犯罪的，应当依法立案侦查，采取强制措施和侦查措施。犯罪嫌疑人逃匿的，公安机关应当迅速追捕归案。

第十八条 安全生产监督管理部门和负有安全生产监督管理职责的有关部门应当建立值班制度，并向社会公布值班电话，受理事故报告和举报。

第三章 事 故 调 查

第十九条 特别重大事故由国务院或者国务院授权有关部门组织事故调查组进行调查。

重大事故、较大事故、一般事故分别由事故发生地省级人民政府、设区的市级人民政府、县级人民政府负责调查。省级人民政府、设区的市级人民政府、县级人民政府可以直接组织事故调查组进行调查，也可以授权或者委托有关部门组织事故调查组进行调查。

未造成人员伤亡的一般事故，县级人民政府也可以委托事故发生单位组织事故调查组进行调查。

第二十条 上级人民政府认为必要时，可以调查由下级人民政府负责调查的事故。

自事故发生之日起 30 日内（道路交通事故、火灾事故自发生之日起 7 日内），因事故伤亡人数变化导致事故等级发生变化，依照本条例规定应当由上级人民政府负责调查的，上级人民政府可以另行组织事故调查组进行调查。

第二十一条 特别重大事故以下等级事故，事故发生地与事故发生单位不在同一个县级以上行政区域的，由事故发生地人民政府负责调查，事故发生单位所在地人民政府应当派人参加。

第二十二条 事故调查组的组成应当遵循精简、效能的原则。

根据事故的具体情况，事故调查组由有关人民政府、安全生产监督管理部门、负有安全生产监督管理职责的有关部门、监察机关、公安机关以及工会派人组成，并应当邀请人民检察院派人参加。

事故调查组可以聘请有关专家参与调查。

第二十三条 事故调查组成员应当具有事故调查所需要的知识和专长，并与所调查的事故没有直接利害关系。

第二十四条 事故调查组组长由负责事故调查的人民政府指定。事故调查组组长主持事故调查组的工作。

第二十五条 事故调查组履行下列职责：

（一）查明事故发生的经过、原因、人员伤亡情况及直接经济损失；

（二）认定事故的性质和事故责任；

（三）提出对事故责任者的处理建议；

（四）总结事故教训，提出防范和整改措施；

（五）提交事故调查报告。

第二十六条 事故调查组有权向有关单位和个人了解与事故有关的情况，并要求其提供相关文件、资料，有关单位和个人不得拒绝。

事故发生单位的负责人和有关人员在事故调查期间不得擅离职

守，并应当随时接受事故调查组的询问，如实提供有关情况。

事故调查中发现涉嫌犯罪的，事故调查组应当及时将有关材料或者其复印件移交司法机关处理。

第二十七条　事故调查中需要进行技术鉴定的，事故调查组应当委托具有国家规定资质的单位进行技术鉴定。必要时，事故调查组可以直接组织专家进行技术鉴定。技术鉴定所需时间不计入事故调查期限。

第二十八条　事故调查组成员在事故调查工作中应当诚信公正、恪尽职守，遵守事故调查组的纪律，保守事故调查的秘密。

未经事故调查组组长允许，事故调查组成员不得擅自发布有关事故的信息。

第二十九条　事故调查组应当自事故发生之日起 60 日内提交事故调查报告；特殊情况下，经负责事故调查的人民政府批准，提交事故调查报告的期限可以适当延长，但延长的期限最长不超过 60 日。

第三十条　事故调查报告应当包括下列内容：

（一）事故发生单位概况；

（二）事故发生经过和事故救援情况；

（三）事故造成的人员伤亡和直接经济损失；

（四）事故发生的原因和事故性质；

（五）事故责任的认定以及对事故责任者的处理建议；

（六）事故防范和整改措施。

事故调查报告应当附具有关证据材料。事故调查组成员应当在事故调查报告上签名。

第三十一条　事故调查报告报送负责事故调查的人民政府后，事故调查工作即告结束。事故调查的有关资料应当归档保存。

第四章　事　故　处　理

第三十二条　重大事故、较大事故、一般事故，负责事故调查的人民政府应当自收到事故调查报告之日起 15 日内做出批复；特别重大事故，30 日内做出批复，特殊情况下，批复时间可以适当延长，但延长的时间最长不超过 30 日。

有关机关应当按照人民政府的批复，依照法律、行政法规规定的权限和程序，对事故发生单位和有关人员进行行政处罚，对负有事故责任的国家工作人员进行处分。

事故发生单位应当按照负责事故调查的人民政府的批复，对本单位负有事故责任的人员进行处理。

负有事故责任的人员涉嫌犯罪的，依法追究刑事责任。

第三十三条　事故发生单位应当认真吸取事故教训，落实防范和整改措施，防止事故再次发生。防范和整改措施的落实情况应当接受工会和职工的监督。

安全生产监督管理部门和负有安全生产监督管理职责的有关部门应当对事故发生单位落实防范和整改措施的情况进行监督检查。

第三十四条　事故处理的情况由负责事故调查的人民政府或者其授权的有关部门、机构向社会公布，依法应当保密的除外。

第五章　法　律　责　任

第三十五条　事故发生单位主要负责人有下列行为之一的，处上一年年收入 40%至 80%的罚款；属于国家工作人员的，并依法给予处分；构成犯罪的，依法追究刑事责任：

（一）不立即组织事故抢救的；

（二）迟报或者漏报事故的；

（三）在事故调查处理期间擅离职守的。

第三十六条　事故发生单位及其有关人员有下列行为之一的，对事故发生单位处 100 万元以上 500 万元以下的罚款；对主要负责人、直接负责的主管人员和其他直接责任人员处上一年年收入 60%至 100%的罚款；属于国家工作人员的，并依法给予处分；构成违反治安管理行为的，由公安机关依法给予治安管理处罚；构成犯罪的，依法追究刑事责任：

（一）谎报或者瞒报事故的；

（二）伪造或者故意破坏事故现场的；

（三）转移、隐匿资金、财产，或者销毁有关证据、资料的；

（四）拒绝接受调查或者拒绝提供有关情况和资料的；

（五）在事故调查中作伪证或者指使他人作伪证的；

（六）事故发生后逃匿的。

第三十七条　事故发生单位对事故发生负有责任的，依照下列规定处以罚款：

（一）发生一般事故的，处 10 万元以上 20 万元以下的罚款；

（二）发生较大事故的，处 20 万元以上 50 万元以下的罚款；

（三）发生重大事故的，处 50 万元以上 200 万元以下的罚款；

（四）发生特别重大事故的，处 200 万元以上 500 万元以下的罚款。

第三十八条　事故发生单位主要负责人未依法履行安全生产管理职责，导致事故发生的，依照下列规定处以罚款；属于国家工作人员的，并依法给予处分；构成犯罪的，依法追究刑事责任：

（一）发生一般事故的，处上一年年收入 30%的罚款；

（二）发生较大事故的，处上一年年收入 40%的罚款；

（三）发生重大事故的，处上一年年收入 60%的罚款；

（四）发生特别重大事故的，处上一年年收入 80%的罚款。

第三十九条　有关地方人民政府、安全生产监督管理部门和负有安全生产监督管理职责的有关部门有下列行为之一的，对直接负责的主管人员和其他直接责任人员依法给予处分；构成犯罪的，依法追究刑事责任：

（一）不立即组织事故抢救的；

（二）迟报、漏报、谎报或者瞒报事故的；

（三）阻碍、干涉事故调查工作的；

（四）在事故调查中作伪证或者指使他人作伪证的。

第四十条　事故发生单位对事故发生负有责任的，由有关部门依法暂扣或者吊销其有关证照；对事故发生单位负有事故责任的有关人员，依法暂停或者撤销其与安全生产有关的执业资格、岗位证书；事故发生单位主要负责人受到刑事处罚或者撤职处分的，自刑罚执行完毕或者受处分之日起，5 年内不得担任任何生产经营单位的主要负责人。

为发生事故的单位提供虚假证明的中介机构，由有关部门依法暂扣或者吊销其有关证照及其相关人员的执业资格；构成犯罪的，依法追究刑事责任。

第四十一条　参与事故调查的人员在事故调查中有下列行为之一的，依法给予处分；构成犯罪的，依法追究刑事责任：

（一）对事故调查工作不负责任，致使事故调查工作有重大疏漏的；

（二）包庇、袒护负有事故责任的人员或者借机打击报复的。

第四十二条　违反本条例规定，有关地方人民政府或者有关部门故意拖延或者拒绝落实经批复的对事故责任人的处理意见的，由监察机关对有关责任人员依法给予处分。

第四十三条　本条例规定的罚款的行政处罚，由安全生产监督管理部门决定。

法律、行政法规对行政处罚的种类、幅度和决定机关另有规定的，依照其规定。

第六章　附　　则

第四十四条　没有造成人员伤亡，但是社会影响恶劣的事故，国务院或者有关地方人民政府认为需要调查处理的，依照本条例的有关规定执行。

国家机关、事业单位、人民团体发生的事故的报告和调查处理，参照本条例的规定执行。

第四十五条　特别重大事故以下等级事故的报告和调查处理，有关法律、行政法规或者国务院另有规定的，依照其规定。

第四十六条　本条例自 2007 年 6 月 1 日起施行。国务院 1989 年 3 月 29 日公布的《特别重大事故调查程序暂行规定》和 1991 年 2 月 22 日公布的《企业职工伤亡事故报告和处理规定》同时废止。

附录二

中华人民共和国国务院令

第 599 号

《电力安全事故应急处置和调查处理条例》已经 2011 年 6 月 15 日国务院第 159 次常务会议通过，现予公布，自 2011 年 9 月 1 日起施行。

总理　温家宝
二〇一一年七月七日

电力安全事故应急处置和调查处理条例

第一章　总　　则

第一条　为了加强电力安全事故的应急处置工作，规范电力安全事故的调查处理，控制、减轻和消除电力安全事故损害，制定本条例。

第二条　本条例所称电力安全事故，是指电力生产或者电网运行过程中发生的影响电力系统安全稳定运行或者影响电力正常供应的事故（包括热电厂发生的影响热力正常供应的事故）。

第三条　根据电力安全事故（以下简称事故）影响电力系统安全稳定运行或者影响电力（热力）正常供应的程度，事故分为特别重大事故、重大事故、较大事故和一般事故。事故等级划分标准由本条例附表列示。事故等级划分标准的部分项目需要调整的，由国务院电力监管机构提出方案，报国务院批准。

由独立的或者通过单一输电线路与外省连接的省级电网供电的省级人民政府所在地城市，以及由单一输电线路或者单一变电站供

261

电的其他设区的市、县级市，其电网减供负荷或者造成供电用户停电的事故等级划分标准，由国务院电力监管机构另行制定，报国务院批准。

第四条　国务院电力监管机构应当加强电力安全监督管理，依法建立健全事故应急处置和调查处理的各项制度，组织或者参与事故的调查处理。

国务院电力监管机构、国务院能源主管部门和国务院其他有关部门、地方人民政府及有关部门按照国家规定的权限和程序，组织、协调、参与事故的应急处置工作。

第五条　电力企业、电力用户以及其他有关单位和个人，应当遵守电力安全管理规定，落实事故预防措施，防止和避免事故发生。

县级以上地方人民政府有关部门确定的重要电力用户，应当按照国务院电力监管机构的规定配置自备应急电源，并加强安全使用管理。

第六条　事故发生后，电力企业和其他有关单位应当按照规定及时、准确报告事故情况，开展应急处置工作，防止事故扩大，减轻事故损害。电力企业应当尽快恢复电力生产、电网运行和电力（热力）正常供应。

第七条　任何单位和个人不得阻挠和干涉对事故的报告、应急处置和依法调查处理。

第二章　事　故　报　告

第八条　事故发生后，事故现场有关人员应当立即向发电厂、变电站运行值班人员、电力调度机构值班人员或者本企业现场负责人报告。有关人员接到报告后，应当立即向上一级电力调度机构和本企业负责人报告。本企业负责人接到报告后，应当立即向国务院电力监管机构设在当地的派出机构（以下称事故发生地电力监管机构）、县级以上人民政府安全生产监督管理部门报告；热电厂事故影响热力正常供应的，还应当向供热管理部门报告；事故涉及水电厂（站）大坝安全的，还应当同时向有管辖权的水行政主管部门或者流域管理机构报告。

电力企业及其有关人员不得迟报、漏报或者瞒报、谎报事故情况。

第九条　事故发生地电力监管机构接到事故报告后，应当立即核实有关情况，向国务院电力监管机构报告；事故造成供电用户停电的，应当同时通报事故发生地县级以上地方人民政府。

对特别重大事故、重大事故，国务院电力监管机构接到事故报告后应当立即报告国务院，并通报国务院安全生产监督管理部门、国务院能源主管部门等有关部门。

第十条　事故报告应当包括下列内容：

（一）事故发生的时间、地点（区域）以及事故发生单位；

（二）已知的电力设备、设施损坏情况，停运的发电（供热）机组数量、电网减供负荷或者发电厂减少出力的数值、停电（停热）范围；

（三）事故原因的初步判断；

（四）事故发生后采取的措施、电网运行方式、发电机组运行状况以及事故控制情况；

（五）其他应当报告的情况。

事故报告后出现新情况的，应当及时补报。

第十一条　事故发生后，有关单位和人员应当妥善保护事故现场以及工作日志、工作票、操作票等相关材料，及时保存故障录波图、电力调度数据、发电机组运行数据和输变电设备运行数据等相关资料，并在事故调查组成立后将相关材料、资料移交事故调查组。

因抢救人员或者采取恢复电力生产、电网运行和电力供应等紧急措施，需要改变事故现场、移动电力设备的，应当作出标记、绘制现场简图，妥善保存重要痕迹、物证，并作出书面记录。

任何单位和个人不得故意破坏事故现场，不得伪造、隐匿或者毁灭相关证据。

第三章　事故应急处置

第十二条　国务院电力监管机构依照《中华人民共和国突发事件应对法》和《国家突发公共事件总体应急预案》，组织编制国家处置电网大面积停电事件应急预案，报国务院批准。

有关地方人民政府应当依照法律、行政法规和国家处置电网大面积停电事件应急预案，组织制定本行政区域处置电网大面积停电事件应急预案。

处置电网大面积停电事件应急预案应当对应急组织指挥体系及职责，应急处置的各项措施，以及人员、资金、物资、技术等应急保障作出具体规定。

第十三条 电力企业应当按照国家有关规定，制定本企业事故应急预案。

电力监管机构应当指导电力企业加强电力应急救援队伍建设，完善应急物资储备制度。

第十四条 事故发生后，有关电力企业应当立即采取相应的紧急处置措施，控制事故范围，防止发生电网系统性崩溃和瓦解；事故危及人身和设备安全的，发电厂、变电站运行值班人员可以按照有关规定，立即采取停运发电机组和输变电设备等紧急处置措施。

事故造成电力设备、设施损坏的，有关电力企业应当立即组织抢修。

第十五条 根据事故的具体情况，电力调度机构可以发布开启或者关停发电机组、调整发电机组有功和无功负荷、调整电网运行方式、调整供电调度计划等电力调度命令，发电企业、电力用户应当执行。

事故可能导致破坏电力系统稳定和电网大面积停电的，电力调度机构有权决定采取拉限负荷、解列电网、解列发电机组等必要措施。

第十六条 事故造成电网大面积停电的，国务院电力监管机构和国务院其他有关部门、有关地方人民政府、电力企业应当按照国家有关规定，启动相应的应急预案，成立应急指挥机构，尽快恢复电网运行和电力供应，防止各种次生灾害的发生。

第十七条 事故造成电网大面积停电的，有关地方人民政府及有关部门应当立即组织开展下列应急处置工作：

（一）加强对停电地区关系国计民生、国家安全和公共安全的重点单位的安全保卫，防范破坏社会秩序的行为，维护社会稳定；

（二）及时排除因停电发生的各种险情；

（三）事故造成重大人员伤亡或者需要紧急转移、安置受困人员的，及时组织实施救治、转移、安置工作；

（四）加强停电地区道路交通指挥和疏导，做好铁路、民航运输以及通信保障工作；

（五）组织应急物资的紧急生产和调用，保证电网恢复运行所需物资和居民基本生活资料的供给。

第十八条　事故造成重要电力用户供电中断的，重要电力用户应当按照有关技术要求迅速启动自备应急电源；启动自备应急电源无效的，电网企业应当提供必要的支援。

事故造成地铁、机场、高层建筑、商场、影剧院、体育场馆等人员聚集场所停电的，应当迅速启用应急照明，组织人员有序疏散。

第十九条　恢复电网运行和电力供应，应当优先保证重要电厂厂用电源、重要输变电设备、电力主干网架的恢复，优先恢复重要电力用户、重要城市、重点地区的电力供应。

第二十条　事故应急指挥机构或者电力监管机构应当按照有关规定，统一、准确、及时发布有关事故影响范围、处置工作进度、预计恢复供电时间等信息。

第四章　事 故 调 查 处 理

第二十一条　特别重大事故由国务院或者国务院授权的部门组织事故调查组进行调查。

重大事故由国务院电力监管机构组织事故调查组进行调查。

较大事故、一般事故由事故发生地电力监管机构组织事故调查组进行调查。国务院电力监管机构认为必要的，可以组织事故调查组对较大事故进行调查。

未造成供电用户停电的一般事故，事故发生地电力监管机构也可以委托事故发生单位调查处理。

第二十二条　根据事故的具体情况，事故调查组由电力监管机构、有关地方人民政府、安全生产监督管理部门、负有安全生产监督管理职责的有关部门派人组成；有关人员涉嫌失职、渎职或者涉嫌犯罪的，应当邀请监察机关、公安机关、人民检察院派人参加。

根据事故调查工作的需要，事故调查组可以聘请有关专家协助调查。

事故调查组组长由组织事故调查组的机关指定。

第二十三条　事故调查组应当按照国家有关规定开展事故调查，并在下列期限内向组织事故调查组的机关提交事故调查报告：

（一）特别重大事故和重大事故的调查期限为 60 日；特殊情况下，经组织事故调查组的机关批准，可以适当延长，但延长的期限不得超过 60 日。

（二）较大事故和一般事故的调查期限为 45 日；特殊情况下，经组织事故调查组的机关批准，可以适当延长，但延长的期限不得超过 45 日。

事故调查期限自事故发生之日起计算。

第二十四条　事故调查报告应当包括下列内容：

（一）事故发生单位概况和事故发生经过；

（二）事故造成的直接经济损失和事故对电网运行、电力（热力）正常供应的影响情况；

（三）事故发生的原因和事故性质；

（四）事故应急处置和恢复电力生产、电网运行的情况；

（五）事故责任认定和对事故责任单位、责任人的处理建议；

（六）事故防范和整改措施。

事故调查报告应当附具有关证据材料和技术分析报告。事故调查组成员应当在事故调查报告上签字。

第二十五条　事故调查报告报经组织事故调查组的机关同意，事故调查工作即告结束；委托事故发生单位调查的一般事故，事故调查报告应当报经事故发生地电力监管机构同意。

有关机关应当依法对事故发生单位和有关人员进行处罚，对负有事故责任的国家工作人员给予处分。

事故发生单位应当对本单位负有事故责任的人员进行处理。

第二十六条　事故发生单位和有关人员应当认真吸取事故教

训，落实事故防范和整改措施，防止事故再次发生。

电力监管机构、安全生产监督管理部门和负有安全生产监督管理职责的有关部门应当对事故发生单位和有关人员落实事故防范和整改措施的情况进行监督检查。

第五章　法　律　责　任

第二十七条　发生事故的电力企业主要负责人有下列行为之一的，由电力监管机构处其上一年年收入 40%至 80%的罚款；属于国家工作人员的，并依法给予处分；构成犯罪的，依法追究刑事责任：

（一）不立即组织事故抢救的；

（二）迟报或者漏报事故的；

（三）在事故调查处理期间擅离职守的。

第二十八条　发生事故的电力企业及其有关人员有下列行为之一的，由电力监管机构对电力企业处 100 万元以上 500 万元以下的罚款；对主要负责人、直接负责的主管人员和其他直接责任人员处其上一年年收入 60%至 100%的罚款，属于国家工作人员的，并依法给予处分；构成违反治安管理行为的，由公安机关依法给予治安管理处罚；构成犯罪的，依法追究刑事责任：

（一）谎报或者瞒报事故的；

（二）伪造或者故意破坏事故现场的；

（三）转移、隐匿资金、财产，或者销毁有关证据、资料的；

（四）拒绝接受调查或者拒绝提供有关情况和资料的；

（五）在事故调查中作伪证或者指使他人作伪证的；

（六）事故发生后逃匿的。

第二十九条　电力企业对事故发生负有责任的，由电力监管机构依照下列规定处以罚款：

（一）发生一般事故的，处 10 万元以上 20 万元以下的罚款；

（二）发生较大事故的，处 20 万元以上 50 万元以下的罚款；

（三）发生重大事故的，处 50 万元以上 200 万元以下的罚款；

（四）发生特别重大事故的，处 200 万元以上 500 万元以下的罚款。

第三十条　电力企业主要负责人未依法履行安全生产管理职责，导致事故发生的，由电力监管机构依照下列规定处以罚款；属于国家工作人员的，并依法给予处分；构成犯罪的，依法追究刑事责任：

（一）发生一般事故的，处其上一年年收入 30%的罚款；

（二）发生较大事故的，处其上一年年收入 40%的罚款；

（三）发生重大事故的，处其上一年年收入 60%的罚款；

（四）发生特别重大事故的，处其上一年年收入 80%的罚款。

第三十一条　电力企业主要负责人依照本条例第二十七条、第二十八条、第三十条规定受到撤职处分或者刑事处罚的，自受处分之日或者刑罚执行完毕之日起 5 年内，不得担任任何生产经营单位主要负责人。

第三十二条　电力监管机构、有关地方人民政府以及其他负有安全生产监督管理职责的有关部门有下列行为之一的，对直接负责的主管人员和其他直接责任人员依法给予处分；直接负责的主管人员和其他直接责任人员构成犯罪的，依法追究刑事责任：

（一）不立即组织事故抢救的；

（二）迟报、漏报或者瞒报、谎报事故的；

（三）阻碍、干涉事故调查工作的；

（四）在事故调查中作伪证或者指使他人作伪证的。

第三十三条　参与事故调查的人员在事故调查中有下列行为之一的，依法给予处分；构成犯罪的，依法追究刑事责任：

（一）对事故调查工作不负责任，致使事故调查工作有重大疏漏的；

（二）包庇、袒护负有事故责任的人员或者借机打击报复的。

第六章　附　则

第三十四条　发生本条例规定的事故，同时造成人员伤亡或者直接经济损失，依照本条例确定的事故等级与依照《生产安全事故报告和调查处理条例》确定的事故等级不相同的，按事故等级较高者确定事故等级，依照本条例的规定调查处理；事故造成人员伤亡，构成《生产安全事故报告和调查处理条例》规定的重大事故或者特别重大事故的，依照《生产安全事故报告和调查处理条例》的规定调查处理。

电力生产或者电网运行过程中发生发电设备或者输变电设备损坏，造成直接经济损失的事故，未影响电力系统安全稳定运行以及电力正常供应的，由电力监管机构依照《生产安全事故报告和调查处理条例》的规定组成事故调查组对重大事故、较大事故、一般事故进行调查处理。

第三十五条 本条例对事故报告和调查处理未作规定的，适用《生产安全事故报告和调查处理条例》的规定。

第三十六条 核电厂核事故的应急处置和调查处理，依照《核电厂核事故应急管理条例》的规定执行。

第三十七条 本条例自 2011 年 9 月 1 日起施行。

附：

电力安全事故等级划分标准

判定项／事故等级	造成电网减供负荷的比例	造成城市供电用户停电的比例	发电厂或者变电站因安全故障造成全厂（站）对外停电的影响和持续时间	发电机组因安全故障停运的时间和后果	供热机组对外停止供热的时间
特别重大事故	区域性电网减供负荷30%以上 电网负荷 20000 兆瓦以上的省、自治区电网，减供负荷 30%以上 电网负荷 5000 兆瓦以上 20000 兆瓦以下的省、自治区电网，减供负荷 40%以上 直辖市电网减供负荷50%以上 电网负荷 2000 兆瓦以上的省、自治区人民政府所在地城市电网减供负荷 60%以上	直辖市 60%以上供电用户停电 电网负荷 2000 兆瓦以上的省、自治区人民政府所在地城市 70%以上供电用户停电			

全国发电企业电力生产人身伤亡典型事故汇编（2005—2014年）

续表

判定项 / 事故等级	造成电网减供负荷的比例	造成城市供电用户停电的比例	发电厂或者变电站因安全故障造成全厂（站）对外停电的影响和持续时间	发电机组因安全故障停运的时间和后果	供热机组对外停止供热的时间
重大事故	区域性电网减供负荷10%以上30%以下 电网负荷20000兆瓦以上的省、自治区电网，减供负荷13%以上30%以下 电网负荷5000兆瓦以上20000兆瓦以下的省、自治区电网，减供负荷16%以上40%以下 电网负荷1000兆瓦以上5000兆瓦以下的省、自治区电网，减供负荷50%以上 直辖市电网减供负荷20%以上50%以下 省、自治区人民政府所在地城市电网减供负荷40%以上（电网负荷2000兆瓦以上的，减供负荷40%以上60%以下） 电网负荷600兆瓦以上的其他设区的市电网减供负荷60%以上	直辖市30%以上60%以下供电用户停电 省、自治区人民政府所在地城市50%以上供电用户停电（电网负荷2000兆瓦以上的，50%以上70%以下） 电网负荷600兆瓦以上的其他设区的市70%以上供电用户停电			
较大事故	区域性电网减供负荷7%以上10%以下 电网负荷20000兆瓦以上的省、自治区电网，减供负荷10%以上13%以下 电网负荷5000兆瓦以上20000兆瓦以下的省、自治区电网，减供负荷12%以上16%以下 电网负荷1000兆瓦以上	直辖市15%以上30%以下供电用户停电 省、自治区人民政府所在地城市30%以上50%以下供电用户停电 其他设区	发电厂或者220千伏以上变电站因安全故障造成全厂（站）对外停电，导致周边电压监视控制点电压低于调度机构规定的电压曲线	发电机组因安全故障停止运行超过行业标准规定的大修时间两周，并导致	供热机组装机容量200兆瓦以上的热电厂，在当地人民政府规定的采暖期

续表

判定项　　事故等级	造成电网减供负荷的比例	造成城市供电用户停电的比例	发电厂或者变电站因安全故障造成全厂（站）对外停电的影响和持续时间	发电机组因安全故障停运的时间和后果	供热机组对外停止供热的时间
较大事故	5000 兆瓦以下的省、自治区电网，减供负荷 20%以上 50%以下 电网负荷 1000 兆瓦以下的省、自治区电网，减供负荷 40%以上 直辖市电网减供负荷 10%以上 20%以下 省、自治区人民政府所在地城市电网减供负荷 20%以上 40%以下 其他设区的市电网减供负荷 40%以上（电网负荷 600 兆瓦以上的，减供负荷 40%以上 60%以下） 电网负荷 150 兆瓦以上的县级市电网减供负荷 60%以上	的市 50%以上供电用户停电（电网负荷 600 兆瓦以上的，50%以上70%以下） 电网负荷 150 兆瓦以上的县级市 70%以上供电用户停电	值 20%并且持续时间 30 分钟以上，或者导致周边电压监视控制点电压低于调度机构规定的电压曲线值 10%并且持续时间 1 小时以上	电网减供负荷	内同时发生 2 台以上供热机组因安全故障停止运行，造成对外停止供热并且持续时间 48 小时以上
一般事故	区域性电网减供负荷 4%以上 7%以下 电网负荷 20000 兆瓦以上的省、自治区电网，减供负荷 5%以上 10%以下 电网负荷 5000 兆瓦以上 20000 兆瓦以下的省、自治区电网，减供负荷 6%以上 12%以下 电网负荷 1000 兆瓦以上 5000 兆瓦以下的省、自治区电网，减供负荷 10%以上 20%以下 电网负荷 1000 兆瓦以下的省、自治区电网，减供负荷 25%以上 40%以下	直辖市 10%以上 15%以下供电用户停电 省、自治区人民政府所在地城市 15%以上 30%以下供电用户停电 其他设区的市 30%以上 50%以下供电用户停电	发电厂或者 220 千伏以上变电站因安全故障造成全厂（站）对外停电，导致周边电压监视控制点电压低于调度机构规定的电压曲线值 5%以上 10%以下并且持续时间 2 小时以上	发电机组因安全故障停止运行超过行业标准规定的小修时间两周，并导致电网减供负荷	供热机组装机容量 200 兆瓦以上的热电厂，在当地人民政府规定的采暖期内同时发生 2 台以上供热机组因安全故障

判定项 事故等级	造成电网减供负荷的比例	造成城市供电用户停电的比例	发电厂或者变电站因安全故障造成全厂（站）对外停电的影响和持续时间	发电机组因安全故障停运的时间和后果	供热机组对外停止供热的时间
一般事故	直辖市电网减供负荷5%以上10%以下　省、自治区人民政府所在地城市电网减供负荷10%以上20%以下　其他设区的市电网减供负荷20%以上40%以下　县级市减供负荷40%以上（电网负荷150兆瓦以上的，减供负荷40%以上60%以下）	县级市50%以上供电用户停电（电网负荷150兆瓦以上的，50%以上70%以下）			停止运行，造成全厂对外停止供热并且持续时间24小时以上

注：1. 符合本表所列情形之一的，即构成相应等级的电力安全事故。

2. 本表中所称的"以上"包括本数，"以下"不包括本数。

3. 本表下列用语的含义：

（1）电网负荷，是指电力调度机构统一调度的电网在事故发生起始时刻的实际负荷；

（2）电网减供负荷，是指电力调度机构统一调度的电网在事故发生期间的实际负荷最大减少量；

（3）全厂对外停电，是指发电厂对外有功负荷降到零（虽电网经发电厂母线传送的负荷没有停止，仍视为全厂对外停电）；

（4）发电机组因安全故障停止运行，是指并网运行的发电机组（包括各种类型的电站锅炉、汽轮机、燃气轮机、水轮机、发电机和主变压器等主要发电设备），在未经电力调度机构允许的情况下，因安全故障需要停止运行的状态。

附录三

国家电力监管委员会令

第 31 号

《电力安全事故调查程序规定》已经 2012 年 6 月 5 日国家电力监管委员会主席办公会议审议通过，现予公布，自 2012 年 8 月 1 日起施行。

主席　吴新雄

二〇一二年六月十三日

电力安全事故调查程序规定

第一条　为了规范电力安全事故调查工作，根据《电力安全事故应急处置和调查处理条例》和《生产安全事故报告和调查处理条例》，制定本规定。

第二条　国家电力监管委员会及其派出机构（以下简称电力监管机构）组织调查电力安全事故（以下简称事故），适用本规定。

国务院授权国家电力监管委员会（以下简称电监会）组织调查特别重大事故，国家另有规定的，从其规定。

第三条　事故调查应当按照依法依规、实事求是、科学严谨、注重实效的原则，及时、准确地查清事故原因，查明事故性质和责任，总结事故教训，提出整改措施和处理意见。

第四条　任何单位和个人不得阻挠和干涉对事故的依法调查。

第五条　电力监管机构调查事故，应当及时组织事故调查组。

第六条　下列事故由电监会组织事故调查组：

（一）国务院授权组织调查的特别重大事故；

（二）重大事故；

（三）电监会认为有必要调查的较大事故。

第七条 较大事故、一般事故由事故发生地派出机构组织事故调查组。

较大事故、一般事故跨省（自治区、直辖市）的，由事故发生地电监会区域监管局组织事故调查组；较大事故、一般事故跨区域的，由电监会指定派出机构组织事故调查组。

电监会认为必要的，可以指令派出机构组织事故调查组调查一般事故。

第八条 组织事故调查组应当遵循精简、高效的原则。根据事故的具体情况，事故调查组由电力监管机构、有关地方人民政府、安全生产监督管理部门、负有安全生产监督管理职责的有关部门派人组成。

事故有关人员涉嫌失职、渎职或者涉嫌犯罪的，电力监管机构应当邀请监察机关、公安机关、人民检察院派人参加。

电力监管机构可以聘请有关专家参加事故调查组，协助事故调查。

第九条 事故有关单位、人员涉嫌违法，电力监管机构依法予以立案的，电力监管机构稽查工作部门应当派人参加事故调查组。

第十条 事故调查组成员应当具有事故调查所需要的知识和专长，与所调查的事故、事故发生单位及其主要负责人、主管人员、有关责任人员没有直接利害关系。

第十一条 事故调查组成员名单和组长建议人选由电力监管机构安全监管部门提出，报电力监管机构负责人批准。

事故调查组组长主持事故调查组的工作。

第十二条 根据事故调查需要，电力监管机构可以重新组织事故调查组或者调整事故调查组成员。

第十三条 事故调查组应当制定事故调查方案。事故调查方案包括事故调查的职责分工、方法步骤、时间安排等内容。

第十四条 事故调查组进行事故调查，应当制作事故调查通知书。事故调查通知书应当向事故发生单位、事故涉及单位出示。

第十五条　事故调查组勘查事故现场，可以采取照相、录像、绘制现场图、采集电子数据、制作现场勘查笔录等方法记录现场情况，提取与事故有关的痕迹、物品等证据材料。事故调查组应当要求事故发生单位移交事故应急处置形成的有关资料、材料。

第十六条　事故调查组可以进入事故发生单位、事故涉及单位的工作场所或者其他有关场所，查阅、复制与事故有关的工作日志、工作票、操作票等文件、资料，对可能被转移、隐匿、销毁的文件、资料予以封存。

第十七条　事故调查组应当根据事故调查需要，对事故发生单位有关人员、应急处置人员等知情人员进行询问。询问应当制作询问笔录。

事故发生单位负责人和有关人员在事故调查期间不得擅离职守，并随时接受事故调查组的询问，如实提供有关情况。

第十八条　事故调查组进行现场勘查、检查或者询问知情人员，调查人员不得少于2人。

第十九条　事故调查需要进行技术鉴定的，事故调查组应当委托具有国家规定资质的单位进行。必要时，事故调查组可以直接组织专家进行。技术鉴定所需时间不计入事故调查期限。

第二十条　事故调查组应当收集与事故有关的原始资料、材料。因客观原因不能收集原始资料、材料，或者收集原始资料、材料有困难的，可以收集与原始资料、材料核对无误的复印件、复制品、抄录件、部分样品或者证明该原件、原物的照片、录像等其他证据。

现场勘查笔录、检查笔录、询问笔录和鉴定意见应当由调查人员、勘查现场有关人员、被询问人员和鉴定人签名。

事故调查组应当依照法定程序收集与事故有关的资料、材料，并妥善保存。

第二十一条　事故调查组成员在事故调查工作中应当诚信公正，恪尽职守，遵守纪律，保守秘密。

未经事故调查组组长允许，事故调查组成员不得擅自发布有关事故的信息。

第二十二条　事故调查组应当查明下列情况：

（一）事故发生单位的基本情况；

（二）事故发生的时间、地点、现场环境、气象等情况，事故发生前电力系统的运行情况；

（三）事故经过、事故应急处置情况，事故现场有关人员的工作内容、作业时间、作业程序、从业资格等情况；

（四）与事故有关的仪表、自动装置、断路器、继电保护装置、故障录波器、调整装置等设备和监控系统、调度自动化系统的记录、动作情况；

（五）事故影响范围，电网减供负荷比例、城市供电用户停电比例、停电持续时间、停止供热持续时间、发电机组停运时间、设施设备损坏等情况；

（六）事故涉及设施设备的规划、设计、选型、制造、加工、采购、施工安装、调试、运行、检修等方面的情况；

（七）电力监管机构认为应当查明的其他情况。

第二十三条　事故调查组应当查明事故发生单位执行国家有关安全生产规定，加强安全生产管理，建立健全安全生产责任制度，完善安全生产条件等情况。

第二十四条　涉及人身伤亡的事故，事故调查组除应查明本规定第二十二条、第二十三条规定的情况外，还应当查明：

（一）人员伤亡数量、人身伤害程度等情况；

（二）伤亡人员的单位、姓名、文化程度、工种等基本情况；

（三）事故发生前伤亡人员的技术水平、安全教育记录、从业资格、健康状况等情况；

（四）事故发生时采取安全防护措施的情况和伤亡人员使用个人防护用品的情况；

（五）电力监管机构认为应当查明的其他情况。

第二十五条　事故调查组应当在查明事故情况的基础上，确定事故发生的直接原因、间接原因和其他原因，判断事故性质并作出责任认定。

第二十六条　事故调查组应当根据现场调查、原因分析、性质判断和责任认定等情况，撰写事故调查报告。

事故调查报告的内容应当符合《电力安全事故应急处置和调查处理条例》的规定，并附具有关证据材料和技术分析报告。

第二十七条　事故调查组成员应当在事故调查报告上签名。事故调查组成员对事故调查报告的内容有不同意见的，应当在事故调查报告中注明。

第二十八条　事故调查报告经电力监管机构负责人办公会议审查同意，事故调查工作即告结束。事故发生地派出机构组织调查的较大事故，事故调查报告应当先经电监会安全监管部门审核。

由事故发生地派出机构组织调查的一般事故和较大事故，事故调查报告应当报电监会安全监管部门备案。

第二十九条　事故调查应当按照《电力安全事故应急处置和调查处理条例》规定的期限进行。

第三十条　事故调查涉及行政处罚的，应当符合行政处罚案件立案、调查、审查和决定的有关规定。

第三十一条　电力监管机构应当依据事故调查报告，对事故发生单位及其有关人员依法给予行政处罚。

第三十二条　电力监管机构应当依据事故调查报告，制作监管意见书，对有关人员提出给予处分或者其他处理的意见，送达有关单位。有关单位应当依据监管意见书依法处理，并将处理情况报告电力监管机构。

第三十三条　事故调查过程中发现违法行为和安全隐患，电力监管机构有权予以纠正或者要求限期整改。要求限期整改的，电力监管机构应当及时制作整改通知书。

被责令整改的单位应当按照电力监管机构的要求进行整改，并将整改情况以书面形式报电力监管机构。

第三十四条　电力监管机构应当加强监督检查，督促事故发生单位和有关人员落实事故防范和整改措施，必要时进行专项督办。

第三十五条　电力生产或者电网运行过程中发生发电设备或者输变电设备损坏，造成直接经济损失的事故，未影响电力系统安全稳定运行以及电力正常供应的，由电力监管机构依照本规定组织事故调查组对重大事故、较大事故和一般事故进行调查。

第三十六条　未造成供电用户停电的一般事故，电力监管机构委托事故发生单位组织事故调查的，电力监管机构应当制作事故调查委托书，确定事故调查组组长，审查事故调查报告。事故发生单位组织事故调查，参照本规定执行。

第三十七条　本规定自 2012 年 8 月 1 日起施行。

附录四

中华人民共和国国家发展
和改革委员会令

第 21 号

《电力安全生产监督管理办法》已经国家发展和改革委员会主任
办公会审议通过，现予公布，自 2015 年 3 月 1 日起施行。

国家发展改革委主任　徐绍史

2015 年 2 月 17 日

电力安全生产监督管理办法

第一章　总　　则

第一条　为了有效实施电力安全生产监督管理，预防和减少电
力事故，保障电力系统安全稳定运行和电力可靠供应，依据《中华
人民共和国安全生产法》、《中华人民共和国突发事件应对法》、《电
力监管条例》、《生产安全事故报告和调查处理条例》、《电力安全事
故应急处置和调查处理条例》等法律法规，制定本办法。

第二条　本办法适用于中华人民共和国境内以发电、输电、供
电、电力建设为主营业务并取得相关业务许可或按规定豁免电力业
务许可的电力企业。

第三条　国家能源局及其派出机构依照本办法，对电力企业的
电力运行安全（不包括核安全）、电力建设施工安全、电力工程质量
安全、电力应急、水电站大坝运行安全和电力可靠性工作等方面实
施监督管理。

第四条　电力安全生产工作应当坚持"安全第一、预防为主、综合治理"的方针，建立电力企业具体负责、政府监管、行业自律和社会监督的工作机制。

第五条　电力企业是电力安全生产的责任主体，应当遵照国家有关安全生产的法律法规、制度和标准，建立健全电力安全生产责任制，加强电力安全生产管理，完善电力安全生产条件，确保电力安全生产。

第六条　任何单位和个人对违反本办法和国家有关电力安全生产监督管理规定的行为，有权向国家能源局及其派出机构投诉和举报，国家能源局及其派出机构应当依法处理。

第二章　电力企业的安全生产责任

第七条　电力企业的主要负责人对本单位的安全生产工作全面负责。电力企业从业人员应当依法履行安全生产方面的义务。

第八条　电力企业应当履行下列电力安全生产管理基本职责：

（一）依照国家安全生产法律法规、制度和标准，制定并落实本单位电力安全生产管理制度和规程；

（二）建立健全电力安全生产保证体系和监督体系，落实安全生产责任；

（三）按照国家有关法律法规设置安全生产管理机构、配备专职安全管理人员；

（四）按照规定提取和使用电力安全生产费用，专门用于改善安全生产条件；

（五）按照有关规定建立健全电力安全生产隐患排查治理制度和风险预控体系，开展隐患排查及风险辨识、评估和监控工作，并对安全隐患和风险进行治理、管控；

（六）开展电力安全生产标准化建设；

（七）开展电力安全生产培训宣传教育工作，负责以班组长、新工人、农民工为重点的从业人员安全培训；

（八）开展电力可靠性管理工作，建立健全电力可靠性管理工作体系，准确、及时、完整报送电力可靠性信息；

（九）建立电力应急管理体系，健全协调联动机制，制定各级各类应急预案并开展应急演练，建设应急救援队伍，完善应急物资储备制度；

（十）按照规定报告电力事故和电力安全事件信息并及时开展应急处置，对电力安全事件进行调查处理。

第九条 发电企业应当按照规定对水电站大坝进行安全注册，开展大坝安全定期检查和信息化建设工作，对燃煤发电厂贮灰场进行安全备案，开展安全巡查和定期安全评估工作。

第十条 电力建设单位应当对电力建设工程施工安全和工程质量安全负全面管理责任，履行工程组织、协调和监督职责，并按照规定将电力工程项目的安全生产管理情况向当地派出机构备案，向相关电力工程质监机构进行工程项目质量监督注册申请。

第十一条 供电企业应当配合地方政府对电力用户安全用电提供技术指导。

第三章 电力系统安全

第十二条 电力企业应当共同维护电力系统安全稳定运行。在电网互联、发电机组并网过程中应严格履行安全责任，并在双方的联（并）网调度协议中具体明确，不得擅自联（并）网和解网。

第十三条 各级电力调度机构是涉及电力系统安全的电力安全事故（事件）处置的指挥机构，发生电力安全事故（事件）或遇有危及电力系统安全的情况时，电力调度机构有权采取必要的应急处置措施，相关电力企业应当严格执行调度指令。

第十四条 电力调度机构应当加强电力系统安全稳定运行管理，科学合理安排系统运行方式，开展电力系统安全分析评估，统筹协调电网安全和并网运行机组安全。

第十五条 电力企业应当加强发电设备设施和输变配电设备设施安全管理和技术曹理，强化电力监控系统（或设备）专业管理、完善电力系统调频、调峰、调压、调相、事故备用等性能，满足电力系统安全稳定运行的需要。

第十六条 发电机组、风电场以及光伏电站等并入电网运行，

281

应当满足相关技术标准，符合电网运行的有关安全要求。

第十七条 电力企业应当根据国家有关规定和标准，制订、完善和落实预防电网大面积停电的安全技术措施、反事故措施和应急预案，建立完善与国家能源局及其派出机构、地方人民政府及电力用户等的应急协调联动机制。

第四章 电力安全生产的监督管理

第十八条 国家能源局依法负责全国电力安全生产监督管理工作。国家能源局派出机构（以下简称"派出机构"）按照属地化管理的原则，负责辖区内电力安全生产监督管理工作。

涉及跨区域的电力安全生产监督管理工作。由国家能源局负责或者协调确定具体负责的区域派出机构；同一区域内涉及跨省的电力安全生产监督管理工作，由当地区域派出机构负责或者协调确定具体负责的省级派出机构。

50兆瓦以下小水电站的安全生产监督管理工作，按照相关规定执行。50兆瓦以下小水电站的涉网安全由派出机构负责监督管理。

第十九条 国家能源局及其派出机构应当采取多种形式，加强有关安全生产的法律法规、制度和标准的宣传，向电力企业传达国家有关安全生产工作各项要求，提高从业人员的安全生产意识。

第二十条 国象能源局及其派出机构应当建立健全电力行业安全生产工作协调机制，及时协调、解决安全生产监督管理中存在的重大问题。

第二十一条 国家能源局及其派出机构应当依法对电力企业执行有关安全生产法规、标准和规范情况进行监督检查。

国家能源局组织开展全国范围的电力安全生产大检查，制定检查工作方案，并对重点地区、重要电力企业、关键环节开展重点督查，派出机构组织开展辖区内的电力安全生产大检查，对部分电力企业进行抽查。

第二十二条 国家源源局及其派出机构对现场检查中发现的安全生产违法、违规行为，应当责令电力企业当场予以纠正或者限期整改。对现场检查中发现的重大安全隐患，应当责令其立即整改；安全隐患危及人身安全时，应当责令其立即从危险区域内撤离人员。

第二十三条　国家能源局及其派出机构应当监督指导电力企业隐患排查治理工作，按照有关规定对重大安全隐患挂牌督办。

第二十四条　国家能源局及其派出机构应当统计分析电力安全生产信息，并定期向社会公布。根据工作需要，可以要求电力企业报送与电力安全生产相关的文件、资料、图纸、音频或视频记录和有关数据。

国家能源局及其派出机构发现电力企业在报送资料中存在弄虚作假及其他违规行为的，应当及时纠正和处理。

第二十五条　国家能源局及其派出机构应当依法组织或参与电力事故调查处理。

国家能源局组织或参与重大和特别重大电力事故调查处理；督办有重大社会影响的电力安全事件。派出机构组织或参与较大和一般电力事故调查处理，对电力系统安全稳定运行或对社会造成较大影响的电力安全事件组织专项督查。

第二十六条　国家能源局及其派出机构应当依法组织开展电力应急管理工作。

国泉能源局负责制定电力应急体系发展规划和国家大面积停电事件专项应急预案，开展重大电力突发安全事件应急处置和分析评估工作。派出机构应当按照规定权限和程序，组织、协调、指导电力突发安全事件应急处置工作。

第二十七条　国家能源局及其派出机构应当组织开展电力安全培训和宣传教育工作。

第二十八条　国家能源局及其派出机构配合地方政府有关部门、相关行业管理部门，对重要电力用户安全用电、供电电源配置、自备应急电源配置和使用实施监督管理。

第二十九条　国家能源局及其派出机构应当建立安全生产举报制度，公开举报电话、信箱和电子邮件地址，受理有关电力安全生产的举报；受理的举报事项经核实后，对违法行为严重的电力企业，应当向社会公告。

第五章　罚　　则

第三十条　电力企业造成电力事故的，依照《生产安全事故报告和调查处理条例》和《电力安全事故应急处置和调查处理条例》，承担相应的法律责任。

第三十一条　国家能源局及其派出机构从事电力安全生产监督管理工作的人员滥用职权、玩忽职守或者徇私舞弊的，依法给予行政处分；构成犯罪的，由司法机关依法追究刑事责任。

第三十二条　国家能源局及其派出机构通过现场检查发现电力企业有违反本办法规定的行为时，可以对电力企业主要负责人或安全生产分管负责人进行约谈，情节严重的，依据《安全生产法》第九十条，可以要求其停工整顿，对发电企业要求其暂停并网运行。

第三十三条　电力企业有违反本办法规定的行为时，国家能源局及其派出机构可以对其违规情况向行业进行通报，对影响电力用户安全可靠供电行为的处理情况，向社会公布。

第三十四条　电力企业发生电力安全事件后，存在下列情况之一的，国家能源局及其派出机构可以责令限期改正，逾期不改正的应当将其列入安全生产不良信用记录和安全生产诚信"黑名单"，并处以 1 万元以下的罚款：

（一）迟报、漏报、谎报、瞒报电力安全事件信息的；

（二）不及时组织应急处置的；

（三）未按规定对电力安全事件进行调查处理的。

第三十五条　电力企业未履行本办法第八条规定的，由国家能源局及其派出机构责令限期整改，逾期不整改的，对电力企业主要负责人予以警告；情节严重的，由国家能源局及其派出机构对电力企业主要负责人处以 1 万元以下的罚款。

第三十六条　电力企业有下列情形之一的，由国家能源局及其派出机构责令限期改正；逾期不改正的，由国家能源局及其派出机构依据《电力监管条例》第三十四条，对其处以 5 万元以上、50 万元以下的罚款，并将其列入安全生产不良信用记录和安全生产诚信"黑名单"：

（一）拒绝或阻挠国家能源局及其派出机构从事监督管理工作的人员依法履行电力安全生产监督管理职责的；

（二）向国家能源局及其派出机构提供虚假或隐瞒重要事实的文件、资料的。

第六章　附　　则

第三十七条　本办法下列用语的含义：

（一）电力系统，是指由发电、输电、变电、配电以及电力调度等环节组成的电能生产、传输和分配的系统。

（二）电力事故，是指电力生产、建设过程中发生的电力安全事故、电力人身伤亡事故、发电设备或输变电设备设施损坏造成直接经济损失的事故。

（三）电力安全事件，是指未构成电力安全事故，但影响电力（热力）正常供应，或对电力系统安全稳定运行构成威胁，可能引发电力安全事故或造成较大社会影响的事件。

（四）重大安全隐患，是指可能造成一般以上人身伤亡事故、电力安全事故、直接经济损失100万元以上的电力设备事故和其他对社会造成较大影响的隐患。

第三十八条　本办法自二〇一五年三月一日起施行。原国家电力监管委员会《电力安全生产监管办法》同时废止。

附录五

电力安全生产信息报送暂行规定①

第一条　为加强电力安全生产信息统计、分析工作，总结事故经验教训，研究事故规律，制定预防措施，提高安全生产管理水平，依据《中华人民共和国安全生产法》、《中华人民共和国电力法》等法律法规，制定本规定。

第二条　电力安全生产信息的报送，应准确、及时和完整。

第三条　电力安全生产统计报表分月报和年报（见附表 1、2）。每月快报在下月 5 日前报出，正式月报在下月 17 日前报出。年报在次年 1 月底前报出。月报和年报应附安全生产情况分析报告。

发生重大、特大人身伤亡事故、电网事故、设备事故、火灾事故、电厂垮坝事故以及对社会造成严重影响的停电事故，应当立即将事故发生的时间、地点、事故状况、正在采取的紧急措施等情况向国家电力监管委员会（以下简称电监会）报告，最迟不得超过 24 小时。

发生人身死亡和本条第二款的事故，应当按照管理权限对事故进行调查，事故调查报告书（见附表 3、4、5）应在 45 天内上报电监会。

第四条　事故标准认定：暂执行原国家电力公司颁布的《电业生产事故调查规程》（国电发〔2000〕643 号）。

第五条　统计报表、事故调查报告书以书面文件和电子版方式报送。

重大事项以电话、电报和传真方式报告。

第六条　国家电网公司和中国南方电网有限责任公司分别负责所辖范围的电网经营企业安全生产信息汇总和报送，南方电网与其他区域电网联网线路的安全生产信息报送由国家电网公司负责。

---

① 请读者及时关注此文件的修订信息。

　　属于集团化管理的发电企业，安全生产信息由集团公司负责汇总、报送，独立法人经营的发电企业单独报送本企业安全生产信息。

　　第七条　电监会定期发布全国电力安全生产信息，印发安全生产简报。

　　第八条　对违反规定者，电监会将依法进行处理。

　　第九条　本规定自发布之日起执行。

附表 1　发电企业电力生产事故月（年）综合统计表（略）
附表 2　电网企业电力生产事故月（年）综合统计表（略）
附表 3　人身死亡事故调查报告书（略）
附表 4　重大、特大电网事故调查报告书（略）
附表 5　重大、特大设备事故调查报告书（略）